中外海图识图手册

Chinese and Foreign Charts Reading Manual
——INT/NOAA/NGA/ECDIS/NGD

陈长林　编译

测绘出版社
·北京·

内容简介

美国国家海洋和大气管理局于2019年出版了《U. S. Chart No. 1: Symbols, Abbreviations and Terms Used on Paper and Electronic Navigational Charts》,详细罗列了INT纸质海图、NOAA/NGA纸质海图、ECDIS电子海图等不同规范之间所有符号的对照关系,国内海图图式符号与其略有不同。本书在前述美版标准基础上,对纸质海图和电子海图中存在的各类符号进行了分类、文字描述、图形展示等,增加了我国纸质海图符号对应内容,以中英文列表形式建立了不同规范符号之间的对应关系。本书可供广大从事海洋测绘、海洋开发与管理、航海等领域的人员学习并使用。

图书在版编目(CIP)数据

中外海图识图手册 :汉英对照 / 陈长林编译. --北京 :测绘出版社, 2023.3

ISBN 978-7-5030-4432-8

Ⅰ. ①中… Ⅱ. ①陈… Ⅲ. ①航海图—识图—手册——评价—研究—甘肃②国土规划—适宜性评价—研究—甘汉、英 Ⅳ. ①U675.81—62

中国国家版本馆CIP数据核字(2023)第042294号

中外海图识图手册

Zhongwai Haitu Shitu Shouce

责任编辑	陈西娅	**封面设计**	李　伟	**责任印制**	陈姝颖

出版发行	测绘出版社	**电　话**	010—68580735(发行部)	**成品规格**	210mm×297mm	**字　数**	587千字
地　址	北京市西城区三里河路50号		010—68531363(编辑部)	**印　张**	16.25	**印　刷**	北京捷迅佳彩印刷有限公司
邮政编码	100045	**网　址**	www.chinasmp.com	**版　次**	2023年3月第1版	**印　次**	2023年3月第1次印刷
电子信箱	smp@sinomaps.com	**经　销**	新华书店	**印　数**	001—800	**定　价**	108.00元

书　号 ISBN 978-7-5030-4432-8

审 图 号 GS京(2022)0035号

本书如有印装质量问题,请与我社发行部联系调换。

引 言

海洋，占地球表面积近71%，占据了地球表面的绝大部分空间，是生命的起源地，是人类赖以生存的蓝色家园，对人类的未来生存与发展有着绝对的重要性。21世纪是海洋世纪，必须进一步“关心海洋、认识海洋、经略海洋”。然而，茫茫大海，浩瀚无垠，变化万千，认知和开发海洋的难度要远远超过陆地。海图作为海上各类要素的承载体，是认知海洋的“眼睛”，是开发海洋必不可少的工具。与常见的陆地地图相似，海图也是通过符号语言来表达现实世界的，但是其符号自成体系，具有较强的专业性，海图中承载的内容也要复杂得多。对于经过海图识图专业训练的人员，如航海长，通常能够熟练掌握主要海图符号的意义，但是对于普通人而言则十分困难。按照载体不同，海图符号主要分为纸质海图符号和电子海图符号。对于纸质海图符号而言，目前各海图生产国基本遵照国际海道测量组织（IHO）制定的国际海图规范（标准代号S-4），但是有的国家会根据本国情况进行适当的调整，例如美国和中国；对于电子海图符号而言，世界各国普遍采用IHO制定的S-52规范，其符号样式与纸质海图符号有不少差异。为便于更多初学者掌握海图这一重要工具，同时能够快速查阅不同版本海图符号的对应关系，编撰一本简单实用的海图识图入门书籍是十分必要的。

本书主体内容来源于美国国家海洋和大气管理局（National Oceanic and Atmospheric Administration，NOAA）与美国国家地理空间情报局（National Geospatial-Intelligence Agency，NGA）2019年联合出版的《美版海图1号：纸质海图和电子海图中的符号、缩写和术语》（《U. S. Chart No. 1：Symbols，Abbreviations and Terms Used on Paper and Electronic Navigational Charts》），版本号为第13版，原版内容包含国际海图符号、美国NOAA和NGA海图符号以及美国可能用到的其他海图符号。本书在其基础上融入了《中国海图图式》（GB 12319—2022）内容，并对文字内容进行了重新编写。书中主体内容采用“英文—中文”编排对照形式，有助于读者充分、准确地理解各个海图符号的意义，可基本满足国际海图（英版）、美版和中版纸质海图及电子海图的识图用图需求。因版面所限，本书对部分海图符号进行了适当缩放，请读者在使用过程注意符号尺寸变化带来的影响。

由于笔者能力水平有限，书中难免存在不妥之处，如读者在阅读过程中发现问题，可与我联系 gisdevelope@126. com。

本书得到中国博士后科学基金资助（2017M620884，2019T120127），特此表示感谢。

陈长林

2022年2月

目 录
CONTENTS

Instructions …… (1)
使用说明 …… (1)
A Chart Number, Title, Marginal Notes …… (7)
A 图号、图名和图廓注记 …… (7)
B Positions, Distances, Directions, Compass …… (12)
B 位置、距离、方向、方位圈 …… (12)
C Natural Features …… (24)
C 自然要素 …… (24)
D Cultural Features …… (36)
D 人工地物 …… (36)
E Landmarks …… (48)
E 陆标 …… (48)
F Ports …… (56)
F 港口 …… (56)
H Tides, Currents …… (70)
H 潮汐,海流 …… (70)
I Depths …… (80)
I 深度 …… (80)
J Nature of the Seabed …… (90)
J 底质 …… (90)
K Rocks, Wrecks Obstructions and Aquaculture …… (100)
K 礁石、沉船、障碍物、水产养殖设施 …… (100)
L Offshore Installations …… (118)
L 近海设施 …… (118)
M Tracks, Routes …… (126)
M 航道、航线 …… (126)
N Areas, Limits …… (138)
N 区域、界线 …… (138)
P Lights …… (152)
P 灯标 …… (152)
Q Buoys, Beacons …… (176)
Q 浮标、立标 …… (176)
R Fog Signals …… (204)
R 雾号 …… (204)
S Radar, Radio, Satellite Navigation Systems …… (208)
S 雷达、无线电、卫星导航系统 …… (208)
T Services …… (214)
T 服务设施 …… (214)
U Small Craft (Leisure) Facilities …… (218)
U 小船(休闲船)设施 …… (218)
Appendix IALA Maritime Buoyage System …… (220)
附录 IALA 海上浮标系统 …… (220)
Index of Abbreviations …… (228)
缩写索引 …… (228)
Index …… (236)
索引 …… (236)

使用说明

一、基础知识

地图是对真实地理世界的抽象和概括，并主要以图形等视觉或数字的方式存储和传递地理信息，是人们认识地理世界的工具。海图(chart)，即海洋地图，是地图的一种，是以海洋及其毗邻的陆地为研究对象的地图。海图是海洋区域的空间模型、海洋信息的载体和传输工具，是海洋地理环境特点的分析依据，在航海、渔业、海洋工程建设、海洋划界、历史研究、海洋军事、海洋科学研究以及海洋开发利用等各个领域中都有重要的使用价值。航海图(nautical chart)是服务于船舶航行安全的一种海图，可用于舰船航线设计、定位导航和系泊，是最常见的海图。本书后文所述海图均特指航海图。

海图重点表示水深、助航物、碍航物等与航海相关的海洋要素，同时也表示部分陆部要素，主要是岸线、码头、港口设备等航海必需的要素。以下内容对部分重要要素相关常识进行了介绍。

(1)水深。海图标题中说明了深度基准面。美国国家海洋和大气管理局(NOAA)与美国国家地理空间情报局(NGA)海图上的水深可能以英寻、英尺、英寻和英尺、英寻和分数、米和分米等单位形式表示。在所有情况下，使用的深度单位均以粗体在海图标题和海图图廓外围说明(请参阅 A 节ⓑ项标记)。对于电子海图显示与信息系统(Electronic Chart Display and Information System，ECDIS)，深度基准是电子海图元数据的一部分，可以通过光标查询进行检索。

(2)高程。灯标、陆标、建筑物等要素的高程以海岸线平面为基准面。海图标题中说明了高程单位。当岛屿或明礁的高程注记偏移到相邻的水域中时，需使用括号包含表示。ECDIS 的高程单位为米。

(3)干出高度。对于干出礁和干出滩，标注的高度标有下划线，且采用海图标题(或电子海图元数据)中所述的深度基准。当干出礁的高度注记偏移到相邻的水域中时，需使用括号包含表示。

(4)海岸线。海图上的海岸线表示陆地与选定水位之间的接触线。在受潮汐波动影响的地区，该接触线通常是平均高水位线。在潮汐影响减弱的狭窄沿海水域中，可以使用平均水位。内陆水域(河流，湖泊)的岸线通常表示自选定基准起算的指定高程的线。海岸线由粗实线表示(符号 C1)。海图上使用视海岸线来表示海洋植被区的外部边缘，该界线对于航海人员而言可作为海岸线。视海岸线由细实线表示(参见符号对照表中 C32、C33、Cp、Cq 和 Cr)。与陆地地图相比，海图更加侧重于海部形状和海岸性质的表示，特别强调海岸线的科学性和精确性。

(5)陆标。建筑物或建筑物上的突出要素可以通过带有描述性标注的陆标符号进行表示。辅助航海人员的突出建筑物可以使用俯视观测形成的实际形状表示。在 NGA 海图上，以大写字母表示的陆标图例表明该陆标具有突出性，且可能被标注为“CONSPICUOUS”或“CONSPIC”。在 NOAA 海图上，所有陆标都被认为具有突出性，并且字母全部大写的陆标符号表明其位置精确；而大小写字母并用的符号表明其位置不精确。ECDIS 使用黑色符号表示突出要素，使用棕色符号表示非突出要素。本书示例符号主要以突出要素进行表示。

(6)国际航标协会(IALA)海上浮标系统。全球大多数海洋国家都遵循 IALA 海上浮标系统，但是在某些国家和地区管理的水域中使用的系统可能有所不同。IALA 海上浮标系统分为两个区域：A 区和 B 区。美国大部分通航水域遵循 IALA-B 区规则，但美国在国际日期变更线以西和北纬 10°以南管理的水域遵循 IALA-A 区规则。两个浮标系统区域之间的主要区别是侧面标志的颜色。A 区使用红色表示航道左侧，B 区使用红色表示航道右侧(红色—右侧航道—驶入航道)。当进港时，两个区域侧面标志的形状相同，左侧标为罐形，右侧标为锥形(纺锤形)。在两个浮标系统中，方位浮标和其他标志(如孤立危险物标志、安全水域标志及专用标志)也相同。Q 章节和附录说明了 IALA-A 区和 IALA-B 区浮标的相关规定。

(7)侧面标志。中国管理的海域大多位于 IALA-A 区，美国管理的大部分海域位于 IALA-B 区，其他海域分区情况参见第 194～195 页。在 IALA-B 区使用的系统中，当船舶从海面驶入航道时，右舷一侧的浮标和昼标为偶数编号、闪红光（如果发光）的红色标志；左舷一侧的浮标和昼标为奇数编号、闪绿光（如果发光）的绿色标志。推荐航道的浮标具有红绿相间横带，其中顶部横带的颜色表示推荐的一侧航道。具体见附录。

(8)灯标射程（能见度）。大多海图的灯标射程或能见度以海里为单位，但有一特例，美国采用法定英里作为其五大湖区和邻近水道灯光射程的单位。对于具有一种以上发光颜色的灯标，NOAA 海图仅给出所有光色中的最短射程；在 NGA 和中国海图上，按照以下规定表示多个射程：

a. 对于具有 2 种光色的灯标，第一个数字表示第一种光色的射程，第二个数字表示第二种光色的射程。例如，FI WG 12/8M 表示白光的射程是 12 海里、绿光的射程是 8 海里。

b. 对于具有 3 种光色的灯标，只表示最长和最短的光色射程，中间的射程用虚线表示。例如，FI WRG 12-8M 表示白光的射程是 12 海里、绿光的射程是 8 海里、红光的射程介于 8～12 海里。

(9)助航标志。海图上显示的固定和浮式助航标志均具有不同程度的可靠性。浮式助航标志通过不同长度的锚链固定于铅锤上，但可能由于海况和其他原因而移动。浮标也可能出现被冲走、倾覆或沉没的现象。由于浮冰或其他原因，灯浮标可能会熄灭，声音信号也可能会失效。因此，谨慎的航海人员不会仅仅依靠任何单一的助航标志（尤其是浮式设备），而是同步使用固定物体方位及岸基助航标志来辅助航行。

(10)颜色。颜色传达了航海图上各要素的性质和重要性。品红色强调对航海至关重要的海图要素，例如灯标、方位圈和管制区域。NOAA 海图上的侧面标志以红色或绿色填充。蓝色普染表示潜在航行危险物，其中通常包括浅水域和水下障碍物。没有障碍物的深水区域使用白色表示。陆地及其他始终露出水面的要素，在 NOAA 海图上用浅黄色表示，在 NGA 海图上用灰色表示。海滩和其他潮间带要素使用绿色普染。其他颜色可以用来提供其他信息，例如使用蓝色或绿色表示保护区界线。

(11)分道通航制。分道通航制显示了推荐航线，从而可以提高航行安全，特别是在高航运密度水域。这些制度在国际海事组织（International Maritime Organization，IMO）出版物《船舶定线制》中进行了描述。分道通航制通常在 1∶60 万或更大比例尺的海图上显示。例如 M 节所示，在可能的情况下，可以按比例对其进行绘制。

(12)换算比例。所有海图上都提供了深度换算比例，使用户能够以米、英寻或英尺为单位进行作业。

(13)改正日期。每幅新海图的版本日期均标注在海图左图廓下方，例如 NGA 发布的最新美版航海通告日期标注在版本日期之后，NOAA 海图还标注了最新美国海岸警卫队航海通告日期。

二、符号体系

按照载体的不同，海图主要有纸质海图（paper chart）和电子海图（electronic navigational chart，ENC）两种形式。纸质海图和电子海图在符号表达上存在较大差异：前者以图形变化和文字注记来表示不同要素的特征，因而图形相对复杂、种类较多，视觉效果更佳，适合阅读；后者面向信息系统，许多特征以属性方式隐含在要素内，使用简易符号表示各类要素，需要借助信息系统查询其属性。由于国际海道测量组织（International Hydrographic Organization，IHO）和国际海事组织对电子海图显示标准（《Specifications for chart content and display aspects of ECDIS》，电子海图内容与显示规范，标准代号 IHO S-52）和电子海图显示与信息系统[①]的推动作用，世界主要海洋国家及其海军大多使用 S-52 电子海图标准中的符号体系。本书围绕纸质海图和电子海图两套体系，列出了 5 个独立符号集，分别是：

(1)INT（国际海图）——国际海图规则和国际海道测量组织海图规范中规定的国际符号，全球许多国家都使用或者参照这些符号，属纸质海图符号。

---

① 导航系统经认证符合国际海事组织制定的严格性能标准，被称为 ECDIS 的“型式认可”。用在非 ECDIS 系统（例如地理信息系统、休闲 GPS 和其他海图显示系统）上显示 ENC 或其他非 ENC 航海数据的符号可能与专用于型式认可的 ECDIS 系统符号存在较大差异。本书仅列出用于 ECDIS 的符号。

（2）NOAA（美国国家海洋和大气管理局）——在未使用 INT 符号的情况下，NOAA 编制海图所使用的符号，属纸质海图符号。NOAA 负责美国所有内水（包括五大湖区和美国领土）海图编制工作。

（3）NGA（美国国家地理空间情报局）——在未使用 INT 符号的情况下，NGA 编制海图所使用的符号，属纸质海图符号。NGA 为美国军方和美国内水之外的地区编制海图。

（4）ECDIS（电子海图显示与信息系统）——用于在 ECDIS 导航系统上表达电子海图的符号，符号样式相对简单，属电子海图符号。国际航行的大型商船须使用 ECDIS。这些符号在 IHO S-52 中进行了相关规定。针对浮标和立标，设计了两套电子海图符号，即“纸质海图符号”和“简化符号”。

（5）NGD（中国人民解放军海军海道测量局）——《中国海图图式》归口中国人民解放军海军海道测量局，基于 INT 符号进行了部分改编，属纸质海图符号。

符合认证要求的 ECDIS 必须支持 3 种调色板，对应于 3 种不同光照条件（白天、黄昏和夜晚）。每个海图符号在不同调色板下均以不同颜色呈现，航海人员可根据舰桥光照条件选择合适调色板，以便最大程度地表现要素之间的清晰度和对比度。这种设计可为晴天环境下的显示提供最大程度的对比度，同时可为夜晚昏暗的舰桥保留夜视效果，这样有助于航海人员在 ECDIS 显示屏上的海图与舰桥窗口外的海面之间来回观测，而航海人员的眼睛无须重新调整以适应不同的光照强度。

（1）白天调色板——主要应用于晴天环境下，深水域使用白色普染，看起来最像传统的纸质海图。

（2）黄昏调色板——深水域使用黑色普染，色彩较为柔和，比夜晚颜色表中使用的颜色略亮。

（3）夜晚调色板——主要应用于最黑暗的环境下，深水域使用黑色普染，其他要素使用暗色普染。

表 1 分别给出了上海港海图数据在 ECDIS 3 种调色板下的渲染效果。本书其余部分中列举的符号均使用白天调色板。

表 1　不同调色板电子海图渲染效果示例

序号	调色板	渲染效果示例（简化符号）	渲染效果示例（纸质海图符号）
1	白天	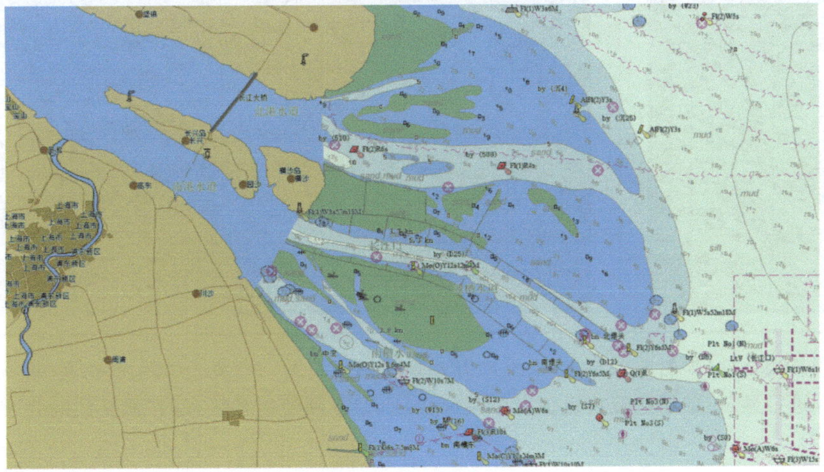	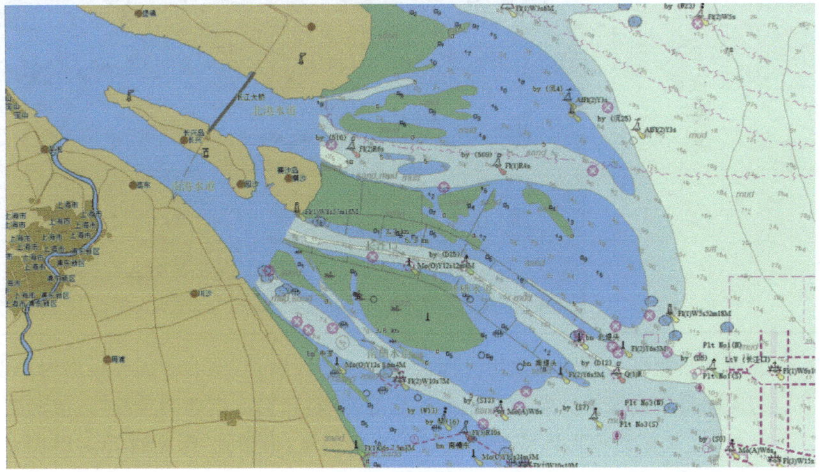

续表

序号	调色板	渲染效果示例(简化符号)	渲染效果示例(纸质海图符号)
2	黄昏	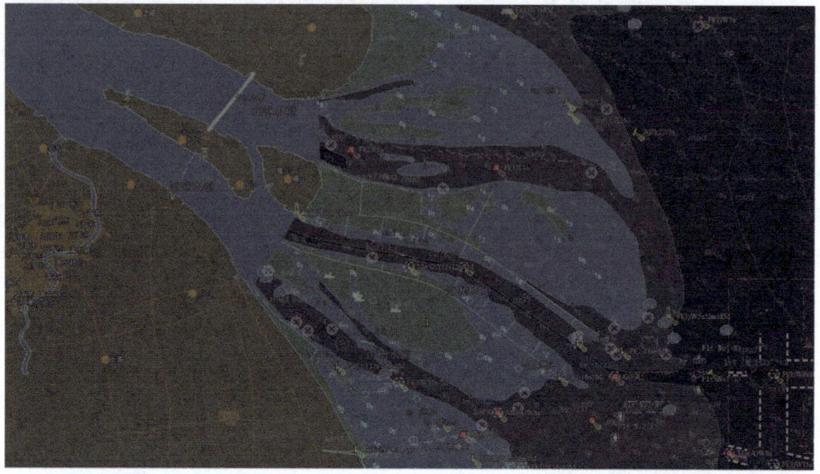	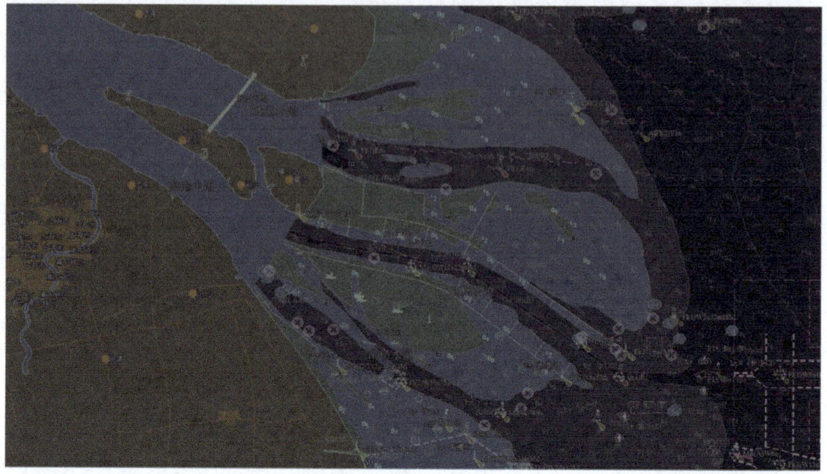
3	夜晚		

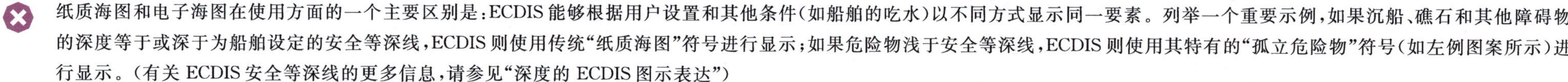

纸质海图和电子海图在使用方面的一个主要区别是:ECDIS能够根据用户设置和其他条件(如船舶的吃水)以不同方式显示同一要素。列举一个重要示例,如果沉船、礁石和其他障碍物的深度等于或深于为船舶设定的安全等深线,ECDIS则使用传统“纸质海图”符号进行显示;如果危险物浅于安全等深线,ECDIS则使用其特有的“孤立危险物”符号(如左例图案所示)进行显示。(有关ECDIS安全等深线的更多信息,请参见“深度的ECDIS图示表达”)

ECDIS优于纸质海图的另一个优势是,用户能够通过“光标选择”获取有关要素的更多信息。本书中凡是出现左侧图案的位置,都表明某一重要属性信息(如高度、净空高度等)可通过光标选取电子海图相关要素获得,特别是,包括(但不仅限于)许多未符号化显示的属性值:要素的用途、季节性、周期性、状态、颜色、高度、结构类型以及视觉显著性或雷达显著性;浮标的形状、颜色或颜色图案;航标灯质;障碍物和沉船的类别;雷达波长、无线电频率、通信信道和呼号;自动识别系统(Automatic Identification System,AIS)传输信号的存在性;有关引航服务及其他更多方面的信息。

三、符号对照

本部分是全书的主要内容，采用“先英文、后中文”的左右页面对照编排方式，其中，英文版沿用《美版海图1号》，中文版在《美版海图1号》基础上增加中国海图符号及其补充说明，相关说明见表2。图1给出了对照编排示意。本书用字母章节号，沿用《美版海图1号》符号分类索引方法，即使用字母A—U(除了G、O)作为章节号对不同类型符号进行标识。

表2　符号对照表格字段说明

列号	列名(英文)	列名(中文)	说明
1	No.	编号	该编号以及标注在每页顶部的章节字母构成了每个符号的唯一标识符，例如C1代表“精测岸线”符号；个别老旧符号已被删除，因而存在编号不连续、跳号等情况
2	INT	国际海图	INT符号示例，属纸质海图符号
3	Name	符号名称	INT海图符号所描述的要素或客观世界现象
4	NOAA	美国国家海洋和大气管理局	NOAA纸质海图符号示例，**如果NOAA使用与INT同样的符号，则英文版此列为空白(与《美版海图1号》保持一致)，中文版此列标注“(同国际海图)”**。如果将第4列和第5列合并，则表明NOAA和NGA都使用相同的符号，且这些符号与INT符号不同。属纸质海图符号
5	NGA	美国国家地理空间情报局	NGA纸质海图符号示例，**如果NGA使用与INT同样的符号，则英文版此列为空白(与《美版海图1号》保持一致)，中文版此列标注“(同国际海图)”**。如果将第4列和第5列合并，则表明NOAA和NGA都使用相同的符号，且这些符号与INT符号不同。属纸质海图符号
6	Other NGA	其他地理空间情报局	NGA生产了部分其他国家海图的复制品，如果该国海图使用的表示方法与INT或NGA符号(分别在第2和5列中显示)不同，则显示该符号，**即只记录不属于INT、NOAA、NAG所使用的海图符号**。属纸质海图符号
7	ECDIS	电子海图	使用白天调色板的电子海图符号示例。属电子海图符号
8			通常使用IHO S-52规范中定义的通用符号名称，但有时还会提供其他说明性术语
9	——	中国海图	《中国海图图式》中符号示例，英文版无此列。**如果使用与国际海图同样的符号，则标注“(同国际海图)”**。属纸质海图符号
10	——	补充说明	**对中国海图符号进一步补充说明**，英文版无此列

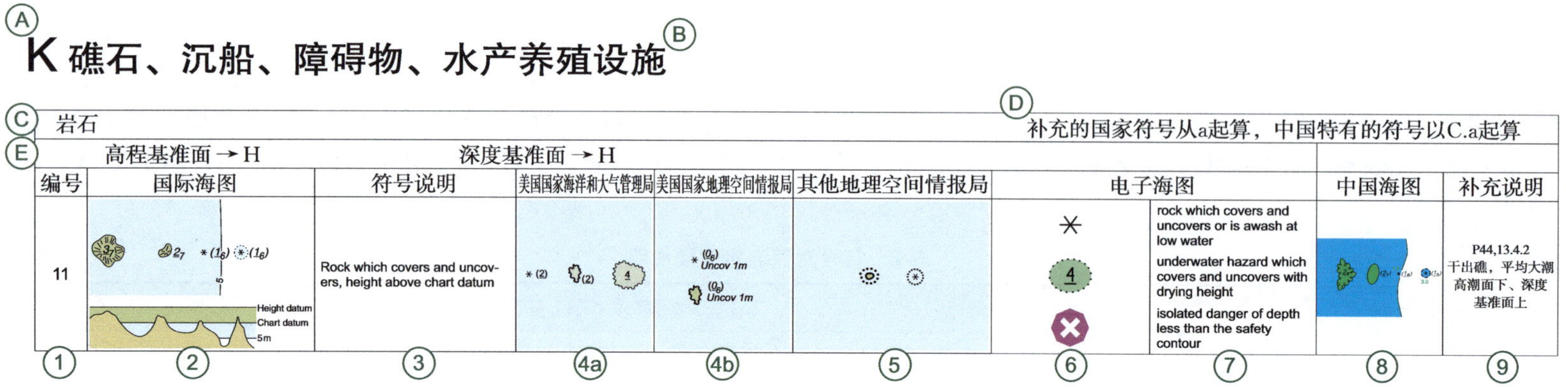

Ⓐ

K 礁石、沉船、障碍物、水产养殖设施 Ⓑ

Ⓒ 岩石						Ⓓ 补充的国家符号从a起算，中国特有的符号以C.a起算			
Ⓔ	高程基准面 → H		深度基准面 → H						
编号	国际海图	符号说明	美国国家海洋和大气管理局	美国国家地理空间情报局	其他地理空间情报局	电子海图		中国海图	补充说明
11	Height datum Chart datum 5m	Rock which covers and uncovers, height above chart datum		Uncov 1m Uncov 1m			rock which covers and uncovers or is awash at low water underwater hazard which covers and uncovers with drying height isolated danger of depth less than the safety contour		P44,13.4.2 干出礁，平均大潮高潮面下、深度基准面上
①	②	③	④a	④b	⑤	⑥	⑦	⑧	⑨

Ⓐ	章节代号
Ⓑ	章节
Ⓒ	子章节
Ⓓ	补充的国家符号,位于章节末端
Ⓔ	交叉引用其他章节中的术语
①	第 1 栏:遵循 IHO 海图规范的编号系统。此列中的字母表示补充的国家符号或缩写,此者未被国际图例定义
②	第 2 栏:遵循 IHO 海图规范(INT 1 符号)的表示
③	第 3 栏:符号、术语或缩写的说明
④a*	第 4a 栏:美国国家海洋和大气管理局(NOAA)所制海图中的表示方法
④b*	第 4b 栏:美国国家地理空间情报局(NGA)所制海图中的表示方法
⑤	第 5 栏:在 NGA 复制的其他国家海图中可能出现的表示符号
⑥**	第 6 栏:用于在电子海图显示和信息系统(ECDIS)内描述电子海图数据的表示方法
⑦**	第 7 栏:ECDIS 符号的说明
⑧	第 8 栏:遵循《中国海图图式》所制海图中的表示方法。中国海图示例因版面限制进行了缩放,仅为示意
⑨	第 9 栏:中国海图符号在《中国海图图式》中的页码和编号,并做简要说明

* 当第 4a 和 4b 列合并时,则 NOAA 和 NGA 使用的符号一致。如果第 4a 或 4b 列中任何一列为空白,则相应的机构使用第 2 列中所示的 INT 1 符号。

** 当第 6 列和第 7 列的一些行具有相同符号编号时,ECDIS 会根据船舶的吃水深度和航海人员在 ECDIS 中定义的其他条件(如 K11 的情况),对此要素进行不同的图示表达。当第 6 列和第 7 列合并以涵盖多个符号编号时,ECDIS 将以相同的方式对所有分组的符号编号进行图示表达(请参阅 C5—C7)。

† 意味着该表示已作废,但可能会出现在旧版海图上。

表示可以通过 ECDIS 光标选取要素属性值,例如高度、距离或名称。可以通过这种方式获取许多属性值,但是光标选择图标仅用于指明在“符号说明”列中专门提到的值,以及 ECDIS 不在符号旁边显示的值,例如,C14 中树木的高度。

图 1 编排示意

A 图号、图名和图廓注记

A Chart Number，Title，Marginal Notes

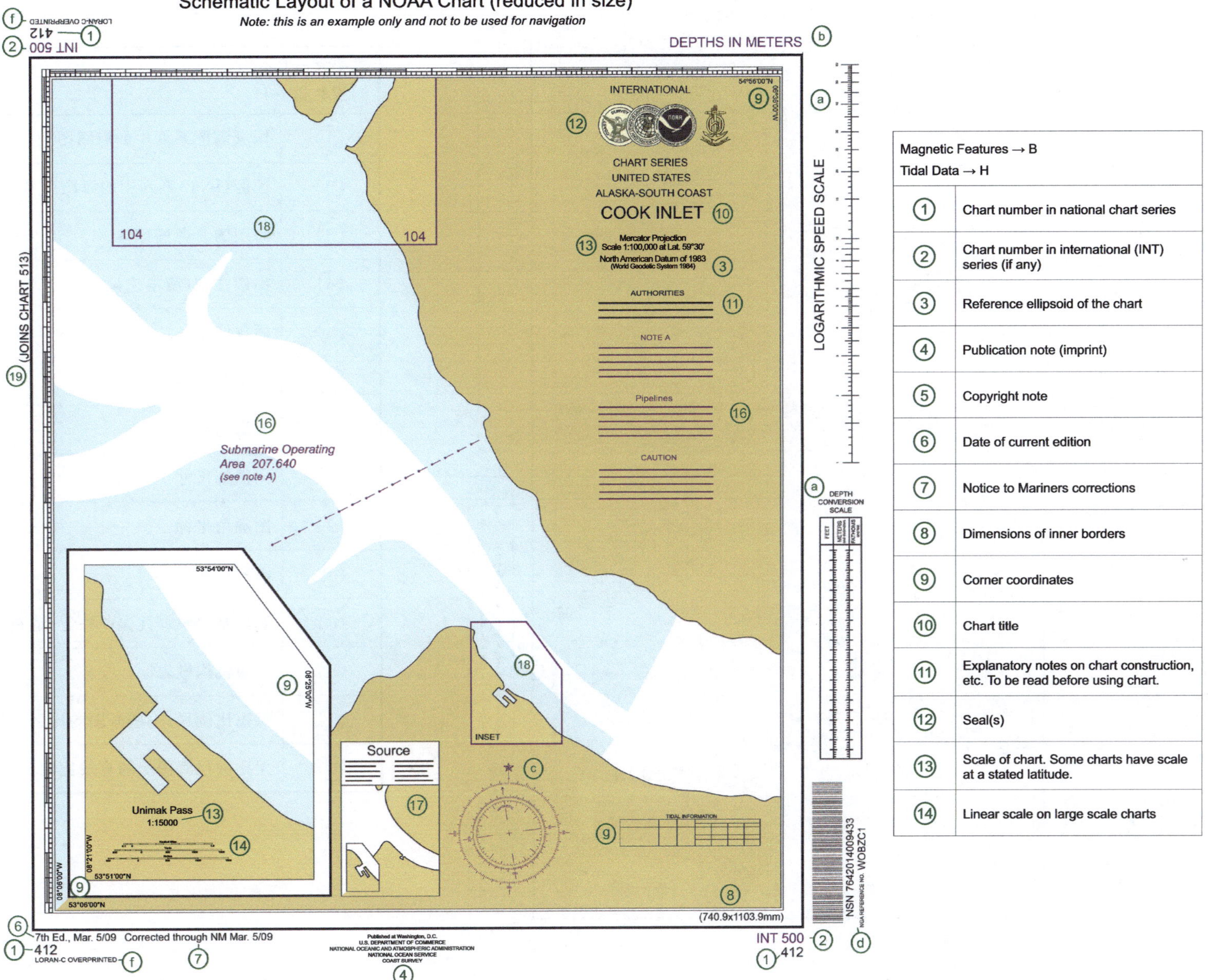

Magnetic Features → B Tidal Data → H	
①	Chart number in national chart series
②	Chart number in international (INT) series (if any)
③	Reference ellipsoid of the chart
④	Publication note (imprint)
⑤	Copyright note
⑥	Date of current edition
⑦	Notice to Mariners corrections
⑧	Dimensions of inner borders
⑨	Corner coordinates
⑩	Chart title
⑪	Explanatory notes on chart construction, etc. To be read before using chart.
⑫	Seal(s)
⑬	Scale of chart. Some charts have scale at a stated latitude.
⑭	Linear scale on large scale charts

NOAA海图图面配置示意图（缩小版）

注：本图仅是示例，不能用于航行

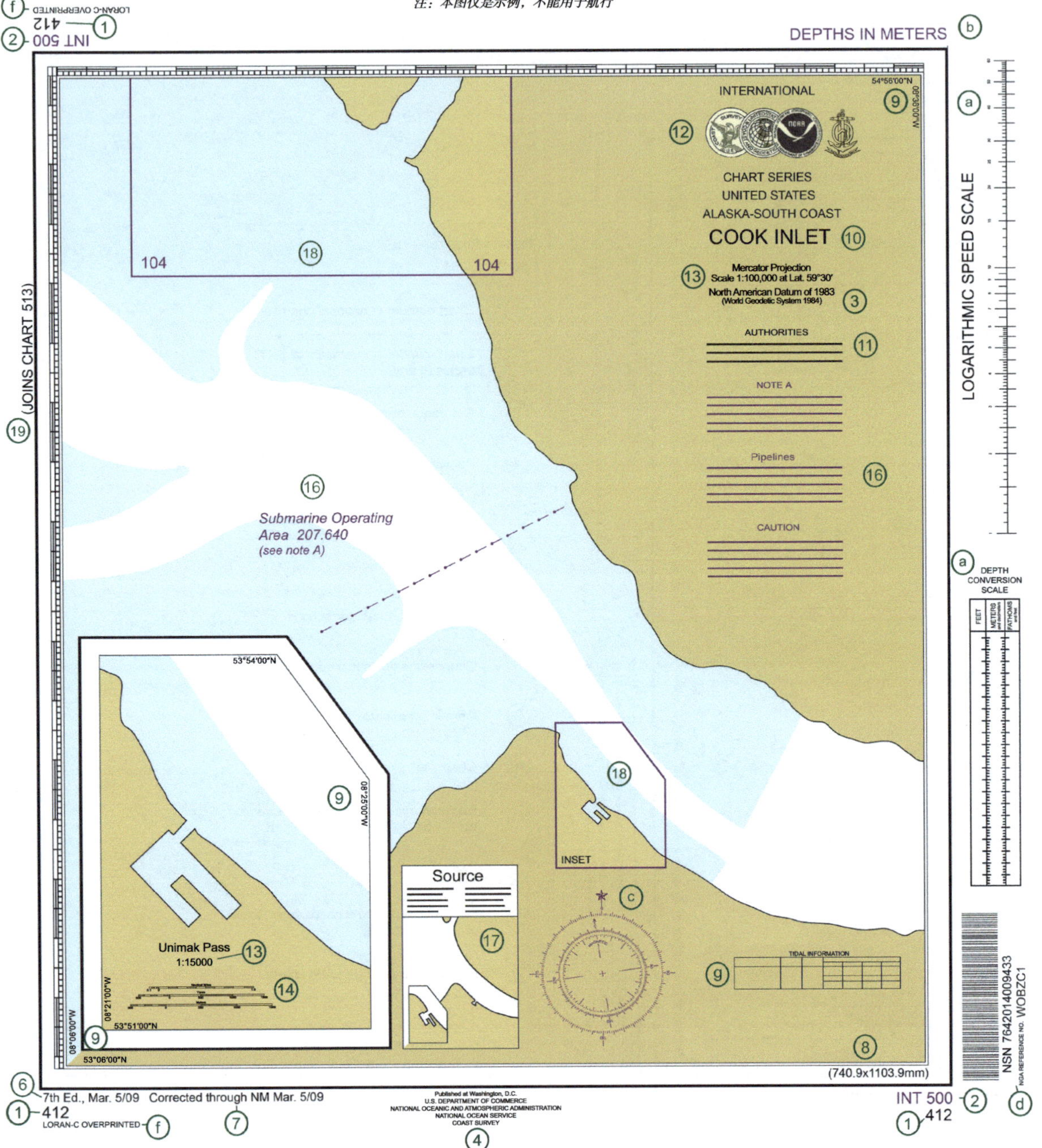

磁要素→B 潮汐数据→H	
①	国家海图系列中的海图图号
②	国际（INT）系列中的海图图号（如有）
③	海图的参考椭球体
④	出版注记（版本注记）
⑤	版权注记
⑥	当前版本的日期
⑦	航海通告改正
⑧	内图廓尺寸
⑨	图廓角坐标
⑩	海图标题
⑪	海图制图解释性说明注记，请在使用海图前阅读
⑫	出版机构徽志
⑬	海图比例尺，一些海图的比例尺只在特定纬度上有效
⑭	大比例尺海图上的直线比例尺

(15)	Linear border scale on large scale charts. On smaller scales use latitude borders for sea miles.
(16)	Cautionary notes (if any). Information on particular features, to be read before using chart.
(17)	Source Diagram (if any). Navigators should be cautious where surveys are inadequate.
(18)	Reference to a larger scale chart
(19)	Reference to an adjoining chart of similar scale
(a)	Conversion scales
(b)	Reference to the units used for depth measurement
(c)	Compass rose
(d)	Bar code and stock number
(e)	Glossary: Translation of words on chart that are not in English
(g)	Tidal and Tidal Stream information within the chart coverage

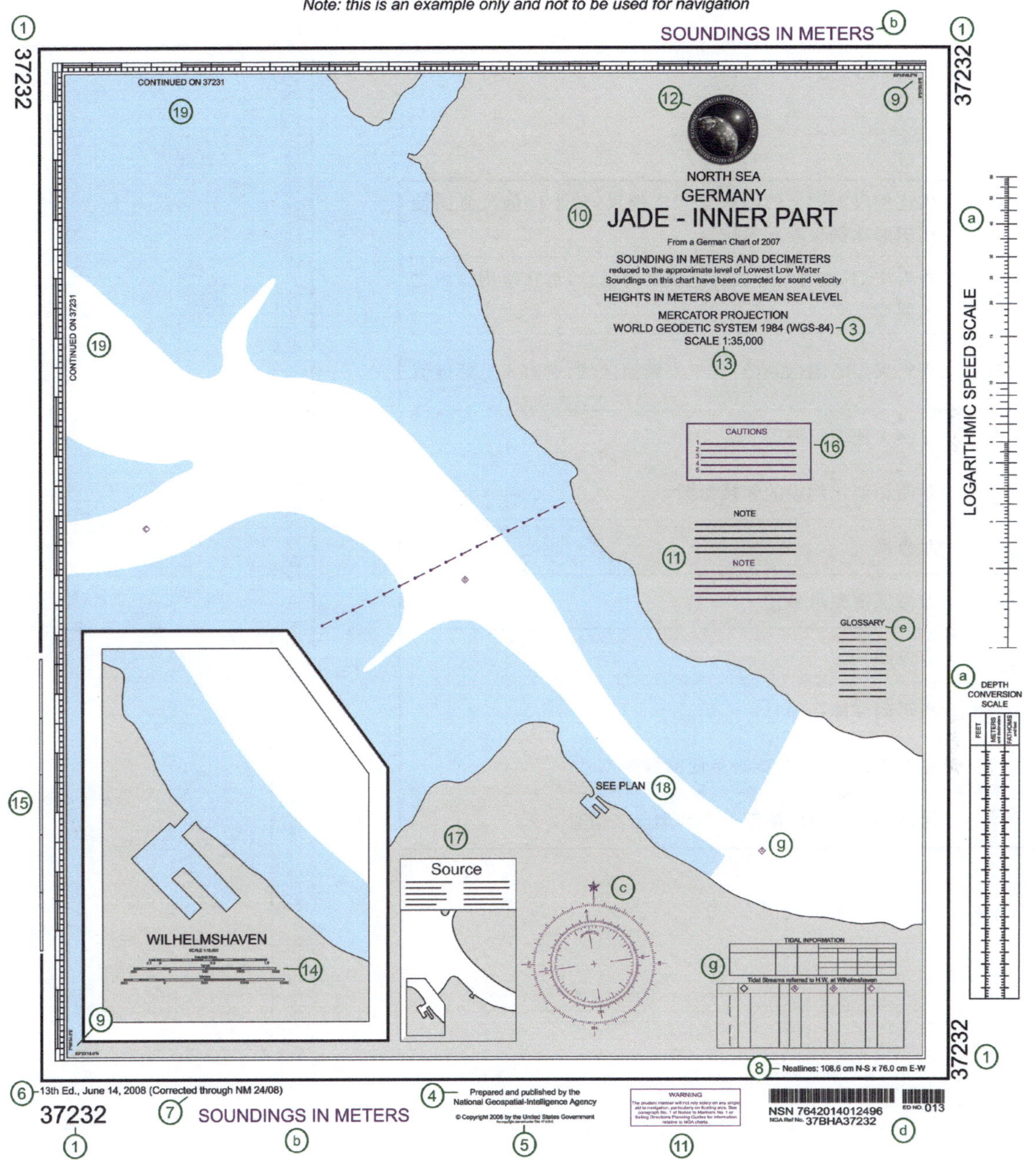

⑮	大比例尺海图上的图廓直线比例尺，较小比例尺海图使用图廓比例尺表示海里
⑯	警告注记（如有）；有关特定要素的信息，请在使用海图之前阅读
⑰	资料采用略图（如有）；对于未精测区域，航海人员须谨慎
⑱	参阅大比例尺海图
⑲	参阅相似比例尺的邻接海图
ⓐ	对数尺
ⓑ	参阅深度测量单位
ⓒ	方位圈
ⓓ	条形码和库存编号
ⓔ	词汇表：海图上非英语单词的翻译
ⓖ	海图制图范围内的潮信表和潮流表信息

NGA海图图面配置示意图（缩小版）

注：本图仅是示例，不能用于航行

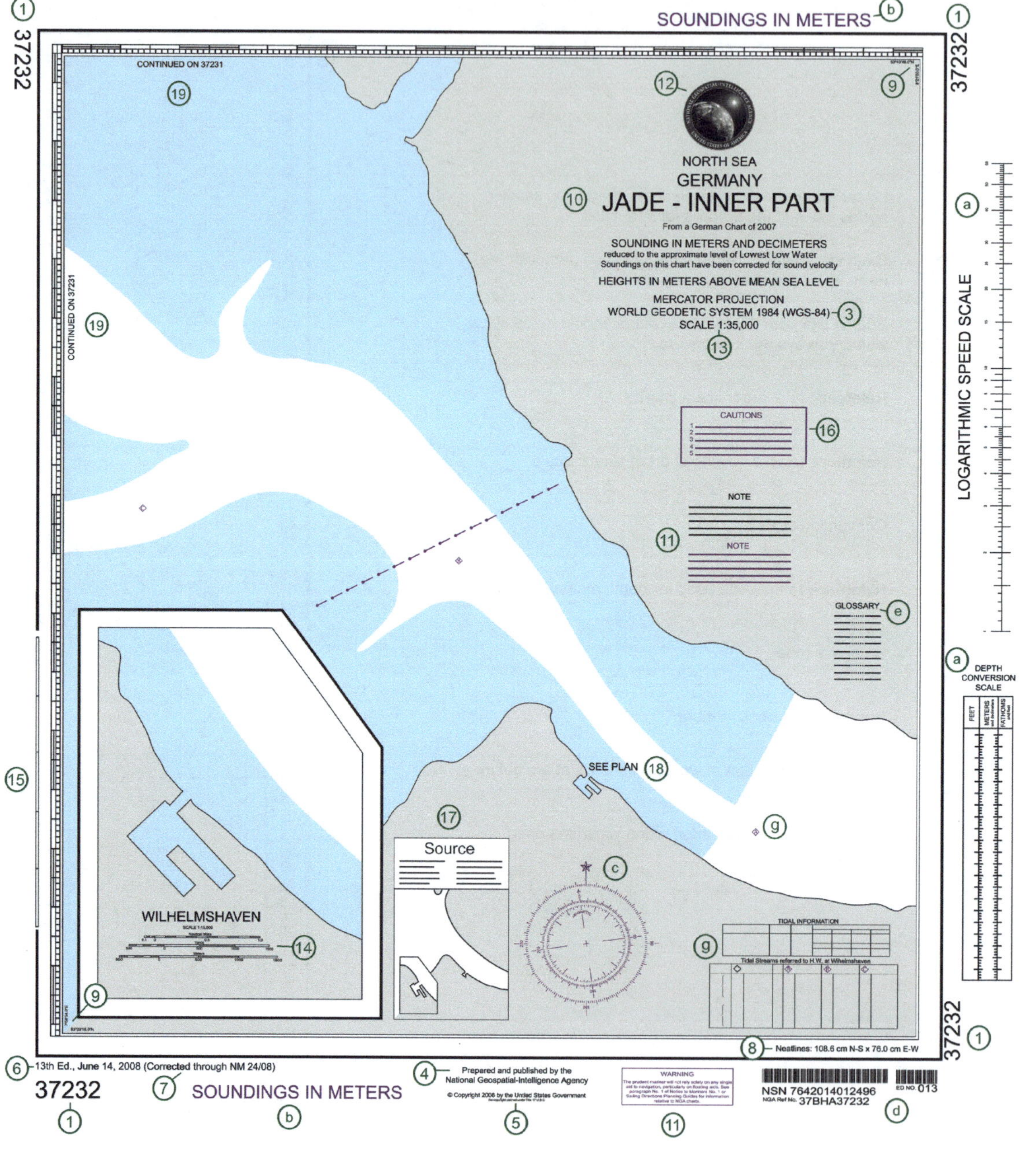

NGD海图图面配置示意图（缩小版）

注：本图仅是示例，不能用于航行

① 海图图号
② 小改正说明
③ 补充的图式符号或其他说明
④ 出版机关全称
⑤ 出版机关地址信息
⑥ 版次说明及印刷单位
⑦ 书号、审图号信息
⑧ 条形识别码
⑨ 坐标系英文简称
⑩ 海图上图廓间直线比例尺
⑪ 使用编号
⑫ 海图密级（必要时加注）
⑬ 对数尺
⑭ 坐标系使用说明
⑮ 出版机关徽志
⑯ 地理位置
⑰ 图名（图名等亦可配置在图廓外）
⑱ 比例尺及基准纬线
⑲ 投影名称
⑳ 坐标系中文全称
㉑ 深度、高程计量单位及其基准面、等高距和图式说明
㉒ 注意事项
㉓ 图廓点经纬度注记
㉔ 较大比例尺海图上的直线比例尺
㉕ 参阅附图（附图范围内注“阅附图”）
㉖ 资料采用略图
㉗ 图幅索引图
㉘ 参阅邻接海图
㉙ 图幅尺寸

B 位置、距离、方向、方位圈

B Positions, Distances, Directions, Compass

<table>
<tr><th>No.</th><th>INT</th><th>Description</th><th>NOAA</th><th>NGA</th><th>Other NGA</th><th colspan="2">ECDIS</th></tr>
<tr><td colspan="8">Geographical Positions</td></tr>
<tr><td>1</td><td>Lat</td><td>Latitude</td><td colspan="2"></td><td></td><td colspan="2"></td></tr>
<tr><td>2</td><td>Long</td><td>Longitude</td><td colspan="2"></td><td></td><td colspan="2"></td></tr>
<tr><td>4</td><td>°</td><td>Degree(s)</td><td colspan="2">deg</td><td></td><td colspan="2"></td></tr>
<tr><td>5</td><td>′</td><td>Minute(s) of arc</td><td colspan="2"></td><td></td><td colspan="2"></td></tr>
<tr><td>6</td><td>″</td><td>Second(s) of arc</td><td colspan="2"></td><td></td><td colspan="2"></td></tr>
<tr><td rowspan="3">7</td><td rowspan="3">PA</td><td rowspan="3">Position approximate (not accurately determined or does not remain fixed)</td><td rowspan="3">PA</td><td rowspan="3">(PA)</td><td rowspan="3"></td><td>PA</td><td>Position approximate </td></tr>
<tr><td>?</td><td>Point feature or area of low accuracy</td></tr>
<tr><td>21</td><td>Sounding of low accuracy</td></tr>
<tr><td rowspan="2">8</td><td rowspan="2">PD</td><td rowspan="2">Position doubtful (reported in various positions)</td><td rowspan="2">PD</td><td rowspan="2">(PD)</td><td rowspan="2"></td><td>?</td><td> Point feature or area of low accuracy</td></tr>
<tr><td>21</td><td>Sounding of low accuracy</td></tr>
<tr><td>9</td><td>N</td><td>North</td><td colspan="2"></td><td></td><td colspan="2"></td></tr>
<tr><td>10</td><td>E</td><td>East</td><td colspan="2"></td><td></td><td colspan="2"></td></tr>
<tr><td>11</td><td>S</td><td>South</td><td colspan="2"></td><td></td><td colspan="2"></td></tr>
<tr><td>12</td><td>W</td><td>West</td><td colspan="2"></td><td></td><td colspan="2"></td></tr>
<tr><td>13</td><td>NE</td><td>Northeast</td><td colspan="2"></td><td></td><td colspan="2"></td></tr>
<tr><td>14</td><td>SE</td><td>Southeast</td><td colspan="2"></td><td></td><td colspan="2"></td></tr>
<tr><td>15</td><td>NW</td><td>Northwest</td><td colspan="2"></td><td></td><td colspan="2"></td></tr>
<tr><td>16</td><td>SW</td><td>Southwest</td><td colspan="2"></td><td></td><td colspan="2"></td></tr>
</table>

编号	国际海图	符号说明	美国国家海洋和大气管理局	美国国家地理空间情报局	其他地理空间情报局	电子海图	中国海图	补充说明
地理位置								
1	Lat	纬度	（同国际海图）					
2	Long	经度	（同国际海图）					
4	°	度	deg				（同国际海图）	P4,5.1.1
5	′	［角］分	（同国际海图）				（同国际海图）	P4,5.1.2
6	″	［角］秒	（同国际海图）				（同国际海图）	P4,5.1.3
7	*PA*	概位（未精确测量或者位置不固定）	PA	(PA)		PA 概位 ? 低精度点要素或区域 21 低精度精测水深	概位	P4,5.1.4 概位，位置未精测
8	*PD*	疑位（信息不一致）	PD	(PD)		? 低精度点要素或区域 21 低精度水深	疑位	P4,5.1.5 疑位，位置有疑问
9	N	北	（同国际海图）				（同国际海图）	P4,5.1.6
10	E	东	（同国际海图）				（同国际海图）	P4,5.1.7
11	S	南	（同国际海图）				（同国际海图）	P4,5.1.8
12	W	西	（同国际海图）				（同国际海图）	P4,5.1.9
13	NE	东北	（同国际海图）				（同国际海图）	P4,5.1.10
14	SE	东南	（同国际海图）				（同国际海图）	P4,5.1.11
15	NW	西北	（同国际海图）				（同国际海图）	P4,5.1.12
16	SW	西南	（同国际海图）				（同国际海图）	P4,5.1.13

No.	INT	Description	NOAA	NGA	Other NGA	ECDIS	
Control Points							
20	⚠	Triangulation point					
21	† ⊕	Observation spot	⊕ Obs Spot			⊙	Position of an elevation or control point
22	⊙ ⊙	Fixed point	⊙				
25.1	o *km 32*	Distance along waterway, no visible marker	*St M 32*			km 7	Canal and distance point with no mark
25.2	o km 46	Distance along waterway with visible marker	☐ Y Bn (46)			o km 7	Canal and distance point
	Note: ECDIS uses a magenta "km" symbol to represent distance marks. However, the distances shown along waterways on NOAA-produced ENCs are displayed in statute miles.						
Symbolized Positions (Examples)							
30	⌗ # *Wk*	Symbols in plan—position is center of primary symbol				ECDIS follows the paper chart convention for the position of symbols, except for simplified symbols for buoys and beacons (see Q 1).	
31		Symbols in plan—position is at bottom of symbol					
32	⊙ Mast ⊙ MAST ☆	Point symbols	⊙ MAST			⊙	Position of a point feature
33	† o Mast PA	Point symbols—approximate positions	o Mast			ECDIS indicates approximate position only for wrecks, obstructions, islets and shoreline features.	
Units						Supplementary national symbols *a–m*	
40	km	Kilometer(s)					
41	m	Meter(s)					
42	dm	Decimeter(s)					
43	cm	Centimeter(s)					
44	mm	Millimeter(s)					
45	M	International nautical mile(s) (1852m), sea mile(s)	Mi NMi NM				
47	ft	Foot / Feet					
48	fm, fms	Fathom(s)					

编号	国际海图	符号说明	美国国家海洋和大气管理局	美国国家地理空间情报局	其他地理空间情报局	电子海图		中国海图	补充说明
控制点						补充的国家符号：C. a—C. c			
20	△	三角点	（同国际海图）			⊙	高程或控制点的位置	1.5 △ 450.5	P4，5. 2. 1 三角点，数字为标石顶面高程
21	† ⊕	测站点	⊕ Obs Spot					1.2 ⊕ 32. 1	P4，5. 2. 5 测站点，数字为地面高程
22	⊙ ⊙	固定点	⊙						
25. 1	o km 32	航道里程（无明显标志）	St M 32	（同国际海图）		km 7	运河及无标志的里程点		
25. 2	o km 46	航道里程（有明显标志）	□ Y Bn (46)	（同国际海图）		o km 7	运河及里程点		
	注：ECDIS 使用品红色“km”符号来表示里程标志，但是美国 NOAA 生产的电子海图使用法定英里作为航道里程。								
符号的位置（举例）									
30	# Wk	位置在符号中心	（同国际海图）			ECDIS 遵循纸质海图符号位置规则，除用于浮标和立标的简化符号外（见 Q1）		⊕ # (16)	P6，5. 3. 1 平面符号
31		位置在符号底线中心	（同国际海图）						P6，5. 3. 2 形象符号
32	⊙ Mast ⊙ MAST ☆	有点符号	⊙ MAST			⊙	点要素的位置	⊙ △ ★	P6，5. 3. 3 有点符号
33	† o Mast PA	有点符号——概位	o Mast			ECDIS 仅显示沉船、障碍物、屿和海岸线要素的概略位置		概位 ◯概位	P6，5. 3. 4 概位符号
单位						补充的国家符号：a—m			
40	km	千米	（同国际海图）					（同国际海图）	P6，5. 4. 1
41	m	米	（同国际海图）					（同国际海图）	P6，5. 4. 2
42	dm	分米	（同国际海图）					（同国际海图）	P6，5. 4. 3
43	cm	厘米	（同国际海图）					（同国际海图）	P6，5. 4. 4
44	mm	毫米	（同国际海图）					（同国际海图）	P6，5. 4. 5
45	M	国际海里（1 852 m）、海里	Mi NMi NM					M n mile	P6，5. 4. 6
47	ft	英尺	（同国际海图）					（同国际海图）	P6，5. 4. 7
48	fm，fms	英寻	（同国际海图）						

No.	INT		Description	NOAA	NGA	Other NGA	ECDIS
49	h		Hour(s)	hr			
50	m	min	Minute(s) of time				
51	s	sec	Second(s) of time				
52	kn		Knot(s)				
53	t		Ton(s), Tonnage (weight)				
54	cd		Candela(s)				
Magnetic Compass							Supplementary national symbols *n*
68.1	Magnetic Variation 4°30′W 2011 (8′E)		Note of magnetic variation, in position				 Cursor pick site for magnetic variation at a point  Cursor pick site for magnetic variation over an area
68.2	Magnetic Variation at 55°N 8°W 4°30′W 2011 (8′E)		Note of magnetic variation, out of position				

编号	国际海图	符号说明	美国国家海洋和大气管理局	美国国家地理空间情报局	其他地理空间情报局	电子海图	中国海图	补充说明
49	h	小时	hr	（同国际海图）			（同国际海图）	P6，5.4.8
50	m　min	分（时间）	（同国际海图）				（同国际海图）	P6，5.4.9
51	s　sec	秒（时间）					（同国际海图）	P6，5.4.10
52	kn	节	（同国际海图）				（同国际海图）	P6，5.4.11
53	t	吨、吨位（重量）	（同国际海图）				（同国际海图）	P6，5.4.12
54	cd	坎德拉（发光强度单位）	（同国际海图）					
磁罗盘						补充的国家符号：n		
68.1	Magnetic Variation 4°30′W 2011 (8′E)	要素位置处的磁差注记	（同国际海图）			 光标选择位置（表示某点磁差）  光标选择位置（表示某区域磁差）	磁　差 3°40′E 2021(6′W) 0.2	P6，5.5.1 磁差注记，图中磁偏角偏东3°40′，磁差年变率偏西6′
68.2	Magnetic Variation at 55°N 8°W 4°30′W 2011 (8′E)	移位的磁差注记	（同国际海图）				位于35°N120°E磁差 3°40′E 2021(6′W)	P6，5.5.1 磁差注记，注于图上空白处

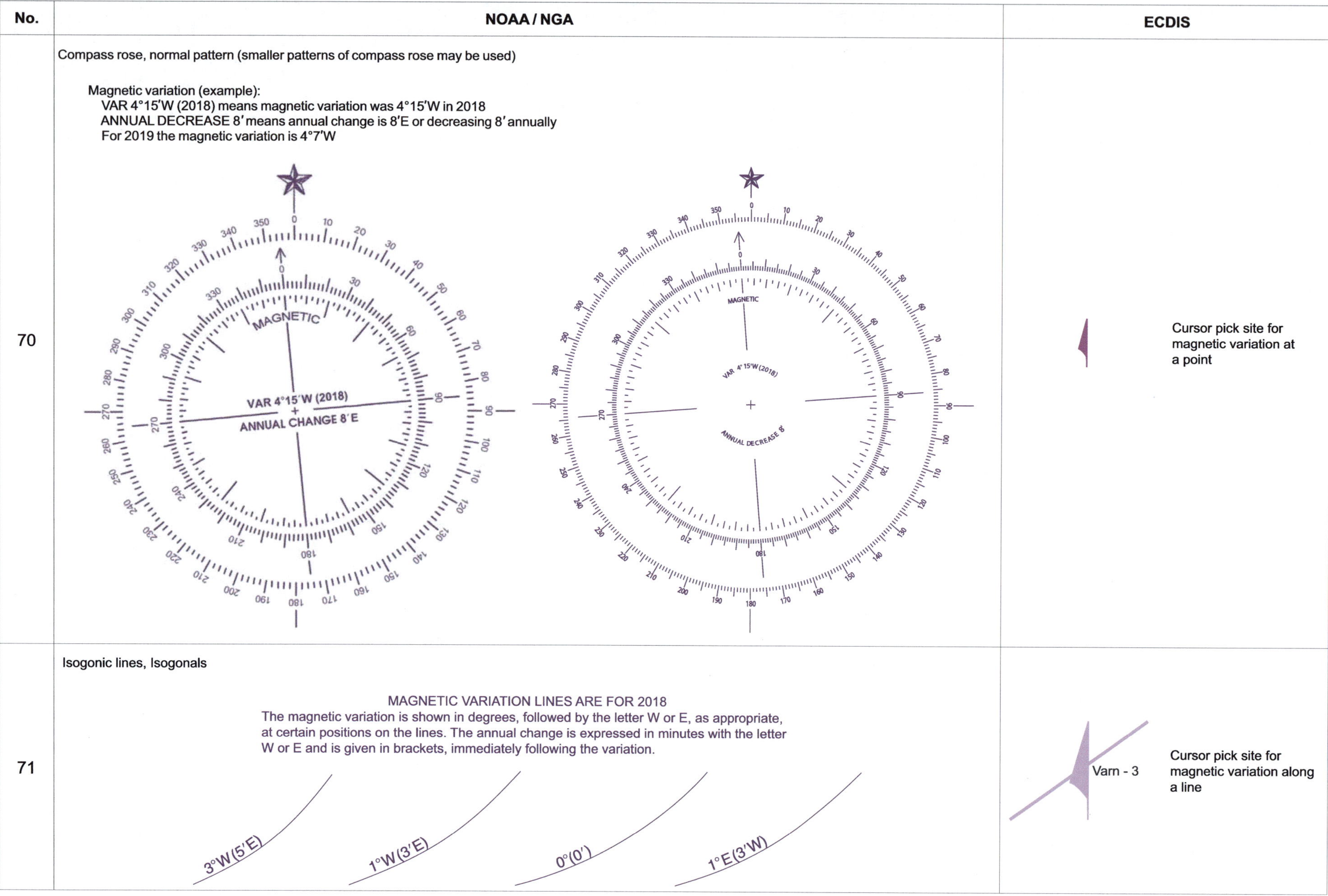

No.	NOAA / NGA	ECDIS
70	Compass rose, normal pattern (smaller patterns of compass rose may be used) Magnetic variation (example): VAR 4°15′W (2018) means magnetic variation was 4°15′W in 2018 ANNUAL DECREASE 8′ means annual change is 8′E or decreasing 8′ annually For 2019 the magnetic variation is 4°7′W	Cursor pick site for magnetic variation at a point
71	Isogonic lines, Isogonals MAGNETIC VARIATION LINES ARE FOR 2018 The magnetic variation is shown in degrees, followed by the letter W or E, as appropriate, at certain positions on the lines. The annual change is expressed in minutes with the letter W or E and is given in brackets, immediately following the variation.	Cursor pick site for magnetic variation along a line

编号	美国国家海洋和大气管理局/美国地理空间情报局	电子海图	中国海图	补充说明
70	方位圈、标准图形(可以使用较小的方位圈) 磁差(示例): VAR 4°15′W(2018)表示 2018 年的磁差为 4°15′W ANNUAL DECREASE 8′表示地磁年变量为 8′E 或每年减少 8′ 2019 年的磁差为 4°7′W 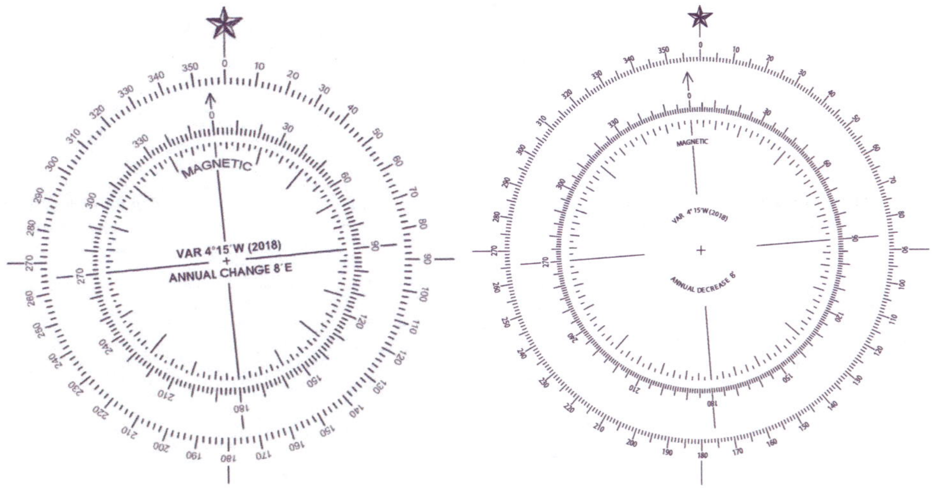 	 光标选择位置 (表示某点磁差)	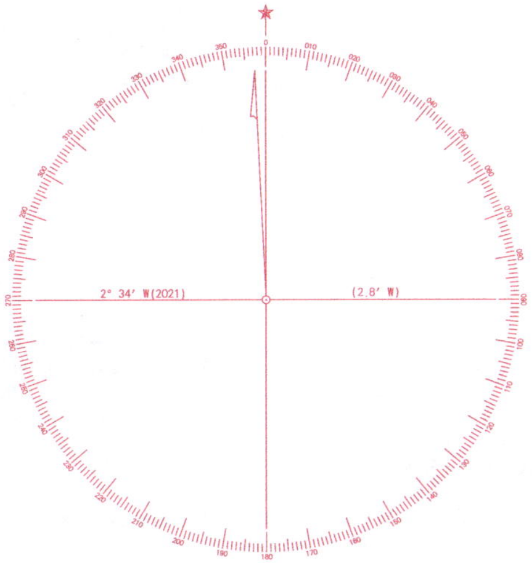	P8,5.5.2 方位圈,图中 W 表示磁差(年差)偏西,E 表示磁差(年差)偏东
71	等磁差线 2018 年等磁差线 等磁差线上某些适当位置应注记磁差,该值以度表示,后面标注字母 W 或 E。 年差紧随磁差注记,该值以分为单位,后面标注字母 W 或 E,且使用括号括注 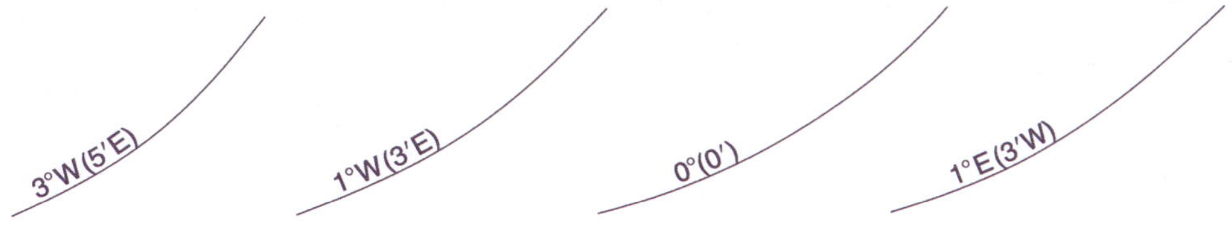	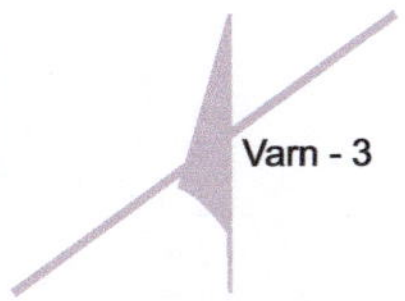 光标选择位置 (表示某条等磁差线上的磁差)	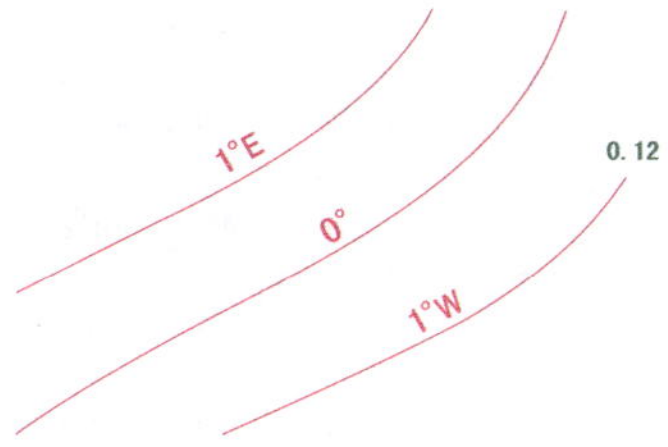	P8,5.5.3 等磁差线,是磁差相等各点的连线。 E 和 W 分别表示磁差偏东、偏西

No.	INT	Description	NOAA	NGA	Other NGA	ECDIS	
82.1	 ±15°	Local magnetic anomaly Within the enclosed area the magnetic variation may deviate from the normal by the value shown				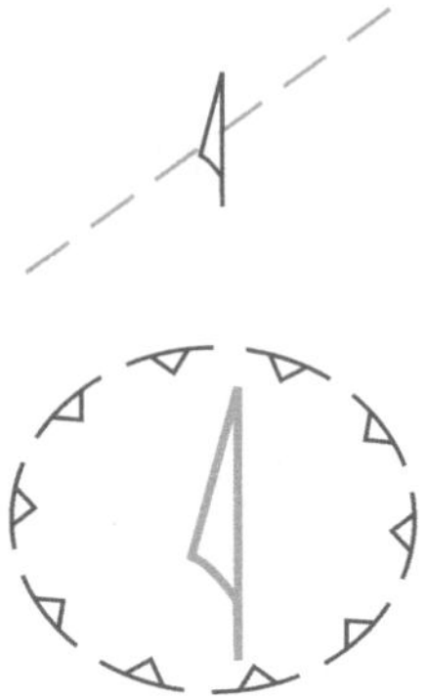	Cursor pick site for magnetic anomaly along a line or over an area
82.2	Local Magnetic Anomaly (see Note)	Local magnetic anomaly Where the area affected cannot be easily defined, a legend only is shown at the position	LOCAL MAGNETIC DISTURBANCE (see note)	LOCAL MAGNETIC ANOMALY (see note)	LOCAL MAGNETIC DISTURBANCE (see note)		Cursor pick site for magnetic anomaly at a point
Supplementary National Symbols							
a		Square meter(s)	m²				
b		Cubic meter(s)	m³				
c		Inch(es)	in				
d		Yard(s)	yd				
e		Statute mile(s)	St M	St Mi			
f		Microsecond(s)	*μsec*	*μs*			
g		Hertz	Hz				
h		Kilohertz	kHz				
i		Megahertz	MHz				
j		Cycles/second	cps	c/s			
k		Kilocycle(s)	kc				
l		Megacycle(s)	Mc				
m		Ton(s) (U.S. short ton) (2,000lbs)	T				
o		Benchmark	BM				
p		Variation	var	VAR		Varn	Magnetic variation

编号	国际海图	符号说明	美国国家海洋和大气管理局	美国国家地理空间情报局	其他地理空间情报局	电子海图		中国海图	补充说明
82.1	 ±15°	局部磁力异常区。在该封闭区域内，磁差可能会与如图所示的正常值有所偏差	（同国际海图）			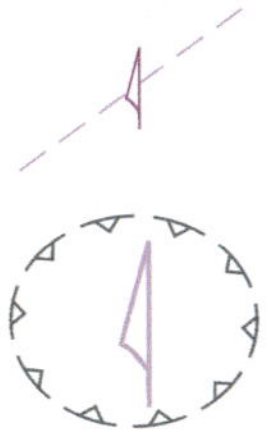	光标选择位置（表示某条等磁差线或某区域内的磁力异常）	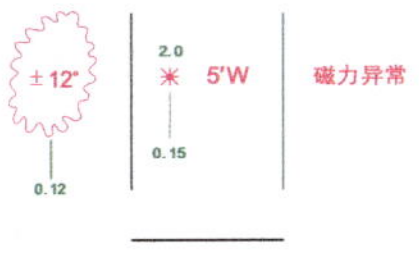 ±12' 0.12 2.0 5'W 0.15 磁力异常	P8,5.5.4 局部磁力异常区，图中数值为异常磁差与正常值的差值或异常磁差值
82.2	Local Magnetic Anomaly (see Note)	当无法轻易界定受影响区域时，仅在相关位置处显示一个图例	LOCAL MAGNETIC DISTURBANCE (see note)	LOCAL MAGNETIC ANOMALY (see note)	LOCAL MAGNETIC DISTURBANCE (see note)		光标选择位置（表示某点处的磁力异常）	**磁力异常**	P8,5.5.4
补充的国家符号									
a		平方米	m^2						
b		立方米	m^3						
c		英寸	in						
d		码	yd						
e		法定英里	St M	St Mi					
f		微秒	*μsec*	*μs*					
g		赫兹	Hz						
h		千赫	kHz						
i		兆赫	MHz						
j		周期/秒	cps	c/s					
k		千周	kc						
l		兆周	Mc						
m		吨（美国短吨）（2 000 磅）	T						
o		水准点	BM					1.2 ⊗ 14.5	P4,5.2.3 水准点，数字为标石顶面高程
p		变化值	var	VAR		Varn	磁差		

No.	INT	Description	NOAA	NGA	Other NGA	ECDIS
q		Magnetic	mag			
r		Bearing	brg			
s		True	T			

编号	国际海图	符号说明	美国国家海洋和大气管理局	美国国家地理空间情报局	其他地理空间情报局	电子海图	中国海图	补充说明
q		磁力	mag					
r		方位	brg					
s		真北	T					
C. a							1.2 ⊡ 106. 7	P4,5. 2. 2 埋石点,数字为标石顶面高程
C. b							2.0 ☆ 251. 8	P4,5. 2. 4 独立天文点,数字为标石顶面高程
C. c							1.6 △ 450	P4,5. 2. 6 卫星定位连续运行站点,数字为高程
C. d							2.0 ③ 3.0 0.8 ⊙ 1.2	P58,15. 7 观景点,摄绘对景图的船位点,数字表示编号

C 自然要素

C Natural Features

No.	INT	Description	NOAA	NGA	Other NGA	ECDIS	
Coastline						Supplementary national symbols: a–e	
Foreshore → I, J							
1	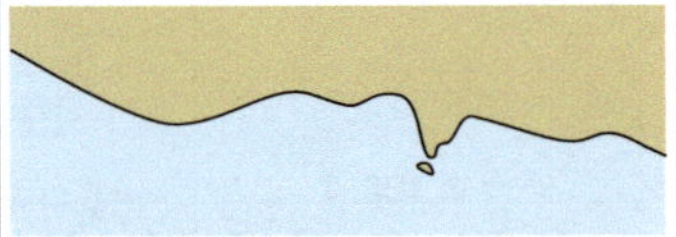	Coastline, surveyed				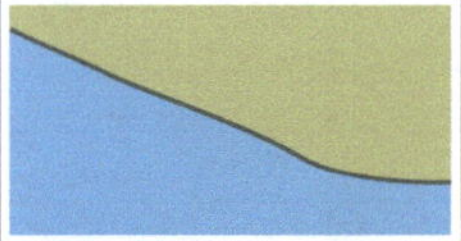	Coastline
2	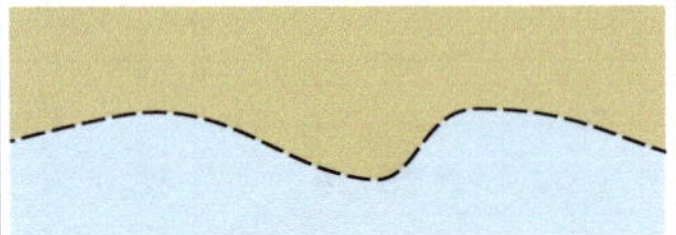	Coastline, unsurveyed				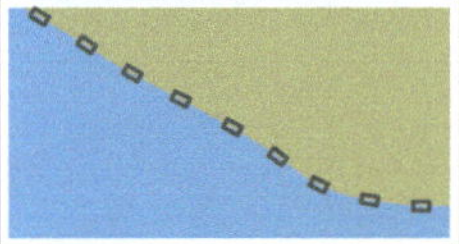	Coastline or shoreline construction of low accuracy in position
3	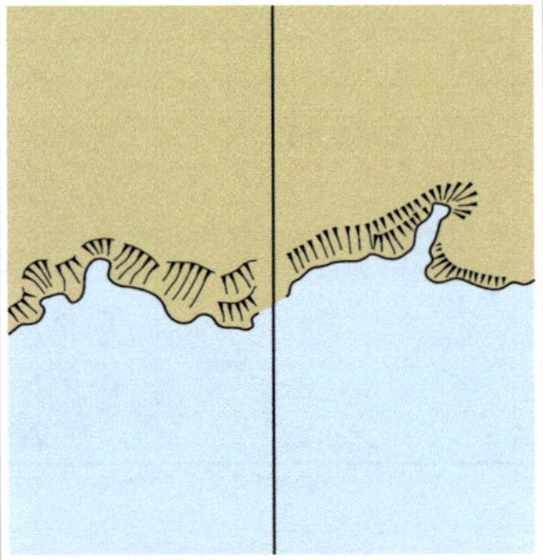	Cliffs, Steep coast	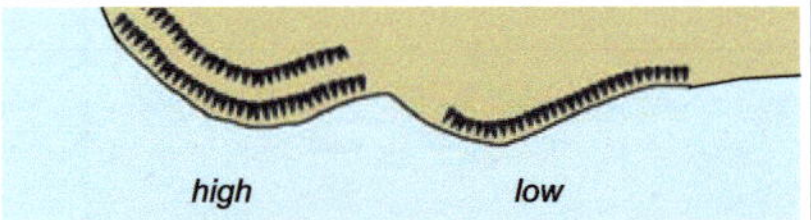 *high* *low*			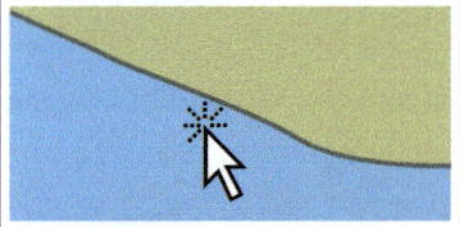	Presence of cliffs coincident with coastline is obtained by cursor pick
			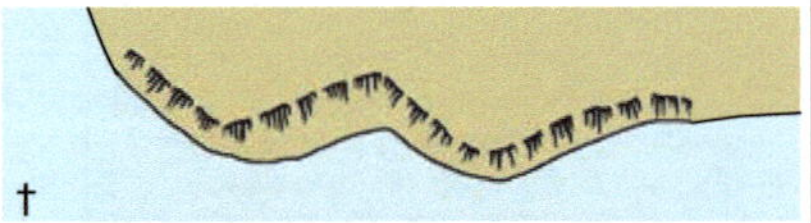 †			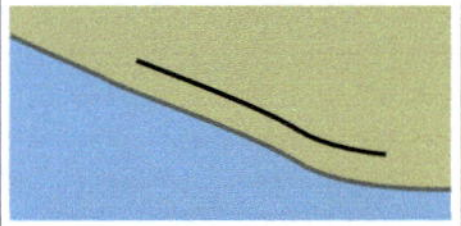	Sloping ground crest line distant from coastline, radar or visually conspicuous
			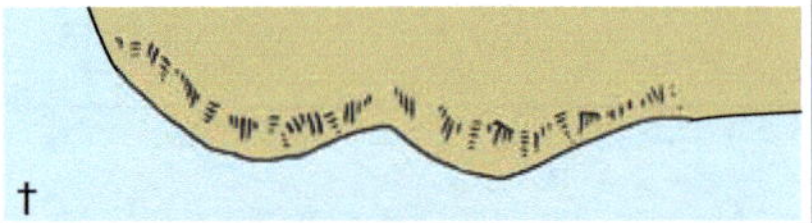 †			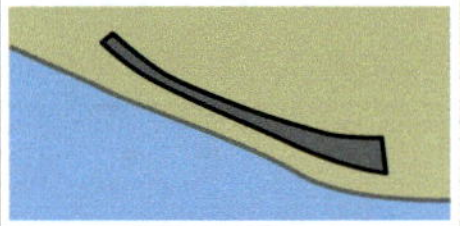	Cliff as an area
4		Hillocks	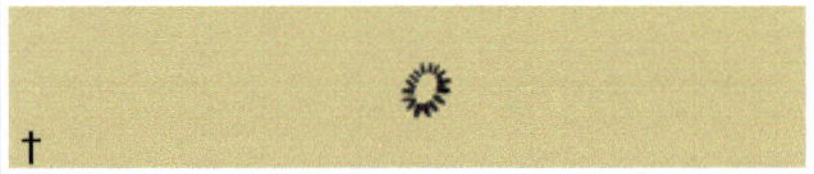 †				Conspicuous hill or mountain top
5	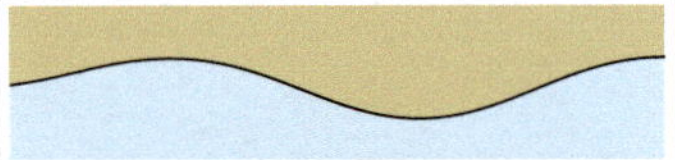	Flat coast					Nature of coastline is obtained by cursor pick
6	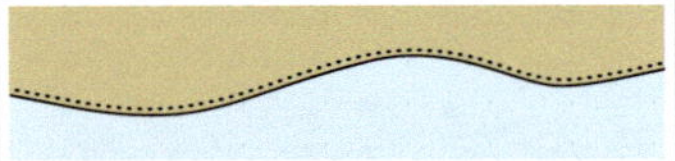	Sandy shore	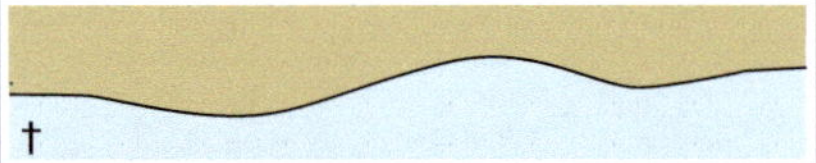 †				
7	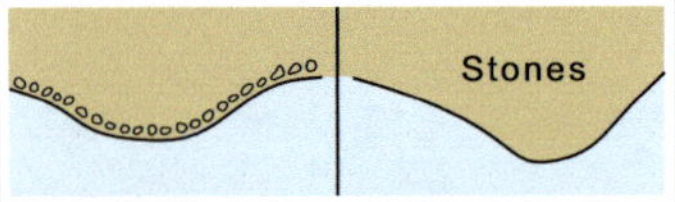 Stones	Stony shore, Shingly shore	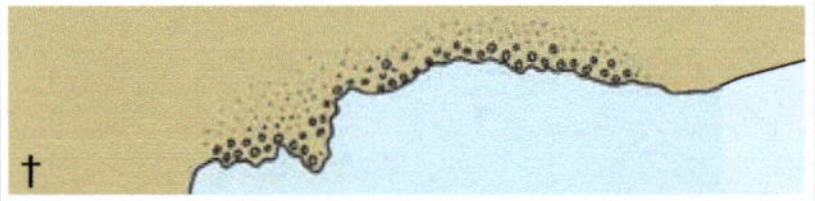 †				
8	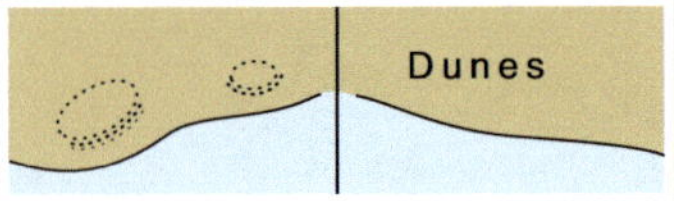 Dunes	Sandhills, Dunes	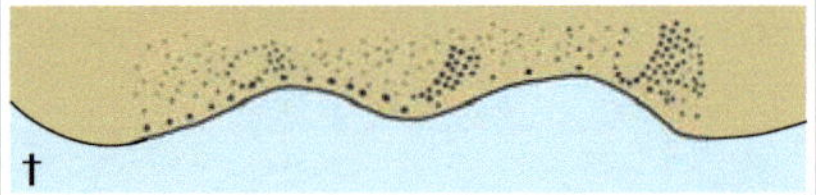 †				Conspicuous hill or mountain top

编号	国际海图	符号说明	美国国家海洋和大气管理局	美国国家地理空间情报局	其他地理空间情报局	电子海图	中国海图	补充说明
海岸线						补充的国家符号：a—e,C. a—C. b		
海滩→I,J								
1		精测海岸线	（同国际海图）			海岸线		P10,6.1.1 海岸线，平均大潮高潮时水陆分界线
2		草绘海岸线	（同国际海图）			低精度海岸线或岸线结构		P10,6.1.2 草绘岸线，未经实测或精度不符合规范
3		陡岸、陡崖	high low † †			陡崖与海岸线的重合（通过光标选取） 远离海岸线的斜坡坡顶线（雷达或视觉显著） 陡崖带		P12,6.2.6 陡崖，难于攀登的陡峭崖壁 P12,6.2.7 岩石陡崖 P10,6.1.3 陡岸，岸坡陡峻（坡度≥50°） P10,6.1.4 陡崖带
4		山丘	†			突出的小山或山顶		
5		平坦海岸	（同国际海图）			海岸线的性质可通过光标选取		P10,6.1.1 海岸线，平均大潮高潮时水陆分界线
6		沙质岸	†					P10,6.1.5 沙质岸，由粗细沙粒组成的岸
7	Stones	垒石岸、粗砾岸	†					P10,6.1.7 垒石岸，由大小不等的石块组成的岸
8	Dunes	沙丘	†			突出的小山或山顶		

No.	INT	Description	NOAA	NGA	Other NGA	ECDIS	
Relief						Supplementary national symbols: e – g	
Plane of reference for heights → H							
10		Contour lines with values and spot height					Elevation contour with spot height, contour value is obtained by cursor pick
11		Spot heights				119 m	Position of an elevation or control point
12		Approximate contour lines with values and approximate height					Elevation contour with spot height, contour value is obtained by cursor pick
13		Form lines with spot height					
14		Approximate height of top of trees (above height datum)					Approximate height of trees is obtained by cursor pick
Water Features, Lava							
20		River, Stream					River
21		Intermittent river, intermittent lake					

编号	国际海图	符号说明	美国国家海洋和大气管理局	美国国家地理空间情报局	其他地理空间情报局	电子海图		中国海图	补充说明
地貌						补充的国家符号：e—g,C. c—C. g			
高程基准面→H									
10	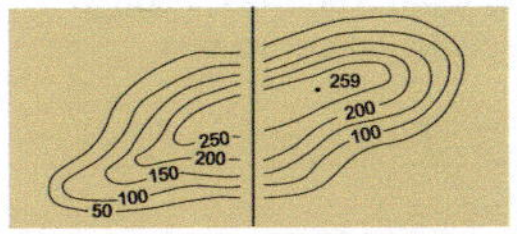	等高线、等高线高程值及高程点及高程注记	（同国际海图）			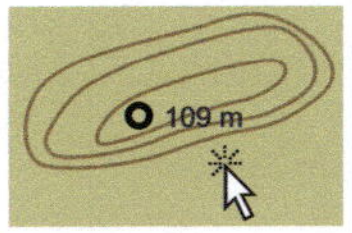	标注高程点的等高线（等高线高程值可通过光标选取）	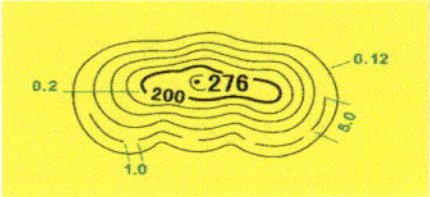	P12,6.2.1 等高线及高程点字头指向高处
11	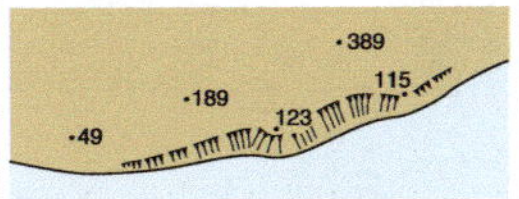	高程点及高程注记	（同国际海图）				高程或控制点的位置		
12	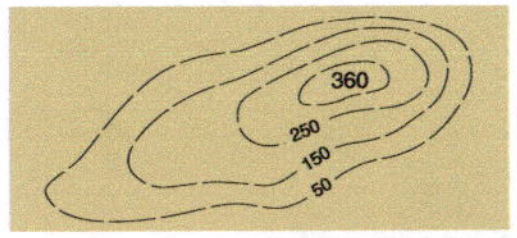	草绘等高线、等高线高程值及概略高程	（同国际海图）			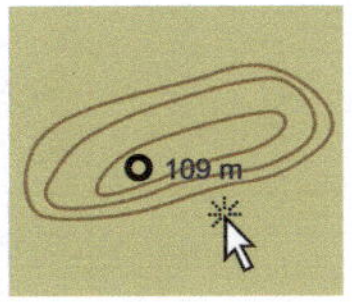	标注高程点的等高线（等高线高程值可通过光标选取）	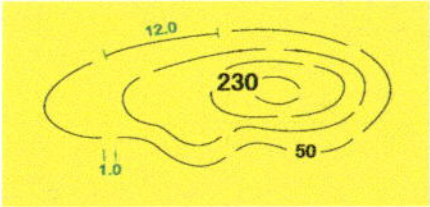	P12,6.2.2 草绘等高线及概略高程
13	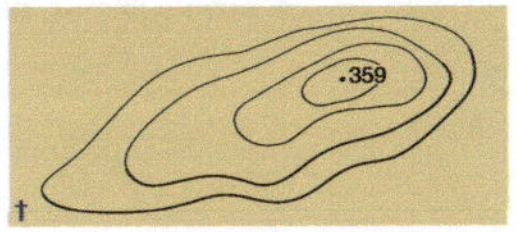	山形线、高程注记及高程点	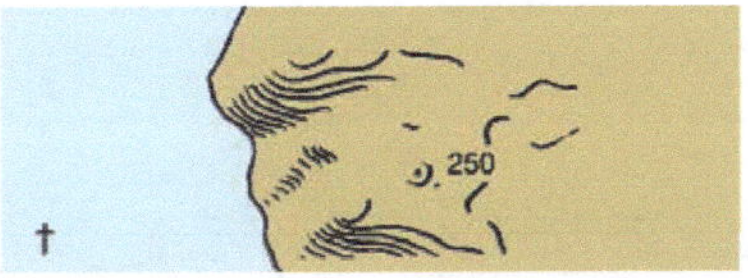						P12,6.2.3 山形线及高程点
14	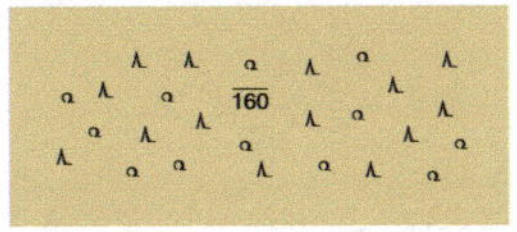	树顶高（自高程基准面起算）	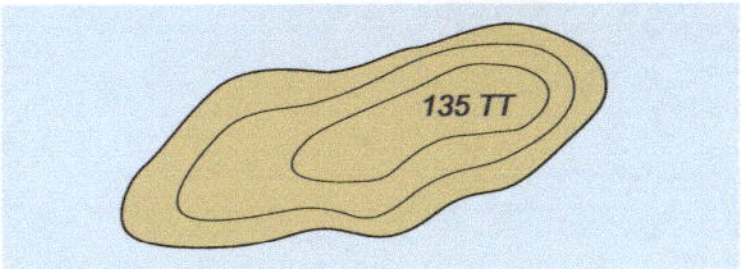				树梢概略高程可通过光标选取	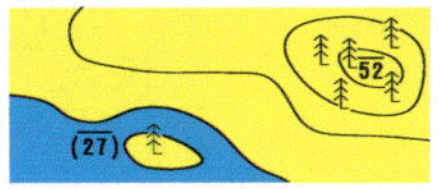	P12,6.2.4 树顶高，自高程基准面起算
水系要素，熔岩						补充的国家符号：C. h—C. i			
20	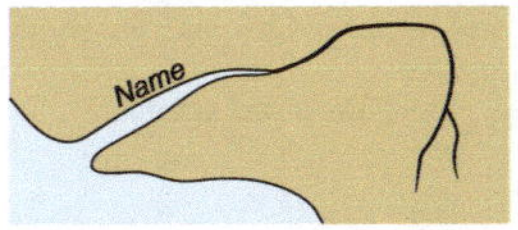	河流	（同国际海图）			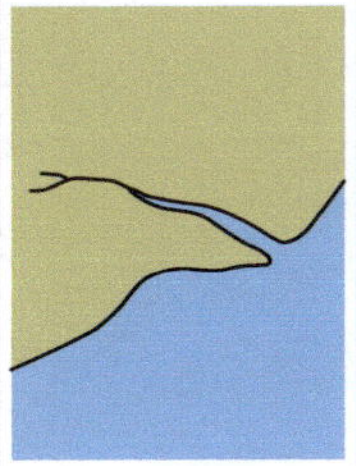	河流	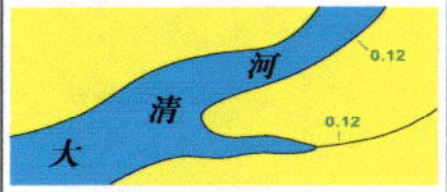 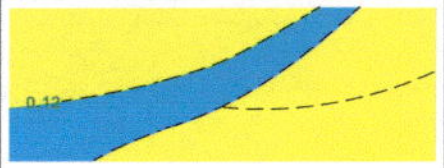	P14,6.3.1 河流
21	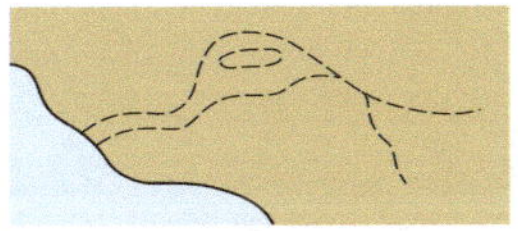	时令河、时令湖	（同国际海图）					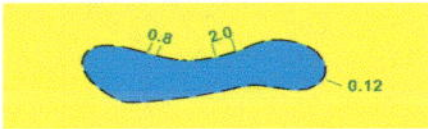	P14,6.3.2 季节性有水的河 P14,6.3.5 季节性有水的河

No.	INT	Description	NOAA	NGA	Other NGA	ECDIS
22	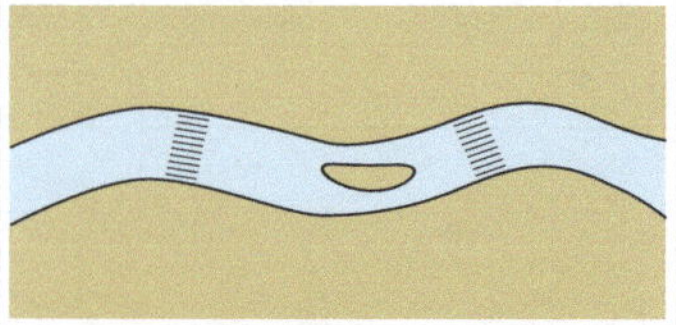	Rapids, Waterfalls				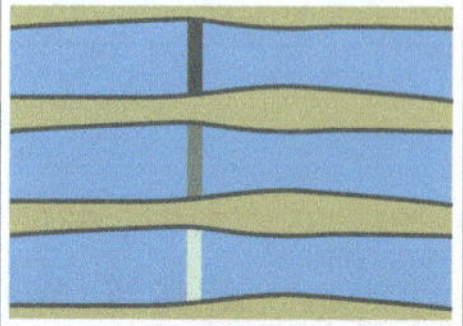 Rapids Waterfall Waterfall, visually conspicuous
23	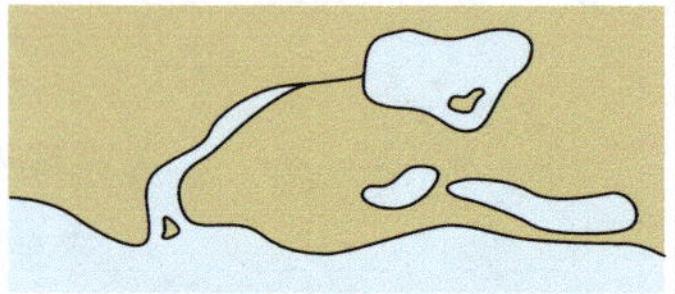	Lakes				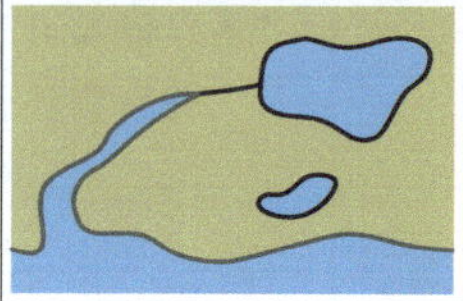 Lake
24	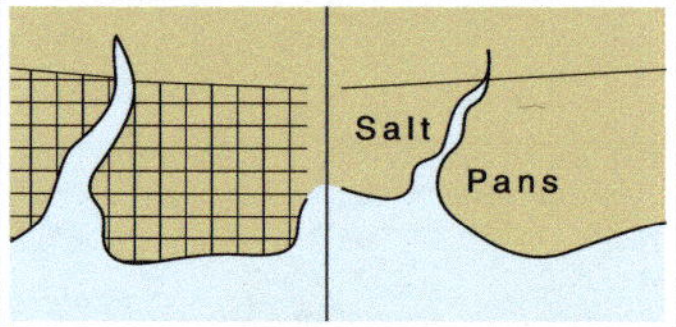 Salt Pans	Salt pans				
25	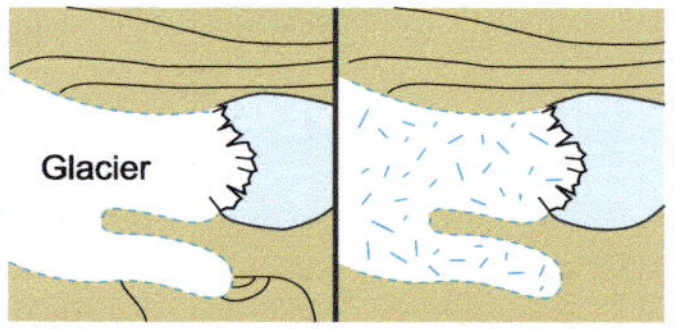 Glacier	Glacier	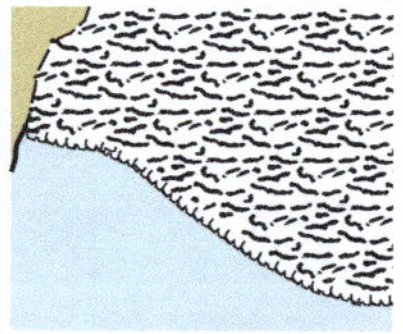			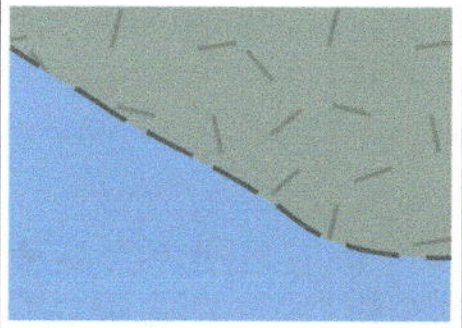 Continuous pattern for an ice area (glacier, etc.)
26	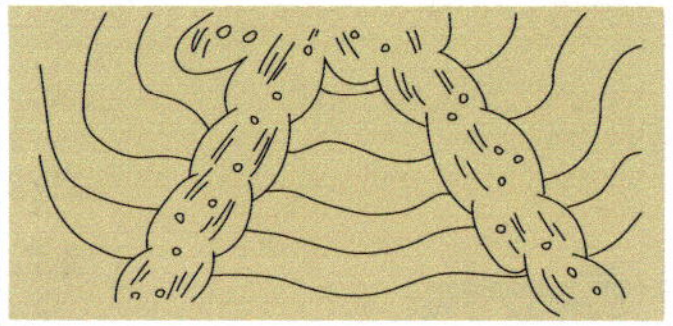	Lava flow	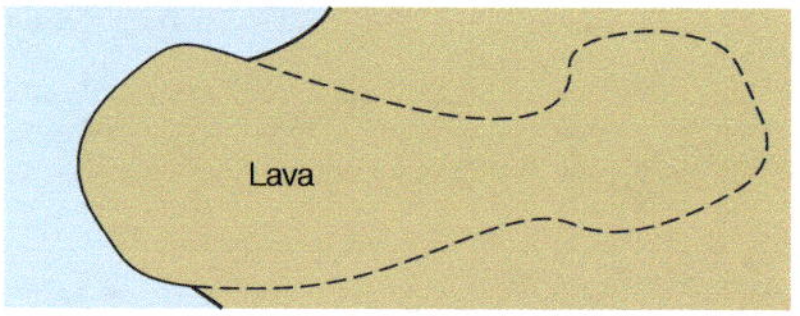 Lava			
Vegetation						Supplementary national symbols: i–t
30	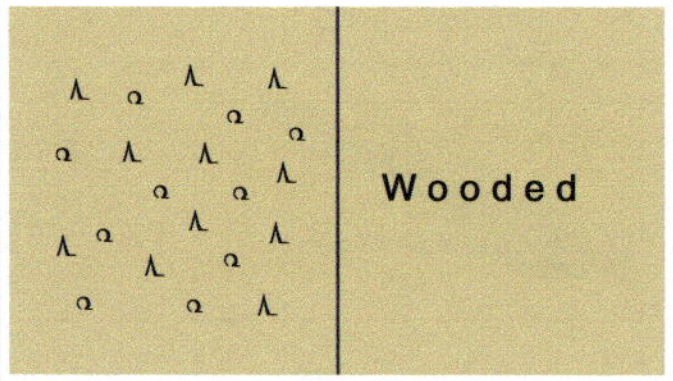 Wooded	Woods in general	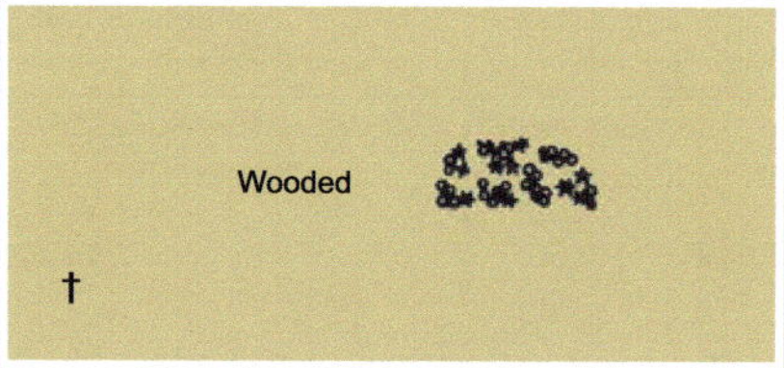 Wooded			 Line of trees 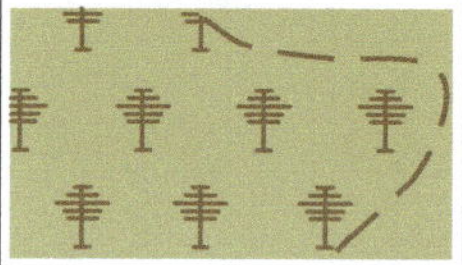 Wooded area

编号	国际海图	符号说明	美国国家海洋和大气管理局	美国国家地理空间情报局	其他地理空间情报局	电子海图	中国海图	补充说明
22		激流、瀑布	（同国际海图）			激流 瀑布 瀑布（视觉显著）		P14,6.3.3 瀑布
23		湖泊	（同国际海图）			湖泊		P14,6.3.4 湖泊
24		盐田	（同国际海图）					P14,6.3.9 盐田
25		冰川		（同国际海图）		冰区（冰川等）的连续图案		P12,6.2.9 冰川
26		熔岩流						P12,6.2.10 熔岩流
植被						补充的国家符号：i—t		
30		一般树林				行树		P12,6.2.4 树顶高
						林区		P22,8.28 独立树丛

No.	INT	Description	NOAA	NGA	Other NGA	ECDIS	
31	Prominent trees (isolated or in groups)						
31.1		Unspecified tree					 Tree
31.2		Evergreen (except conifer)					
31.3		Conifer, Casuarina					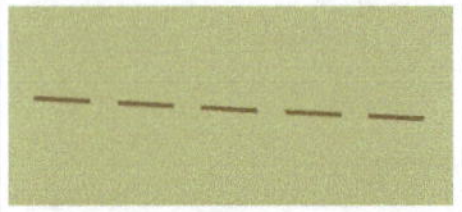 Vegetation, line of trees
31.4		Palm					
31.5		Nipa Palm					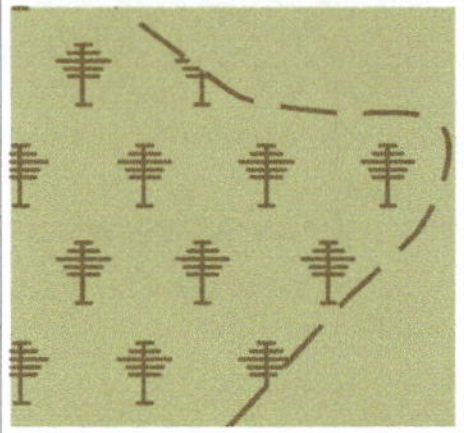 Wooded area
31.6		Casuarina					
31.7		Filao					
31.8		Eucalypt					
32	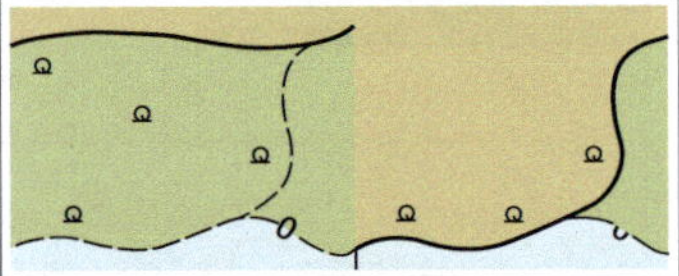	Mangrove, Nipa palm	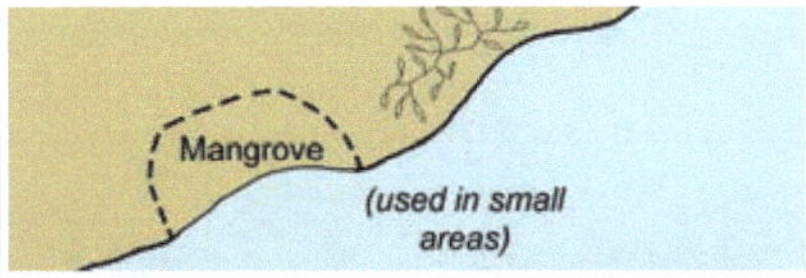  Mangrove (used in small areas)				Mangrove with coastline or shoreline construction of low accuracy in position
33	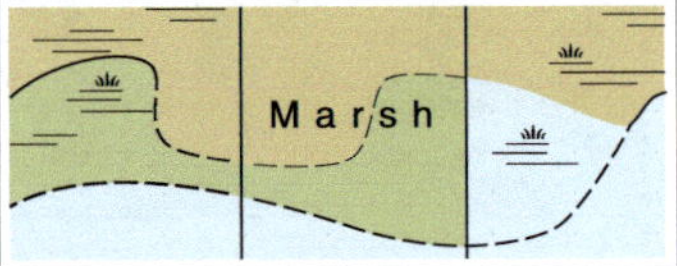 Marsh	Marsh, Swamp, Reed beds	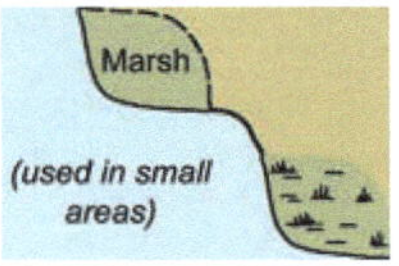 Marsh (used in small areas)	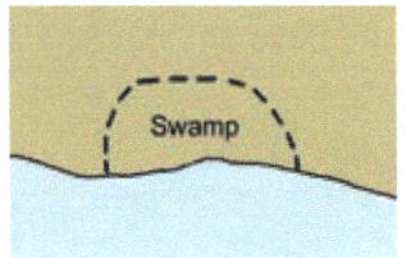 Swamp			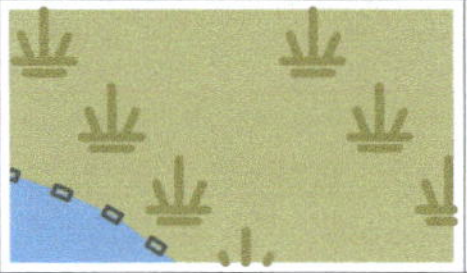 Marsh with coastline or shoreline construction of low accuracy in position
Supplementary National Symbols							
a		Chart sounding datum line (surveyed)	 Uncovers				
b		Approximate sounding datum line (inadequately surveyed)					
c		Foreshore; Strand (in general); Stones; Shingle; Gravel; Mud; Sand	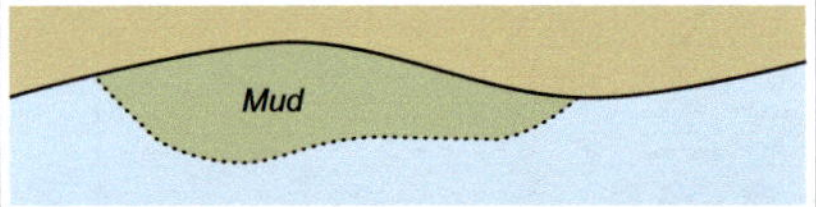 Mud				
d		Breakers along a shore	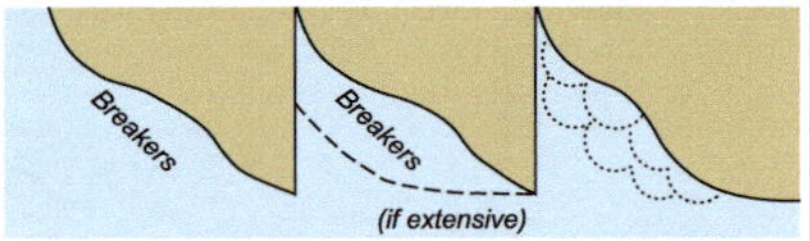 Breakers Breakers (if extensive)				

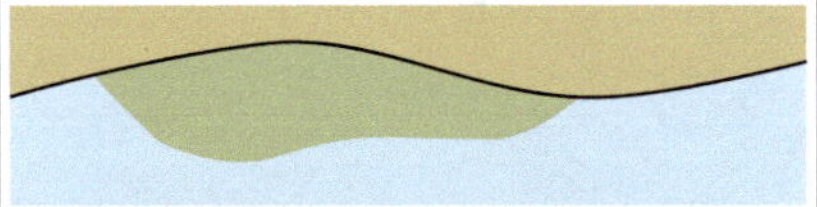

编号	国际海图	符号说明	美国国家海洋和大气管理局	美国国家地理空间情报局	其他地理空间情报局	电子海图		中国海图	补充说明
31	突出树(独立或成片的)								
31.1		不明树种	(同国际海图)						
31.2		常青树(针叶树除外)	(同国际海图)				树		P22,8.27 突出树
31.3		针叶树、木麻黄树	(同国际海图)						
31.4		棕榈树	(同国际海图)				行树		
31.5		聂帕棕榈树	(同国际海图)						
31.6		木麻黄树	(同国际海图)				林区		P22,8.28 独立树丛
31.7		垂枝木 麻黄树	(同国际海图)						
31.8		桉树	(同国际海图)						
32		红树林、聂帕棕榈树	Mangrove (在较小区域使用)				草绘红树林岸 或岸线结构		P10,6.1.11 树木岸
33	Marsh	湿地、沼泽、芦苇滩	Marsh (在较小区域使用)	Swamp			草绘湿地岸线 或岸线结构	沼 泽	P14,6.3.8 沼泽 P10,6.1.12 芦苇岸
补充的国家符号									
a		海图深度基准线	Uncovers						
b		草绘深度基 准线(未精测)							
c		滩,一般岸,石, 卵石,砾,泥,沙	Mud						P10,6.1.6 砾质岸 P10,6.1.8 岩石岸
d		沿岸浪花	Breakers Breakers (if extensive)						

No.	INT	Description	NOAA	NGA	Other NGA	ECDIS
e		Rubble	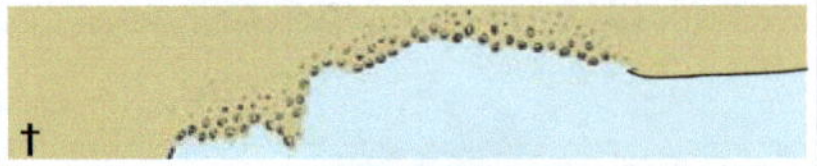 †			
f		Hachures	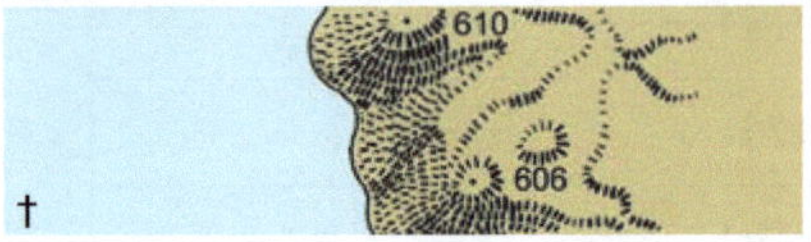 610 606 †			
g		Shading	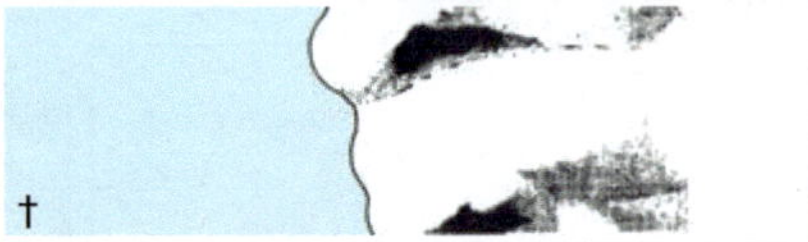 †			
i		Deciduous woodland	 Wooded †			
j		Coniferous woodland	 Wooded †			
k		Tree plantation	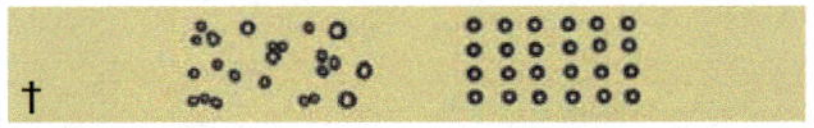 †			
l		Cultivated fields	 Cultivated †			
m		Grassfields	 Grass †			
n		Paddy (rice) fields	 Rice †			
o		Bushes	 Bushes †			
p		Apparent shoreline	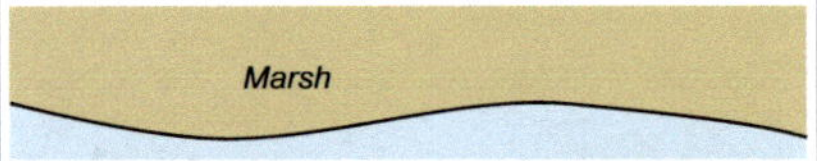 *Marsh*			
q		Vegetation or topographic (Feature Area Limit-in general)				
r		Cypress	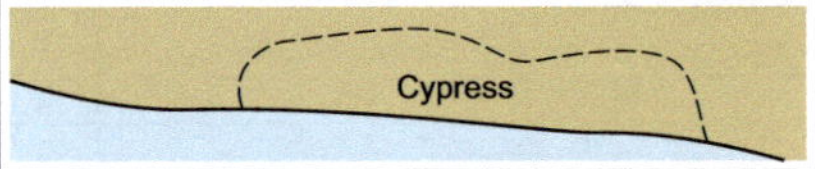 Cypress			
s		Grass	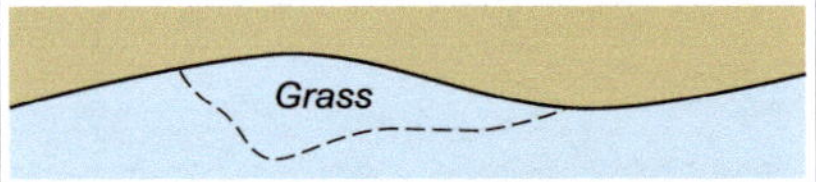 *Grass*			
t		Eelgrass	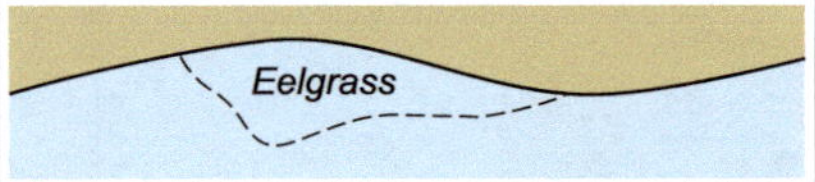 *Eelgrass*			

编号	国际海图	符号说明	美国国家海洋和大气管理局	美国国家地理空间情报局	其他地理空间情报局	电子海图	中国海图	补充说明
e		碎石	 †					
f		晕线	 610 606 †					
g		晕渲地貌	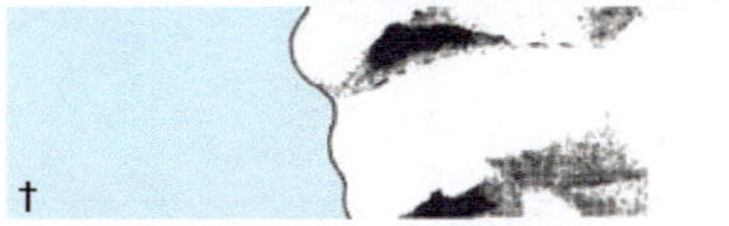 †					
i		落叶林	 Wooded †					P22,8.28 独立树丛
j		针叶林	 Wooded †					P22,8.28 独立树丛
k		人造林区	 †					
l		耕地	 Cultivated †					
m		草地	Grass †					
n		稻田	 Rice †					
o		灌木丛	 Bushes †					
p		视海岸线	 Marsh					
q		植被或地形 （一般特征区域分界）	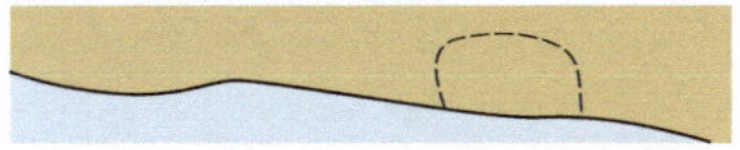					
r		柏树	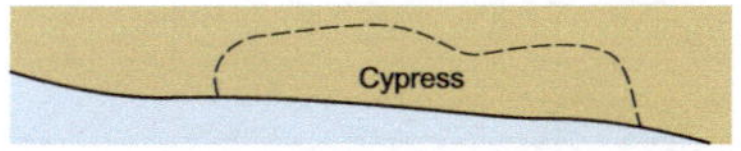 Cypress					
s		草	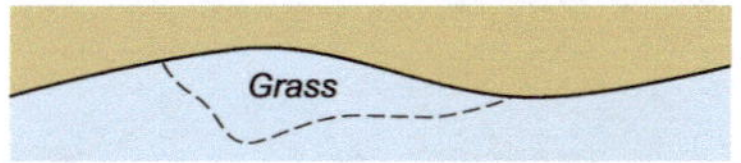 Grass					P10,6.1.13 丛草岸
t		鳗草	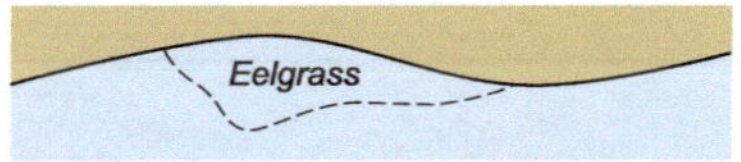 Eelgrass					

编号	国际海图	符号说明	美国国家海洋和大气管理局	美国国家地理空间情报局	其他地理空间情报局	电子海图	中国海图	补充说明
C. a							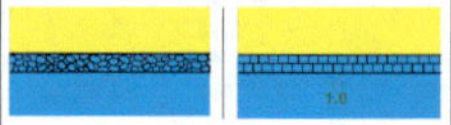	P10,6.1.9 加固岸,左图为石块、混凝土结构,右图为砖石等结构
C. b							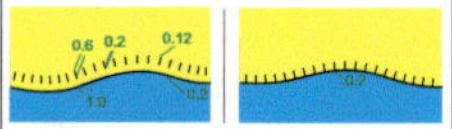	P10,6.1.10 岸垄,高、宽和坡度均不规则的垄状地物
C. c							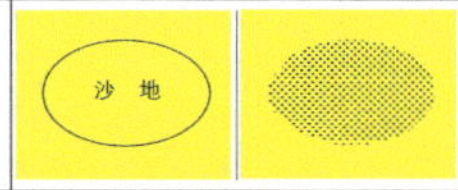 沙 地	P12,6.2.8 沙地
C. d							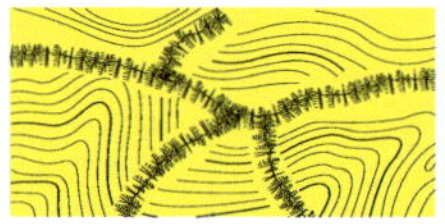	P12,6.2.5 陡石山,坡度≥70°
C. e							2.0 1.5 ▲32	P14,6.2.12 孤峰,数字为孤峰比高
C. f							2.0 1.5 ▲24	P14,6.2.12 峰丛,数字为峰丛中最高的比高
C. g							1.6 1.2 8	P14,6.2.13 独立石,数字为比高
C. h							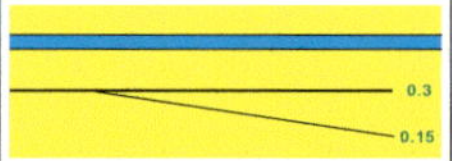	P14,6.3.7 沟渠
C. i							2.0	P12,6.2.11 火山口

D 人工地物

D Cultural Features

No.	INT		Description	NOAA	NGA	Other NGA	ECDIS	
Settlements, Buildings								
Height of objects → E		Landmarks → E						
1			Urban area					Built-up area
2			Settlement with scattered buildings					
3	○ Name	▭ Name	Settlement (on medium and small scale charts)				Name	Built-up area as a point
4	Name	Name HOTEL	Village	Vil				
5			Buildings					Conspicuous single building
6	Hotel	Hotel	Important building in built-up area					Conspicuous single building in built-up area
7	NAME		Street name, Road name				Street name is obtained by cursor pick	
8	Ru	Ru	Ruin, Ruined landmark	Ruins	○ Ru		Status of ruins is obtained by cursor pick	
Roads, Railways, Airfields							Supplementary National Symbols: a–c	
10			Motorway, highway					Road, track or path as a line
11			Road (hard surfaced)					
12			Track, Path (loose or unsurfaced)					Road as an area

编号	国际海图	符号说明	美国国家海洋和大气管理局	美国国家地理空间情报局	其他地理空间情报局	电子海图		中国海图	补充说明
居民地，建筑									
物体高度→E 陆标→E									
1		街区		（同国际海图）			建筑区	北 大 街	P16，7.1.1 街区、街道、道路名称
2		分散建筑的居民地	（同国际海图）						
3	Name Name	居民地（中小比例尺图）				Name	建筑区（点状）	平阳 成山	P16，7.1.2 较小比例尺图上的居民地
4	Name Name HOTEL	村庄	Vil	（同国际海图）					
5		建筑		（同国际海图）			突出独立房屋		P16，7.1.3 独立房屋
6	Hotel Hotel	建成区的突出建筑					突出独立房屋建筑区		P16，7.1.4 突出房屋
7	NAME	街道名称、道路名称	（同国际海图）			街道名称通过光标选取		北 大 街	P16，7.1.1 街区、街道、道路名称
8	Ru Ru	破坏房屋、破坏方位物	Ruins Ru			破坏房屋状态通过光标选取		毁	P16，7.1.5 破坏房屋、破坏方位物
公路、铁路、飞机场						补充的国家符号：a—c，C.a—C.d			
10		高速公路	（同国际海图）				公路、小路（线状）		P16，7.2.1 高速公路
11		公路（硬表面结构）					公路区（面状）		P16，7.2.2 一般公路
									P16，7.2.3 机耕路
12		小路（松散或未铺路面）	（同国际海图）						P16，7.2.5 小路

No.	INT	Description	NOAA	NGA	Other NGA	ECDIS	
13	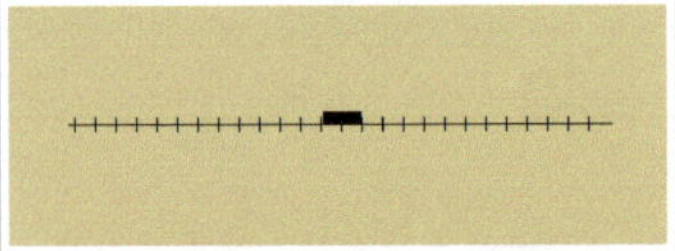	Railway, with station				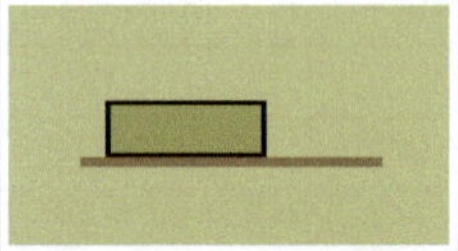	Railway, with station
14	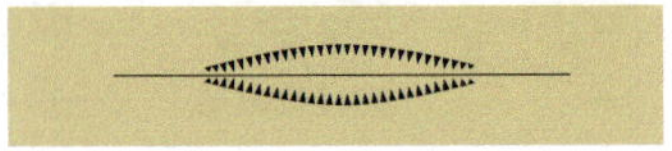	Cutting					Cutting
15	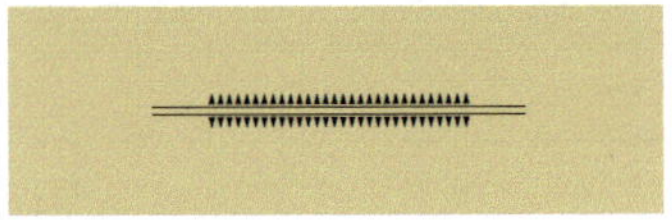	Embankment				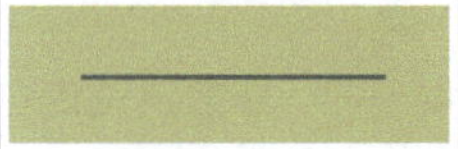	Embankment
						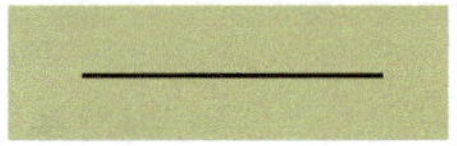	Embankment, visually or radar conspicuous
16	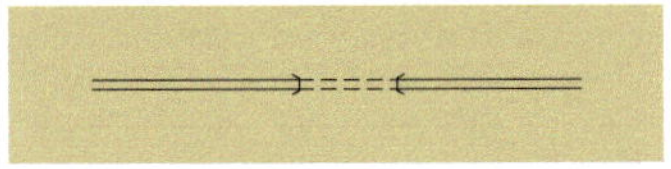	Tunnel					Tunnel
							Tunnel with depth below the seabed encoded
17	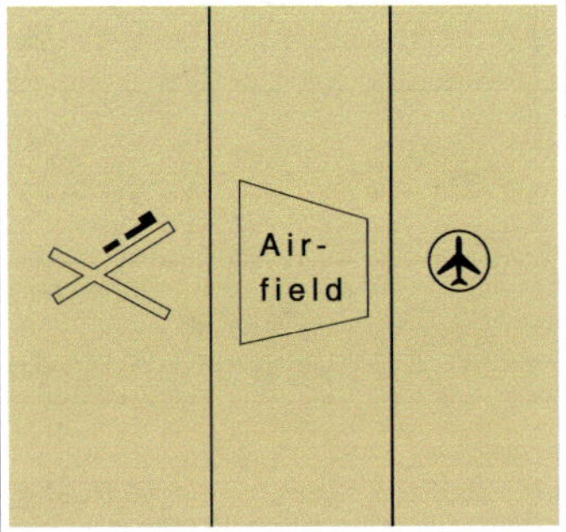 Air-field	Airport, Airfield	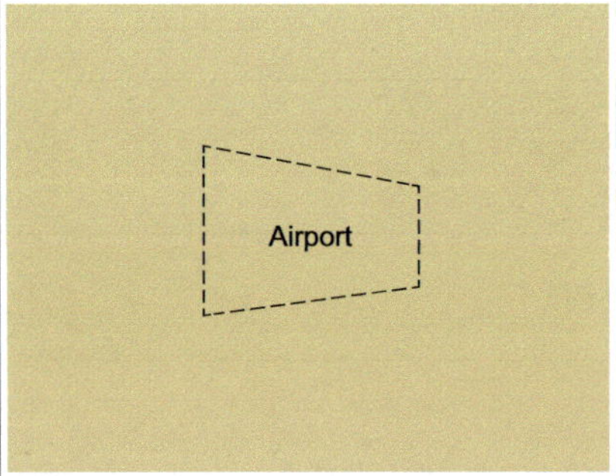 Airport				Airport as a point
						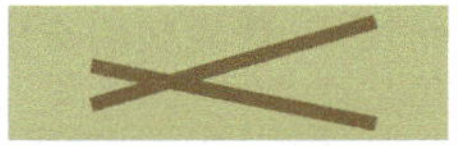	Runway as a line
						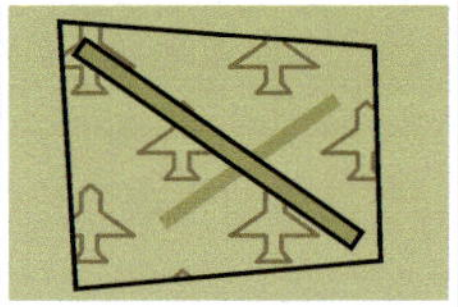	Airport area, with runway area and visually conspicuous runway area
18		Heliport, Helipad					
Other Cultural Features						Supplementary National Symbols: d–i	
20.1	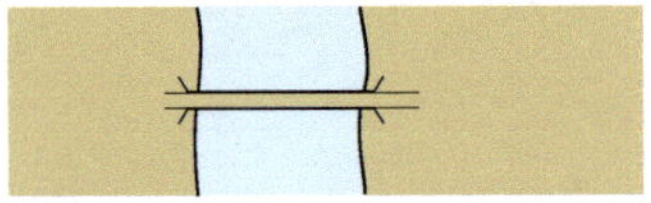	Fixed bridge					
20.2	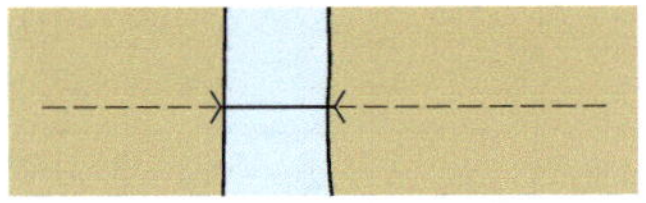	Footbridge, fixed bridge on smaller scale charts					

编号	国际海图	符号说明	美国国家海洋和大气管理局	美国国家地理空间情报局	其他地理空间情报局	电子海图		中国海图	补充说明
13		铁路、车站	(同国际海图)				铁路、车站		P16,7.2.6 铁路、车站
14		路堑	(同国际海图)				路堑		P16,7.2.8 人工开挖的低于地面的路段
15		路堤	(同国际海图)				路堤		P16,7.2.9 人工修筑的高于地面的路段
							路堤(视觉或雷达显著)		
16		隧道	(同国际海图)				隧道		P16,7.2.10 隧道
							已编码的海底隧道深度		
17		飞机场					飞机场(点状)		P16,7.2.11 飞机场
							跑道线		
							机场区		
18		直升机机场、直升机停机坪	(同国际海图)						P18,7.2.12 直升机机场、直升机停机坪
其他人工地物						补充的国家符号:d—i,C.e			
20.1		固定桥	(同国际海图)						
20.2		人行天桥、较小比例尺上的固定桥	(同国际海图)						

No.	INT	Description	NOAA	NGA	Other NGA	ECDIS
21	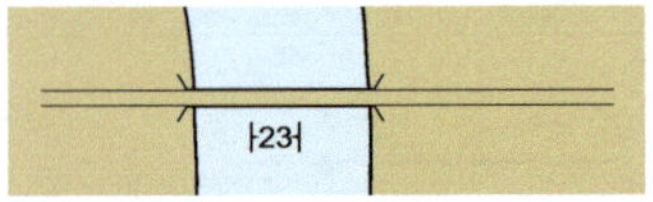 23	Horizontal clearance	FIXED BRIDGE HOR CL 25 FT VERT CL 20 FT	HOR CL 8 M 8		 Horizontal clearance is obtained by cursor pick
22	 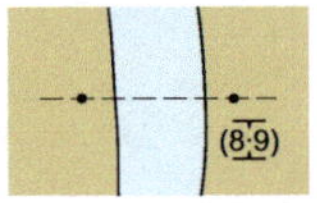 20 (8·9)	Vertical clearance (see introduction)		VERT CL 6 M 6	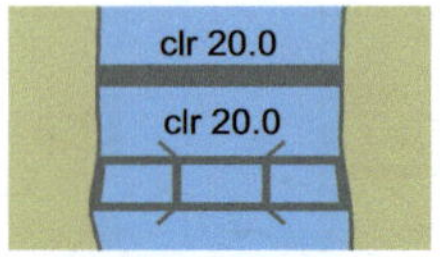	clr 20.0 clr 20.0 Bridge
23.1	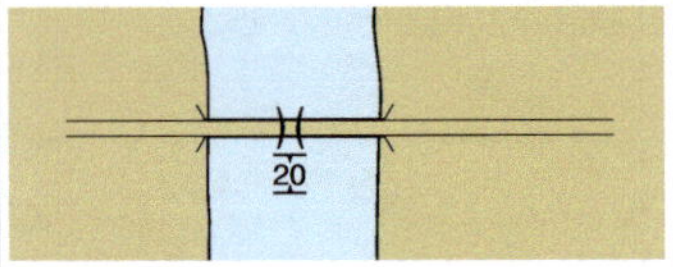 20	Opening bridge (in general) with vertical clearance				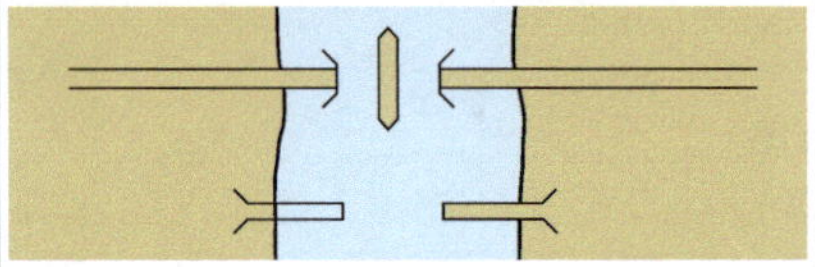 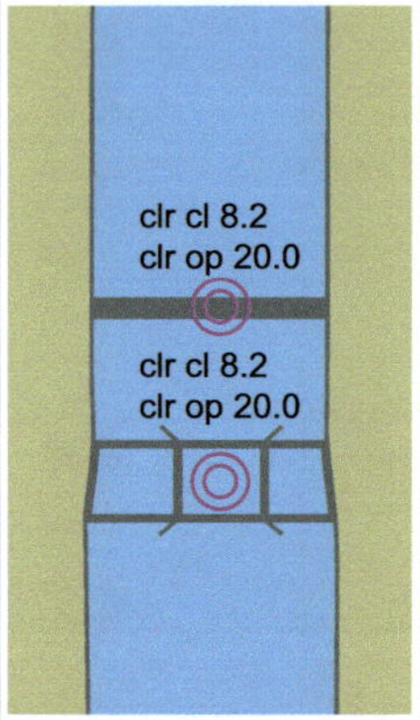 clr cl 8.2 clr op 20.0 clr cl 8.2 clr op 20.0 Opening bridge
23.2	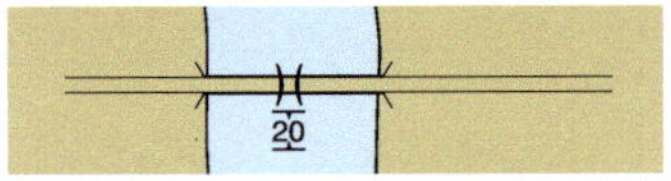 20	Swing bridge with vertical clearance 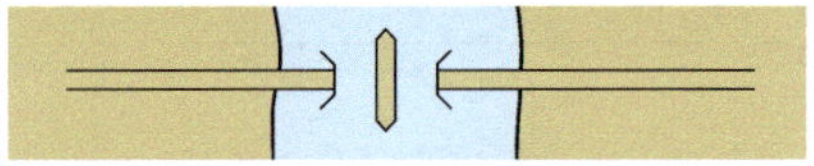				
23.3	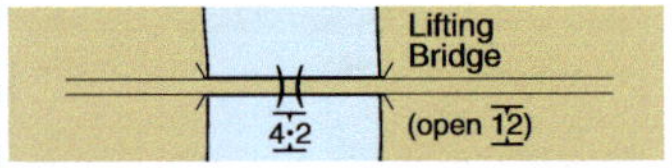 Lifting Bridge 4·2 (open 12)	Lifting bridge with vertical clearance (closed and open) 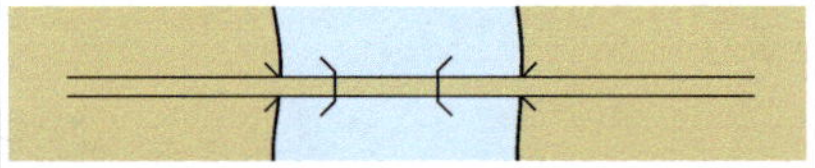				
23.4	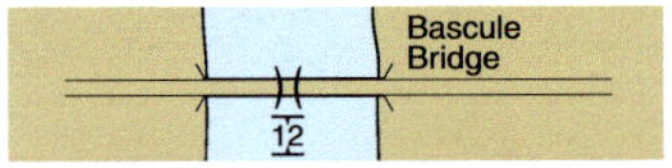 Bascule Bridge 12	Bascule bridge with vertical clearance 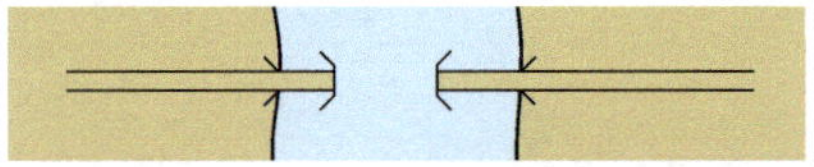				
23.5	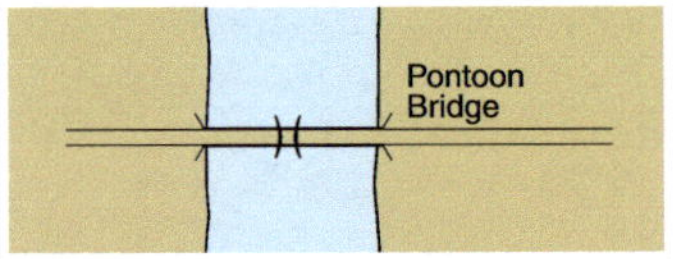 Pontoon Bridge	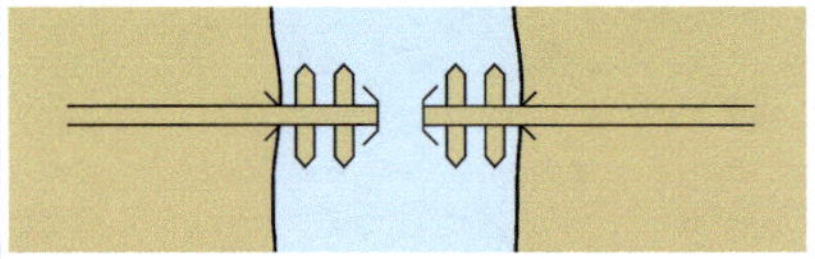 Pontoon bridge			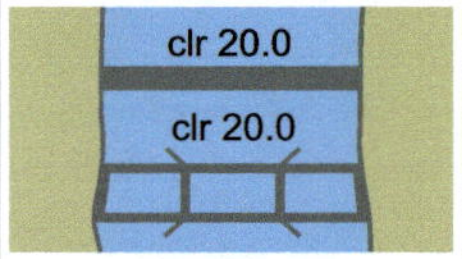	clr 20.0 clr 20.0 Bridge
23.6	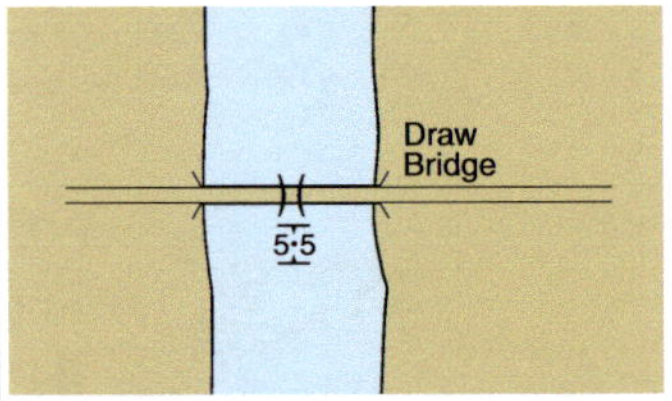 Draw Bridge 5·5	Draw bridge with vertical clearance				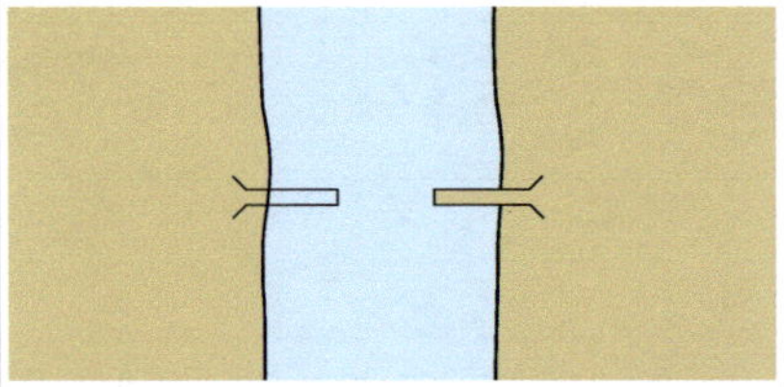 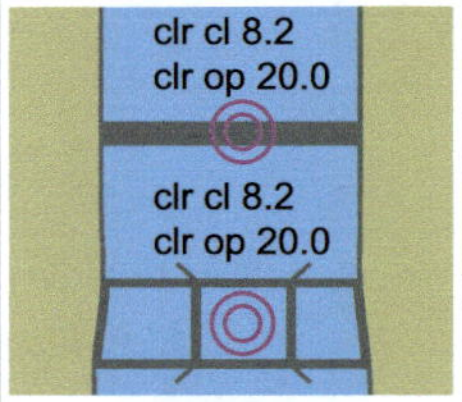 clr cl 8.2 clr op 20.0 clr cl 8.2 clr op 20.0 Opening bridge
24	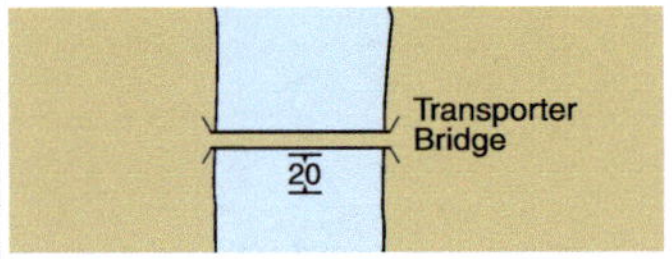 Transporter Bridge 20	Transporter bridge with vertical clearance below fixed structure 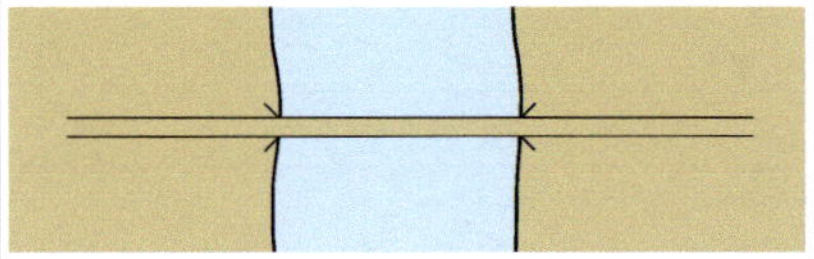 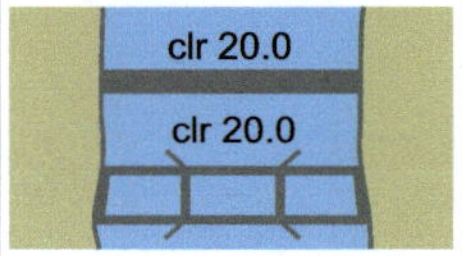				clr 20.0 clr 20.0 Bridge

编号	国际海图		符号说明	美国国家海洋和大气管理局	美国国家地理空间情报局	其他地理空间情报局	电子海图		中国海图	补充说明
21	23		桥孔的宽度	FIXED BRIDGE HOR CL 25 FT VERT CL 20 FT	HOR CL 8 M ⊢8⊣		桥孔的宽度通过光标选取		27	P18,7.3.2 桥孔的宽度
22	20	(8.9)	净空高度		VERT CL 6 M 6		clr 20.0 clr 20.0	桥		
23.1	20		一般活动桥，数字表示净空高度				clr cl 8.2 clr op 20.0 clr cl 8.2 clr op 20.0	活动桥		P18,7.3.3 活动桥，桥梁可以向上扬起或向两边旋开
23.2	20		平旋桥，数字表示净空高度							
23.3	Lifting Bridge 4.2 (open 12)		升降桥，数字表示净空高度							
23.4	Bascule Bridge 12		升降桥，数字表示净空高度							
23.5	Pontoon Bridge		浮桥				clr 20.0 clr 20.0	桥		
23.6	Draw Bridge 5.5		牵引桥，数字表示净空高度				clr cl 8.2 clr op 20.0 clr cl 8.2 clr op 20.0	活动桥		
24	Transporter Bridge 20		运输桥，数字表示净空高度				clr 20.0 clr 20.0	桥	20 0.8 0.5	P18,7.3.1 车行桥

No.	INT	Description	NOAA	NGA	Other NGA	ECDIS	
25	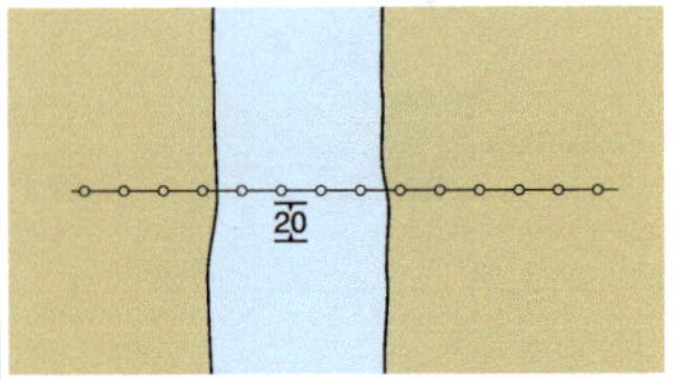 20	Overhead transporter, Aerial cableway with vertical clearance				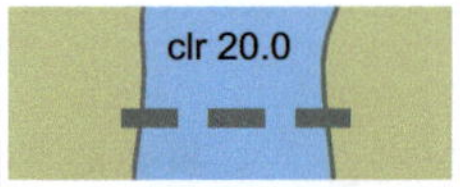 clr 20.0	Aerial cableway
						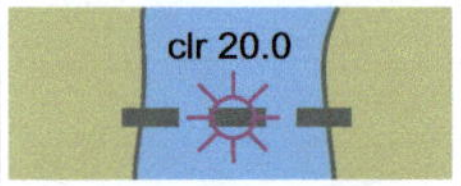 clr 20.0	Aerial cableway, radar conspicuous
26.1	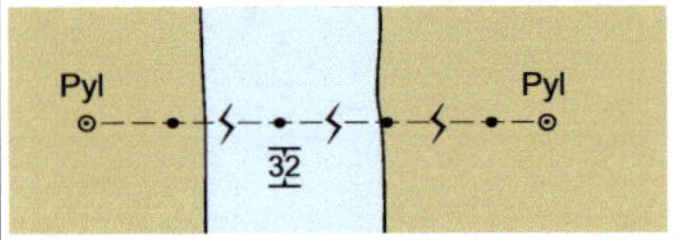 Pyl Pyl 32	Overhead power cable with pylons and physical vertical clearance	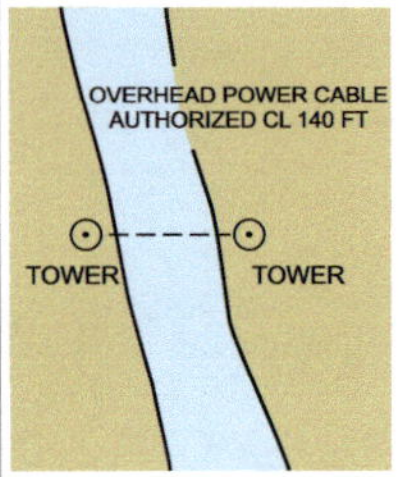 OVERHEAD POWER CABLE AUTHORIZED CL 140 FT TOWER TOWER			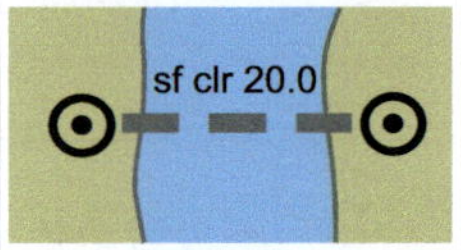 sf clr 20.0	Transmission line
26.2	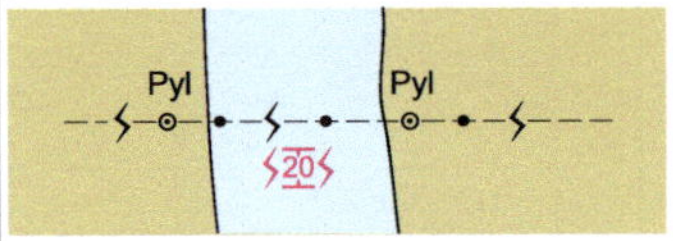 Pyl Pyl 20	Overhead power cable with pylons and safe vertical clearance				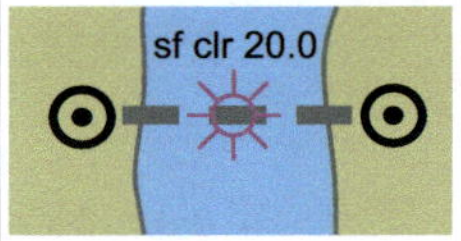 sf clr 20.0	Transmission line, radar conspicuous
	Note D26.2: The safe vertical clearance defined by the responsible authority, to avoid risk of electrical discharge, has been obtained by applying a reduction to the physical vertical clearance of the cable. The reduction is variable and depends upon the transmission voltage. See H20.						
27	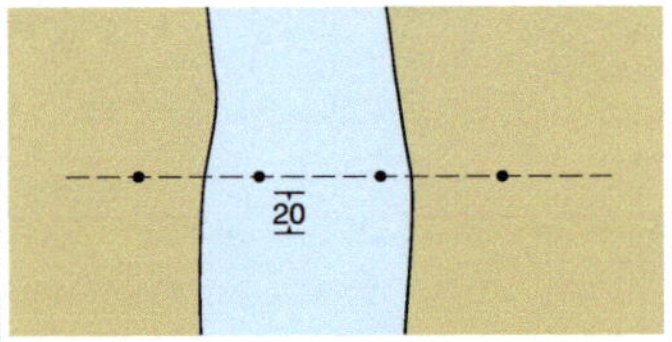 20	Overhead cable, Telephone line, with vertical clearance	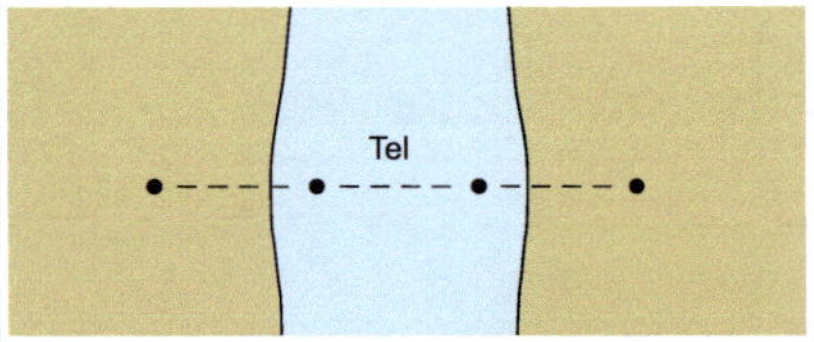 Tel			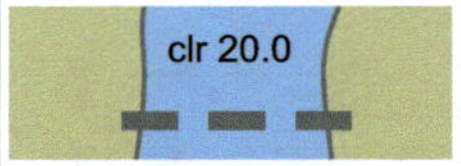 clr 20.0	Overhead cable
						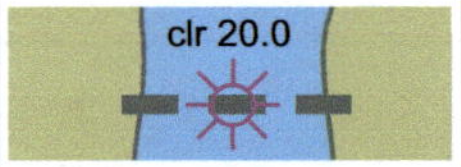 clr 20.0	Overhead cable, radar conspicuous
28	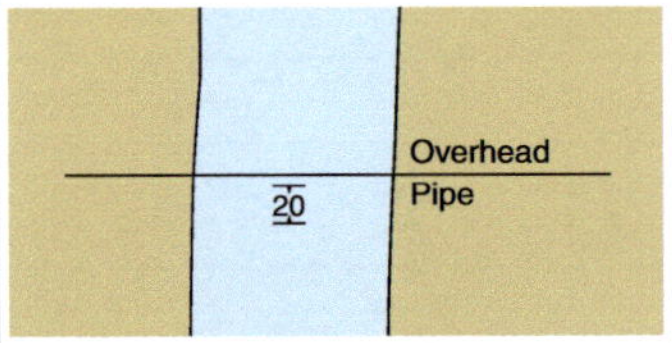 Overhead Pipe 20	Overhead pipe with vertical clearance	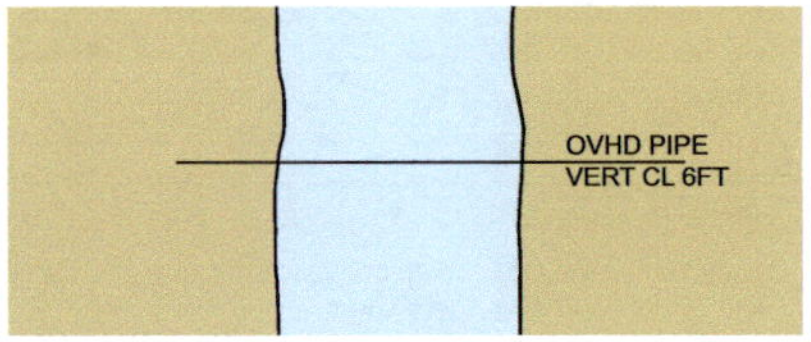 OVHD PIPE VERT CL 6FT			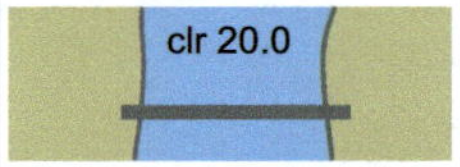 clr 20.0	Overhead pipeline
						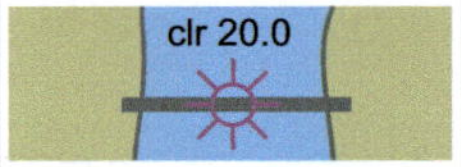 clr 20.0	Overhead pipeline, radar conspicuous
29	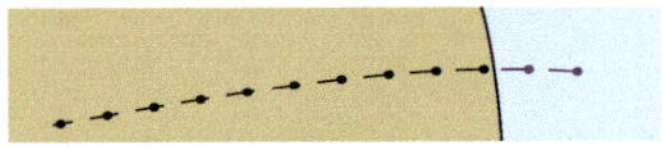	Pipeline on land				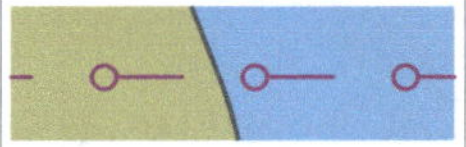	Oil, gas pipeline, submerged or on land
Supplementary National Symbols							
a		Highway markers	 20 50 95				
c		Abandoned railroad	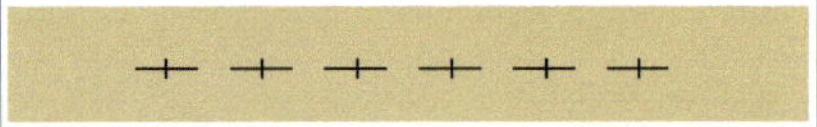				

编号	国际海图	符号说明	美国国家海洋和大气管理局	美国国家地理空间情报局	其他地理空间情报局	电子海图		中国海图	补充说明
25		架空索道，数字表示净空高度	（同国际海图）				架空索道		P18，7.3.9 一种架空运输设备
							架空索道（雷达显著）		
26.1		架空电缆、电线杆（架），数字表示实际净空高度		（同国际海图）			电力线（雷达显著）		P18，7.3.10 电力线
26.2		架空电缆、电线杆（架），数字表示安全净空高度		（同国际海图）			电力线（雷达显著）		
	注意 D26.2：安全净空高度由主管机关通过调低电缆的实际净空高度制定，旨在避免电缆放电的风险。调低幅度视情而定，主要取决于传输电压。参见 H20。								
27		架空电缆、通信线，数字表示净空高度					架空电缆		P18，7.3.11 架空电缆、通信线（除电力线以外）
							架空电缆（雷达显著）		
28		架空管道，数字表示安全净空高度					架空管道		P18，7.3.12 架空管道，沿海具有航行意义的输送石油、煤气、水、泥等的架空管道
							架空管道（雷达显著）		
29		地面管道	（同国际海图）				油、气管道（位于海底或陆地）		P18，7.3.13 地面管道
补充的国家符号									
a		高速公路标志							
c		废弃铁路							

No.	INT	Description	NOAA	NGA	Other NGA	ECDIS	
d		Bridge under construction	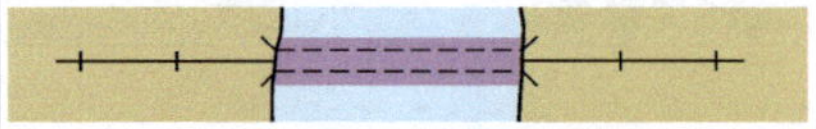				
f		Viaduct	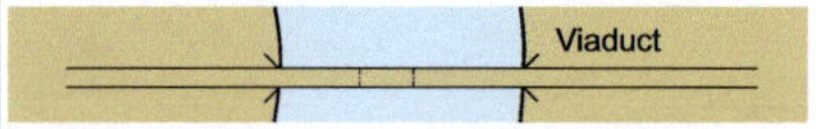 Viaduct				
g		Fence					
h		Power transmission line	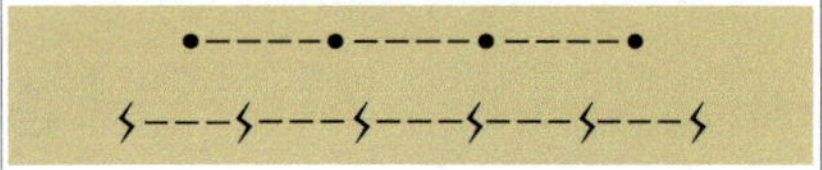				
i		Approximate vertical clearance		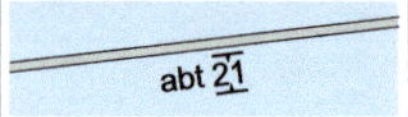 abt 21			

编号	国际海图	符号说明	美国国家海洋和大气管理局	美国国家地理空间情报局	其他地理空间情报局	电子海图	中国海图	补充说明
d		在建桥梁	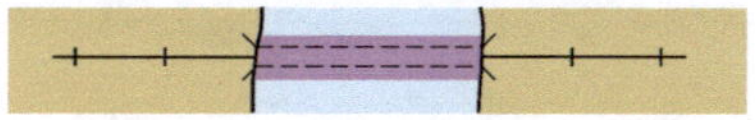					
f		高架桥	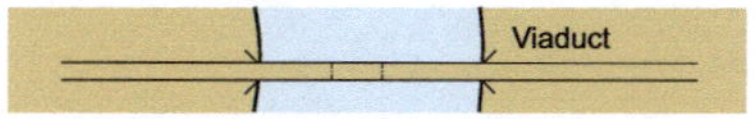 Viaduct					
g		围栏	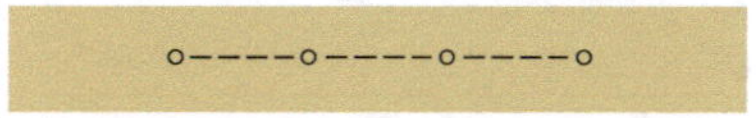					
h		电力线	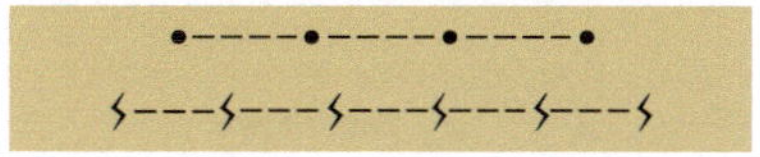					
i		概略净空高度	（同国际海图）	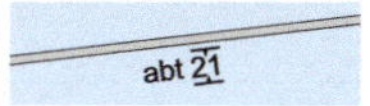 abt 21				
C. a							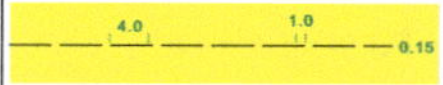	P16,7.2.4 乡村路，不能通行大车、拖拉机的道路
C. b							 窄轨	P16,7.2.7 窄轨铁路
C. c							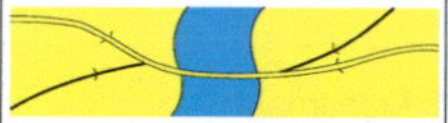	P18,7.3.4 双层桥，铁路、公路两用的桥梁
C. d							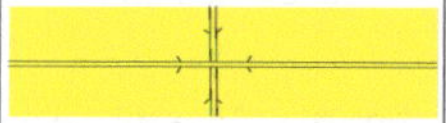	P18,7.3.5 立交桥
C. e							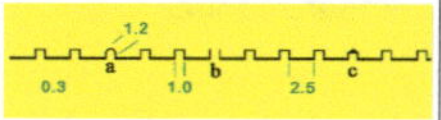	P18,7.3.14 城墙、长城

There are 25 features for which ECDIS displays either a black symbol, if the feature is visually conspicuous, or a brown symbol if is not. Only conspicuous landmarks are depicted on NOAA paper charts and ENCs. Therefore, only the conspicuous symbol versions are shown in the symbol tables of U.S. Chart No. 1. Both versions of the symbols for these features are shown on this page.

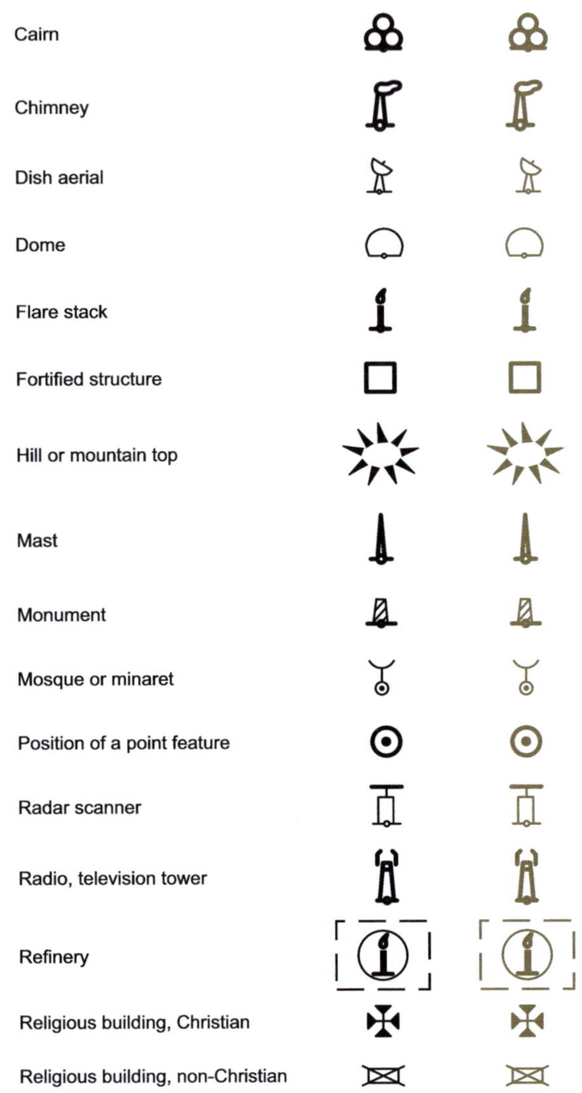

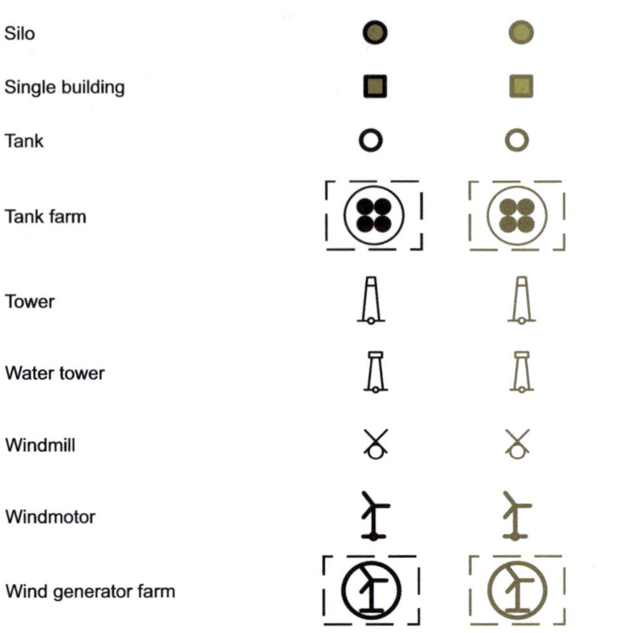

The seven symbols shown below represent features that only have a brown symbol. There is no corresponding black, conspicuous symbol. The brown symbol is displayed regardless of the conspicuousness of the feature.

Cranes

Flagstaff, flagpole

Mangrove

Mine, quarry

Quarry

Timber yard

Tree

突出和非突出要素

该类要素共有25个，ECDIS以黑色符号显示视觉突出要素，以棕色符号显示视觉非突出要素。NOAA纸质海图和ENC上仅显示突出陆地方位物。本页显示了这些要素的两个版本符号。

堆石标

烟囱

盘形天线

天线罩

火炬

防御工事

小山或山顶

天线杆

纪念碑

清真寺或尖塔

点要素的位置

雷达天线

无线电塔、电视塔

炼油厂

宗教建筑（基督教）

宗教建筑（非基督教）

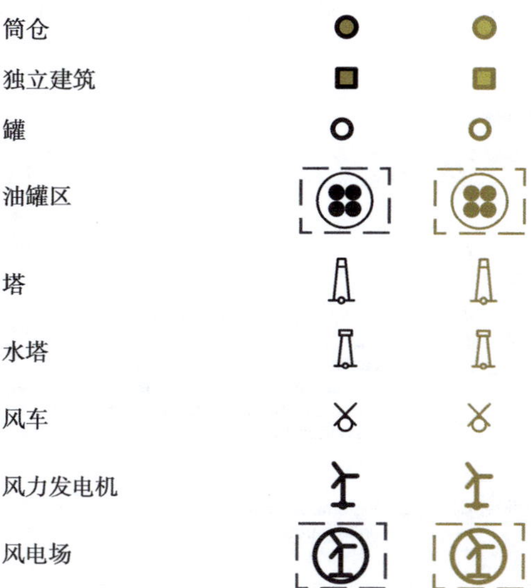

下面7个符号为仅使用棕色符号显示的要素。没有相应的黑色突出要素符号。无论要素的突出程度如何，都会显示棕色符号。

E 陆标

E Landmarks

No.	INT	Description	NOAA	NGA	Other NGA	ECDIS	
Plane of Reference for Height → H		Lighthouses → P	Beacons → Q				
General							
1	Factory Hotel	Examples of landmarks	TANK Tr MONUMENT				Non-conspicuous point feature Non-conspicuous building Non-conspicuous water tower
2	FACTORY HOTEL WATER TR	Examples of conspicuous landmarks (On NOAA charts, a large circle with dot and capitals indicates that position is accurate; a small circle with lowercase indicates that position is approximate.)	EMPIRE STATE BUILDING SPIRE RADAR MAST CHIMNEY				Conspicuous point feature Conspicuous building Conspicuous water tower
3.1		Pictorial sketches (in true position)				i	The information symbol is displayed if a supplemental image is available, which may be accessed by cursor pick
3.2		Pictorial sketches (out of position)					
4	(30)	Height of top of a structure above height datum					Height is obtained by cursor pick
5	(30)	Height of structure above ground level					
Landmarks							
10.1	Ch	Church					Church as a point Church as an area
10.2	Tr Tr	Church tower					Church tower, spire, or dome
10.3	Sp Sp	Church spire	SPIRE Spire				
10.4	Cup Cup	Church cupola (dome)	CUPOLA Cup				
13		Temple, Pagoda, Shrine, Marabout, Joss house					Religious building, non-Christian

编号	国际海图	符号说明	美国国家海洋和大气管理局	美国国家地理空间情报局	其他地理空间情报局	电子海图		中国海图	补充说明
高程基准面→H		灯塔→P	立标→Q						
一般要素									
1	Factory Hotel	陆标示例	TANK Tr MONUMENT				非突出点要素 非突出建筑物 非突出水塔		
2	FACTORY HOTEL WATER TR	显著陆标示例	EMPIRE STATE BUILDING SPIRE RADAR MAST CHIMNEY （NOAA 海图中大写字母表示位置精确，小写则表示近似）				突出点要素 突出建筑物 突出水塔		
3.1		图示草图（实际位置）	（同国际海图）			i	如有补充图像，则显示信息符号（可通过光标选择来查看）		
3.2		图示草图（移位）	（同国际海图）						
4	(30)	建筑顶高	（同国际海图）				高度可通过光标选取	(33)	P20，8.2 建筑物顶高。高程基准面至建筑物顶端的高度
5	(30)	建筑比高	（同国际海图）					(6)	P20，8.3 建筑比高
陆标									
10.1	Ch	教堂	（同国际海图）				教堂（点状） 教区（面状）	2.5 1.2 教堂	P20，8.4 教堂，天主教、耶稣教等传教的场所
10.2	Tr Tr	塔形教堂	（同国际海图）				教堂（塔、尖塔或圆形屋顶）		
10.3	Sp Sp	尖塔形教堂	SPIRE Spire						
10.4	Cup Cup	圆顶形教堂（圆形屋顶）	CUPOLA Cup						
13		庙宇、宝塔、神祠、圣墓、寺院	（同国际海图）				宗教建筑（非基督教）	2.0 0.8 2.5 0.8 0.9 2.0	P20，8.5 庙宇 P20，8.6 宝塔 P20，8.7 神社

No.	INT		Description	NOAA	NGA	Other NGA	ECDIS	
17			Mosque, Minaret					Mosque or minaret
19			Cemetery	Cem				Landmark area, type is obtained by cursor pick
20		Tr	Tower	TOWER Tr	Tr			Tower
21			Water tower, Water tank on a tower	STANDPIPE S'pipe	WTR TR Wtr Tr			Water tower
22		Chy	Chimney	CHIMNEY Chy	CHY			Chimney
23			Flare stack (on land)	FLARE	Flare			Flare stack
24		Mon	Monument (including column, pillar, obelisk, statue, calvary cross)	MONUMENT	Mon			Monument
25.1			Windmill	WINDMILL	Windmill			Windmill, status of ruins is obtained by cursor pick
25.2	Ru		Windmill (without sails)					
26.1			Wind turbine, Windmotor	WINDMOTOR	Windmotor			Wind motor
26.2			Onshore wind farm	WIND FARM	Wind Farm			Wind generator farm
27		FS	Flagstaff, Flagpole	FS FP	FS FP			Flagstaff, flagpole
28			Radio mast, Television mast	R MAST TV MAST	R Mast TV Mast			Mast
29			Radio tower, Television tower	R TR TV TR	R Tr TV Tr			Radio, television tower
30.1	Radar Mast	Radar	Radar mast	RADAR MAST	Radar Mast			Mast
30.2	Radar Tr	Radar	Radar tower	RADAR TR	Radar Tr			Radar tower

编号	国际海图	符号说明	美国国家海洋和大气管理局	美国国家地理空间情报局	其他地理空间情报局	电子海图		中国海图	补充说明
17		清真寺、光塔	（同国际海图）				清真寺或光塔	2.5 1.2	P20,8.8 清真寺
19		墓地（适用所有宗教）	Cem				陆标区域类型可通过光标选取		
20	Tr	塔	TOWER Tr	Tr			塔	2.5 1.0 塔	P20,8.9 塔形建筑物
21		水塔、塔上的水箱	STANDPIPE WTR TR S'pipe Wtr Tr				水塔	1.8 0.6 0.8	P20,8.10 水塔
22	Chy	烟囱	CHIMNEY Chy	CHY			烟囱	2.0 0.8 囱	P20,8.11 烟囱
23		火炬（在陆地上）	FLARE Flare				火炬	4.0 1.4	P20,8.12 火炬
24	Mon	碑（包括柱状碑、方尖碑、雕像碑、十字架碑）	MONUMENT Mon				碑	1.5 0.8	P20,8.14 碑及其他类似物体
25.1		风车	WINDMILL Windmill				风车损毁状态可通过光标选取	2.5 2.0 1.0	P22,8.18 风车
25.2	Ru	风车（无帆）	（同国际海图）						
26.1		风力涡轮机	WINDMOTOR Windmotor				风力涡轮机	3.0 1.1	P22,8.19 风力涡轮机，用于发电
26.2		陆上风电场	WIND FARM Wind Farm				风力发电场	0.8 2.0 5.0	P22,8.20 风力发电场，大面积风力涡轮机
27	FS	旗杆	FS FS FP FP				旗杆	2.5 1.0 旗	P22,8.22 旗杆
28		无线电杆、电视天线	R MAST R Mast TV MAST TV Mast				天线杆	2.5 1.0	P22,8.23 无线电杆、塔，电视塔
29		无线电塔、电视塔	R TR R Tr TV TR TV Tr				无线电塔、电视塔		
30.1	Radar Mast Radar	雷达天线杆	RADAR MAST Radar Mast				天线杆	1.2 雷达杆	P22,8.29 其他陆标
30.2	Radar Tr Radar	雷达塔	RADAR TR Radar Tr				雷达塔		

No.	INT	Description	NOAA	NGA	Other NGA	ECDIS	
30.3	Radar Sc	Radar scanner					Radar scanner
30.4	Radome	Radome	DOME (RADAR) Dome (Radar)	RADOME Radome			Dome
31		Dish aerial	ANT (RADAR) Ant (Radar)				Dish aerial
32	Tanks	Tanks	TANK Tk				Tank
							Tank farm
33	Silo Silo	Silo	SILO ELEVATOR	Silo Elevator			Silo
34.1		Fortified structure (on large scale charts)					Fortified structure
34.2		Castle, Fort, Blockhouse (on small scale charts)					Fortified structure
34.3		Battery, Small fort (on small scale charts)					
35.1		Quarry (on large scale charts)					Quarry area
35.2		Quarry (on small scale charts)					Quarry
36		Mine					
37.1		Recreational vehicle site					
37.2		Camping site (including recreational vehicles)					

Supplementary National Symbols

No.	INT	Description	NOAA	NGA	Other NGA	ECDIS	
a		Muslim shrine					
b		Tomb					
c		Watermill					

编号	国际海图	符号说明	美国国家海洋和大气管理局	美国国家地理空间情报局	其他地理空间情报局	电子海图		中国海图	补充说明
30.3	Radar Sc	雷达天线	（同国际海图）				雷达扫描		
30.4	Radome	雷达天线罩	DOME (RADAR) Dome (Radar)	RADOME Radome			天线罩		
31		碟形天线	ANT (RADAR) Ant (Radar)	（同国际海图）			盘形天线		
32	Tanks	油罐	TANK Tk				油罐 油罐区	1.5 | 罐	P22,8.24 油罐、气罐
33	Silo | Silo	筒仓	SILO ELEVATOR	Silo Elevator			筒仓		
34.1		防御工事 （大比例尺图）					防御工事		
34.2		城堡、堡垒、碉堡 （小比例尺图）	（同国际海图）				防御工事	1.6 1.0 0.4	P22,8.26 碉堡、地堡
34.3		炮台、小型堡垒 （小比例尺图）	（同国际海图）						
35.1		露天矿、采掘场 （大比例尺图）	（同国际海图）				采掘区	石 | 2.0	P22,8.30 露天矿、采掘场
35.2		露天矿、采掘场 （小比例尺图）	（同国际海图）				露天矿		
36		矿井	（同国际海图）					2.0	P22,8.31 矿井
37.1		露营车场	（同国际海图）						
37.2		露营地（包括露营车）	（同国际海图）						
补充的国家符号									
a		穆斯林圣地							
b		墓							
c		水车							

No.	INT	Description	NOAA	NGA	Other NGA	ECDIS	
d		Factory	Facty				
e		Well	Well				
f		School	Sch	Sch			
g		Hospital	Hosp				
h		University	Univ	Univ			
i		Gable	GAB Gab				
k		Telegraph Telegraph office	Tel Tel Off				
l		Magazine	Magz				
m		Government house	Govt Ho				
n		Institute	Inst				
o		Courthouse	Ct Ho				
p		Pavilion	Pav				
q		Telephone	T				
r		Limited	Ltd				
s		Apartment	Apt				
t		Capitol	Cap				
u		Company	Co				
v		Corporation	Corp				

编号	国际海图	符号说明	美国国家海洋和大气管理局	美国国家地理空间情报局	其他地理空间情报局	电子海图	中国海图	补充说明
d		工厂	Facty					
e		水井	Well				2.0 井	P22,8.32 水井
f		学校	Sch	Sch				
g		医院	Hosp					
h		大学	Univ	Univ				
i		山墙	GAB Gab					
k		电报 电信局	Tel Tel Off					
l		仓库	Magz					
m		政府大楼	Govt Ho					
n		研究机构	Inst					
o		法院建筑	Ct Ho					
p		亭	Pav					
q		电话	T					
r		有限责任公司	Ltd					
s		公寓	Apt					
t		国会大厦	Cap					
u		公司	Co					
v		企业	Corp					
C. a							15	P20,8.1 建筑物高程
C. b							0.3 1.2	P20,8.13 水塔烟囱
C. c							2.0 1.0 1.0	P22,8.15 钟楼、鼓楼、城楼、古关塞
C. d							2.0 1.0 1.0	P22,8.16 亭
C. e							2.0 1.5	P22,8.17 牌坊、牌楼、彩门
C. f							2.5 2.0 1.0	P22,8.21 气象站(台)
C. g							1.5	P22,8.25 粮仓
C. h							0.8 1.8	P22,8.33 泉

F 港口

F Ports

No.	INT	Description	NOAA	NGA	Other NGA	ECDIS	
Protective Structures						Supplementary national symbols: a–c	
1	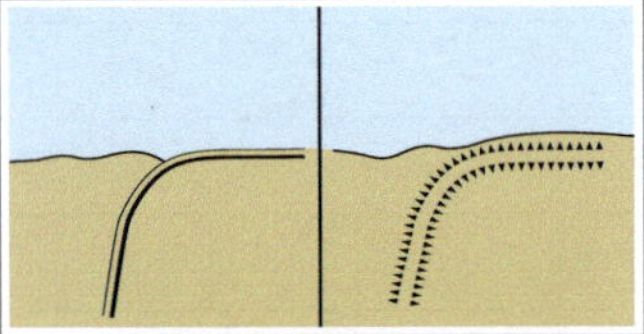	Dike, Levee, Berm					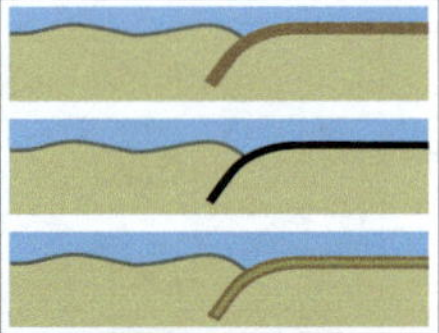 Dike as a line Dike as a line, conspicuous Dike as an area
2.1	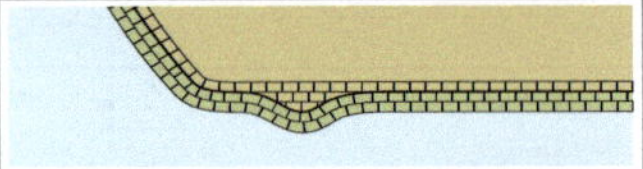	Seawall (on large scale charts)					 Seawall
2.2	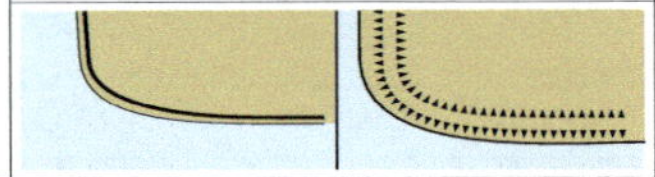	Seawall (on small scale charts)					
3	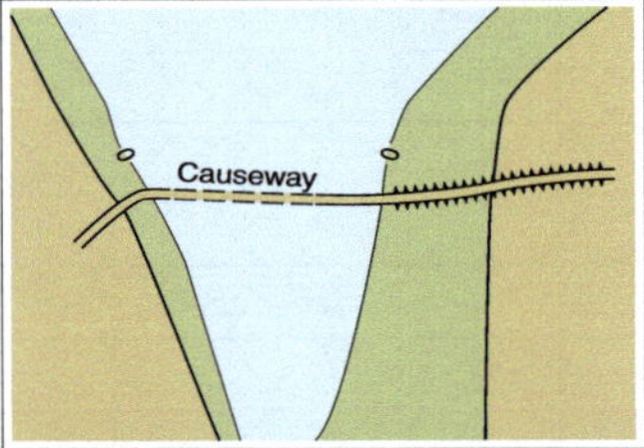 Causeway	Causeway	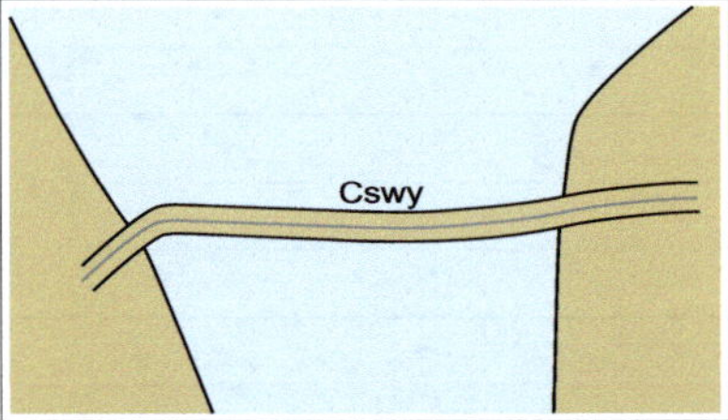 Cswy				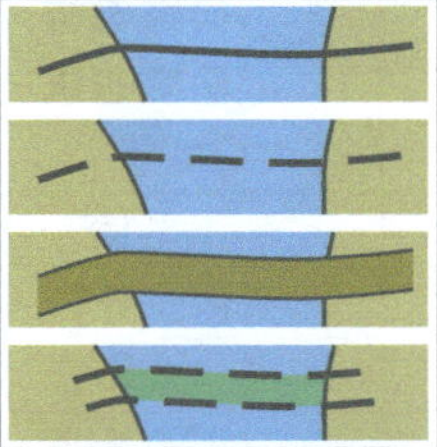 Causeway as a line Causeway, covers and uncovers as a line Causeway as an area Causeway, covers and uncovers as an area
4.1	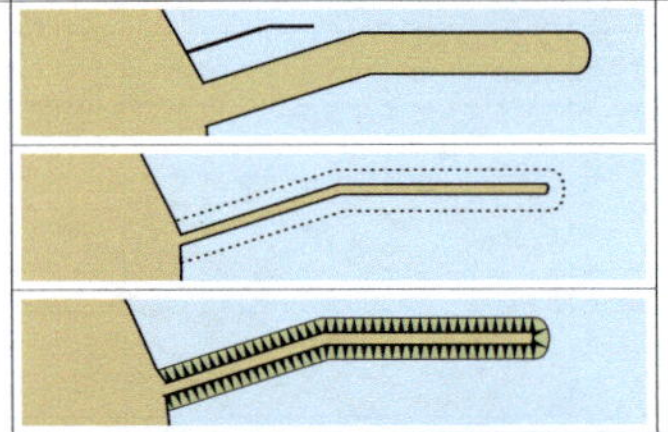	Breakwater (in general)					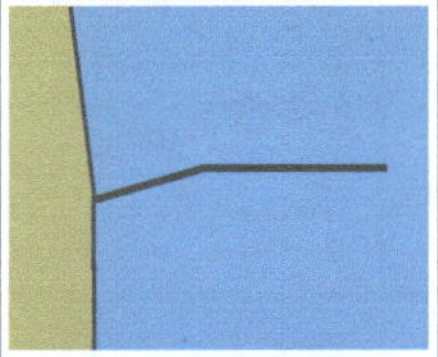 Breakwater as a line
4.2	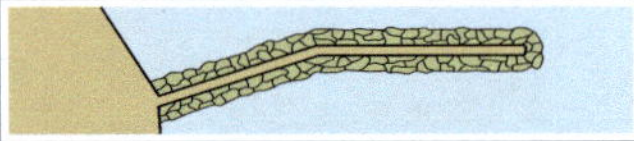	Breakwater (loose boulders, tetrapods, etc.)					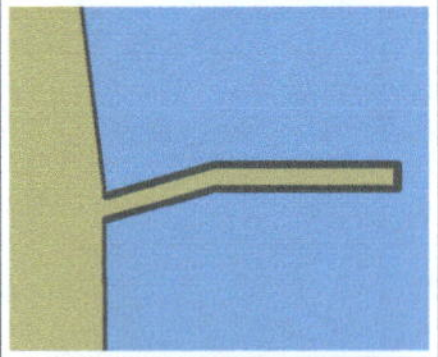 Breakwater as an area
4.3	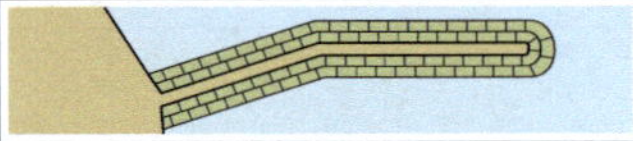	Breakwater (slope of concrete or masonry)					
5	 Training Wall (covers)	Training wall (partly submerged at high water)					 Training wall
6	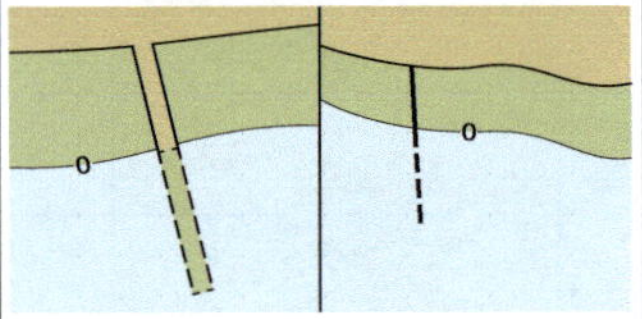	Groin (partly submerged at high water)	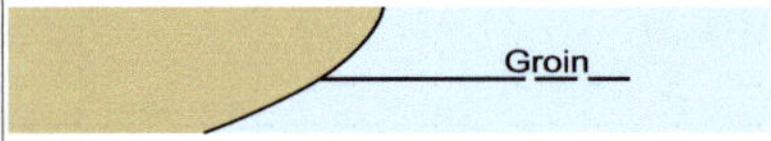 Groin				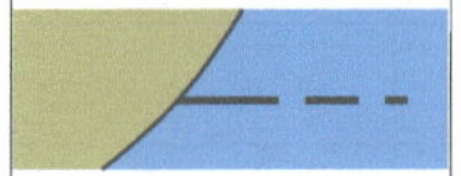 Groin (intertidal)

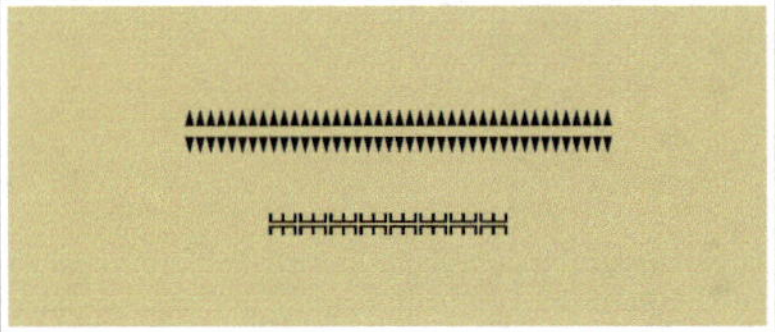

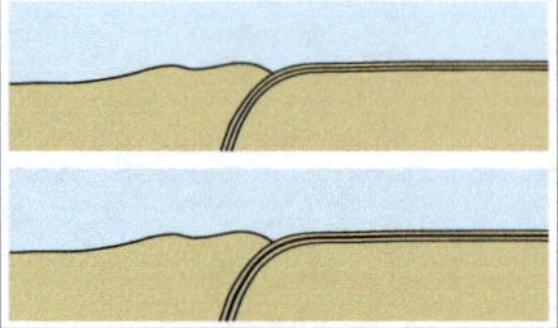

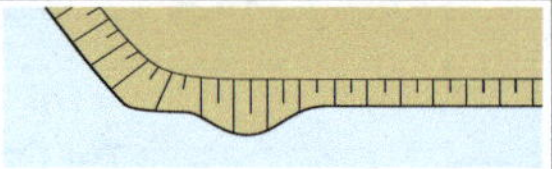

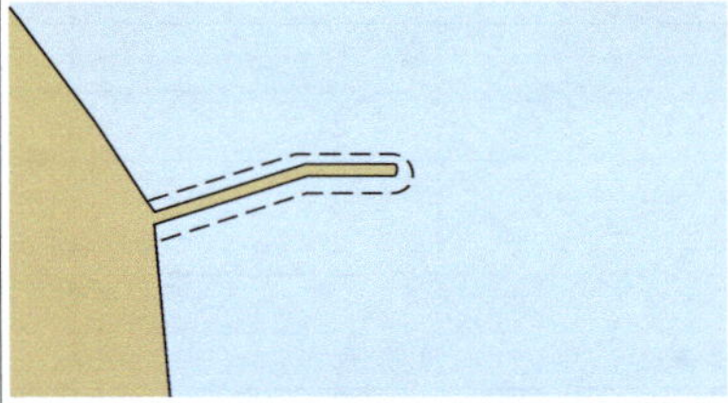

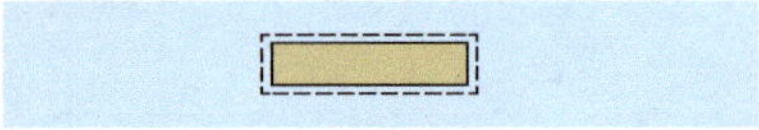

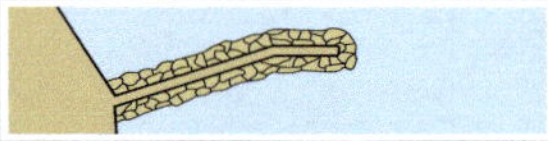

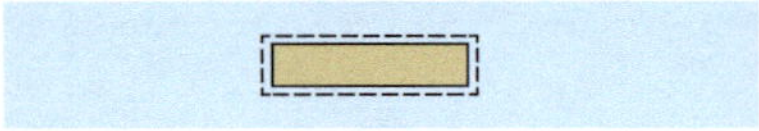

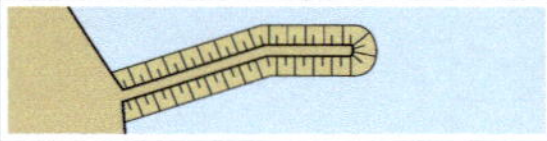

编号	国际海图	符号说明	美国国家海洋和大气管理局	美国国家地理空间情报局	其他地理空间情报局	电子海图	中国海图	补充说明
防护设施						补充的国家符号：a—c，C. a		
1		一般堤				一般堤（线状） 一般堤（线状突出） 一般堤（面状）		P24，9.1 一般堤
2.1		海堤（大比例尺图）	（同国际海图）			海堤		P24，9.1.1 海堤，带倾斜的坚固的挡水修筑物
2.2		海堤（小比例尺图）	（同国际海图）					
3	Causeway	堤道	Cswy			堤道（线状） 干出堤道（线状） 堤区（面状） 干出堤区（面状）		
4.1		一般防波堤				防波堤（线状）		P24，9.1.2 一般防波堤
4.2		石块等建筑的防波堤				防波堤区（面状）		P24，9.1.2 石块等建筑的防波堤
4.3		混凝土或砖石建筑的防波堤						P24，9.1.2 混凝土或砖石建筑的防波堤
5	Training Wall (covers)	导流堤（高潮时部分淹没）	（同国际海图）			导流堤		
6		排流堤（高潮时部分淹没）	Groin			排流堤（干出）		P24，9.1.2 干出的防波堤 （图中标注 b 位置）

No.	INT	Description	NOAA	NGA	Other NGA	ECDIS	
Harbor Installations							
Depths → I	Anchorages, Limits → N	Beacons and other fixed marks → Q		Marina → U			
10		Fishing harbor					Fishing harbor
11.1		Boat harbor, Marina					Yacht harbor, marina
11.2		Yacht berths without facilities					
11.3		Yacht club, Sailing club					
12		Mole (with berthing facility)					Mole as a line Mole as an area
13	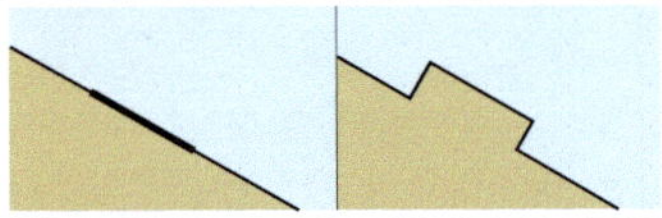	Quay, Wharf	 Whf				Wharf (quay)
14	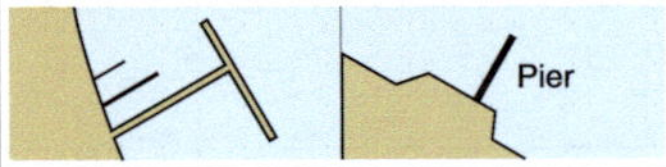 Pier	Pier, Jetty	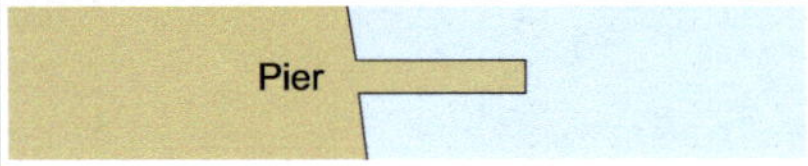 Pier				Pier (jetty), promenade pier
15	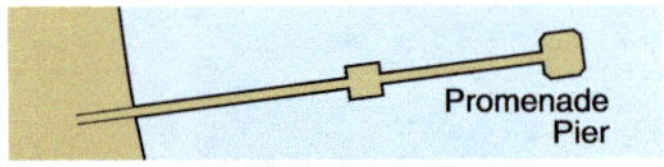 Promenade Pier	Promenade pier					
16	*Pontoon*	Pontoon					Pontoon as a line Pontoon as an area
17	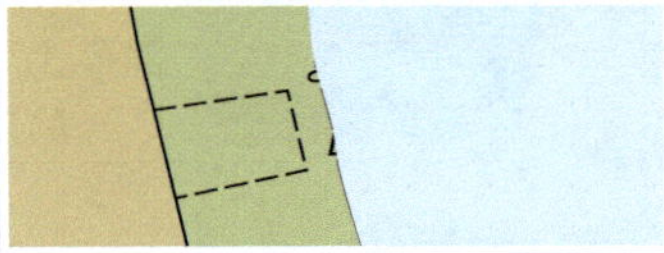	Landing for boats	 Lndg				Landing

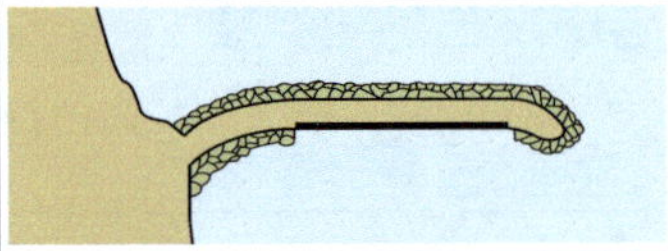

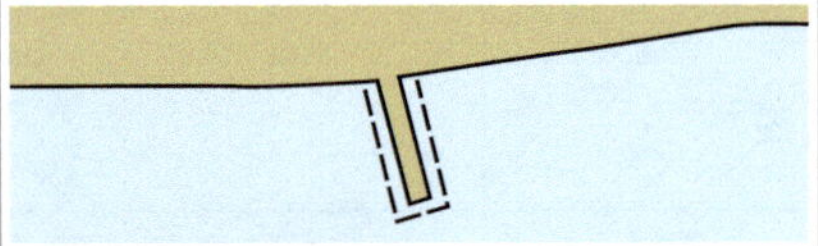

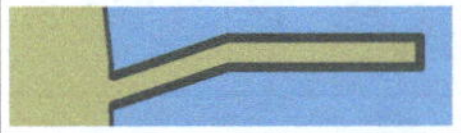

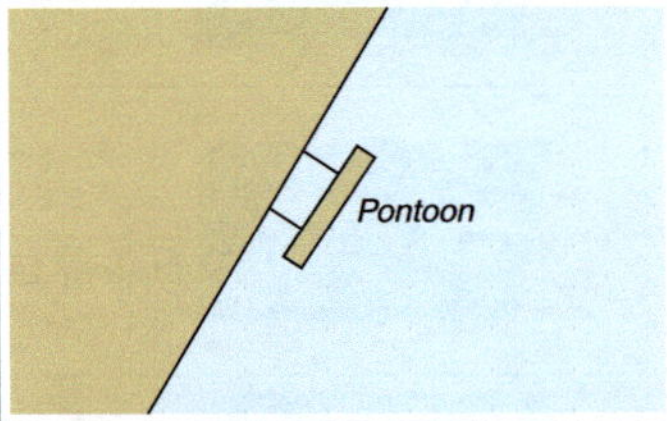

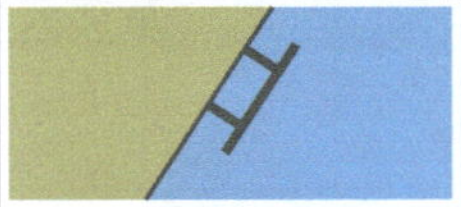

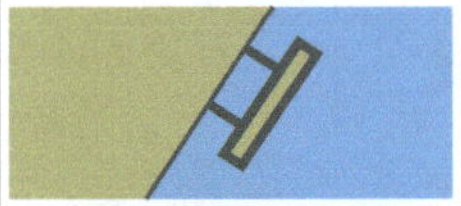

编号	国际海图	符号说明	美国国家海洋和大气管理局	美国国家地理空间情报局	其他地理空间情报局	电子海图		中国海图	补充说明
港口设施									
深度→I		锚地、界线→N	立标和其他固定标志→Q		码头→U				
10		渔港	（同国际海图）				渔港		
11.1		小艇码头、 小船停泊区	（同国际海图）				游艇码头、 小船停泊区		
11.2		游艇泊位（无设施）	（同国际海图）						
11.3		游艇俱乐部、 帆船俱乐部	（同国际海图）						
12	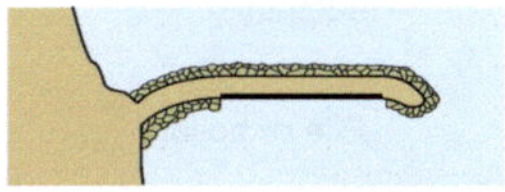	突堤（带泊位设施）	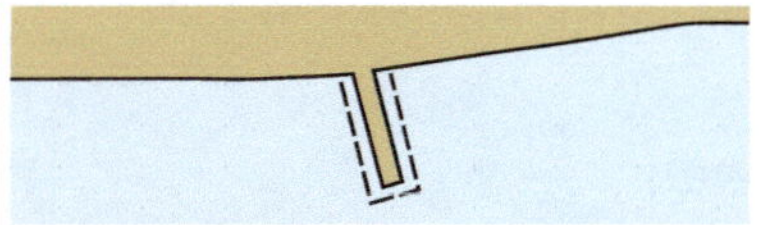			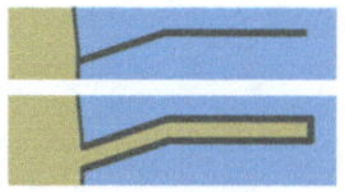	突堤（线状） 突堤区（面状）	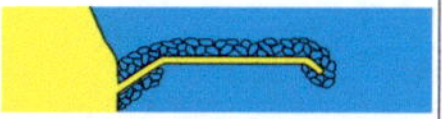	P26，9.2.1 突堤
13	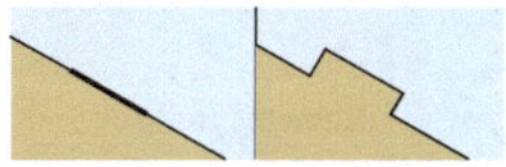	顺岸码头	 Whf				顺岸码头		P26，9.2.2 顺岸码头，码头线与岸线平行布置
14	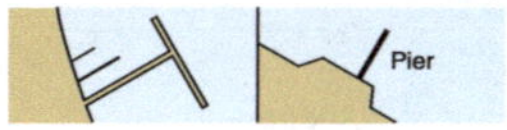 Pier	突堤式码头	 Pier			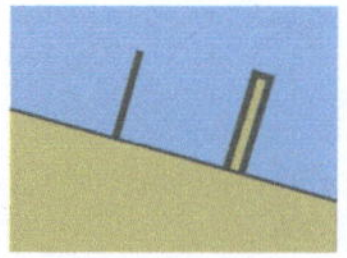	突堤式码头 栈桥式码头		P26，9.2.3 突堤式码头，由岸边向外成直角或斜角
15	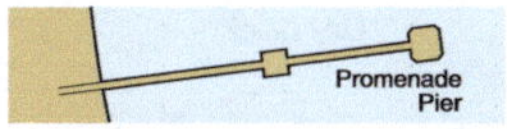 Promenade Pier	栈桥式码头	（同国际海图）						P26，9.2.5 栈桥式码头，用栈桥与岸相连的离岸码头
16	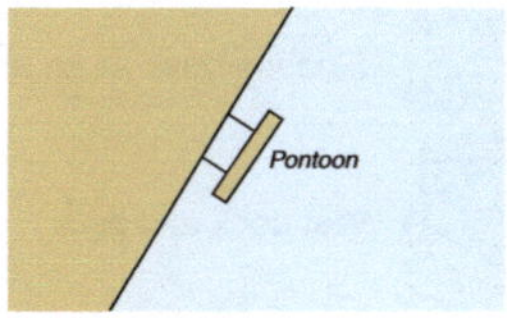 Pontoon	浮码头	（同国际海图）			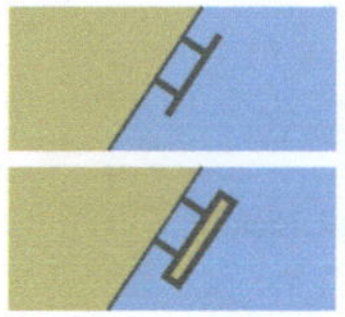	浮码头（线状） 浮码头区（面状）		P26，9.2.6 浮码头， 又称趸船码头， 趸船随水位 涨落而升降
17	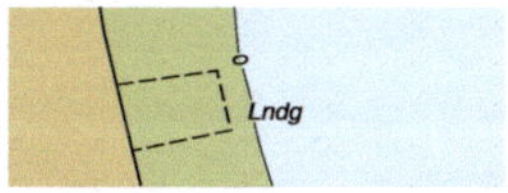 Lndg	小艇着陆区	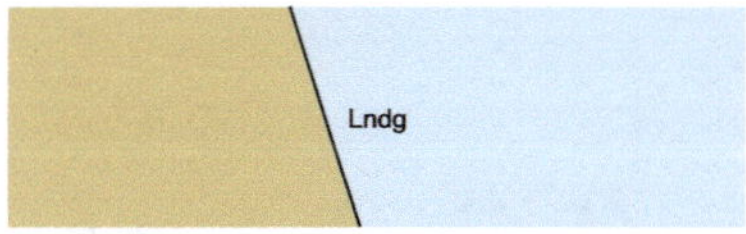 Lndg			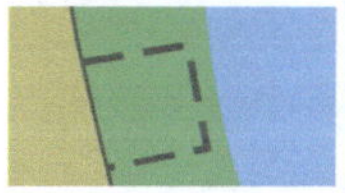	着陆区		

No.	INT	Description	NOAA	NGA	Other NGA	ECDIS	
18	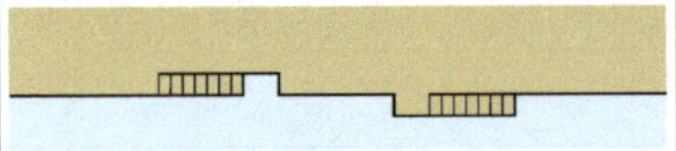	Steps, Landing stairs			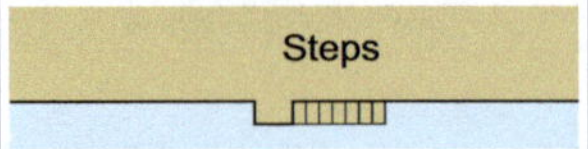 Steps	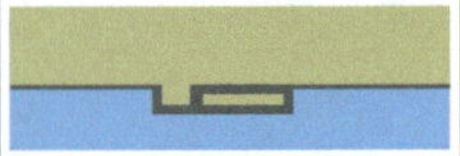	Landing steps
19.1	4 B A 54	Designation of berth	3 A 3			 Nr 3	Berth number
19.2	V	Visitors' berth					Yacht harbor, marina
19.3		Dangerous cargo berth					
20	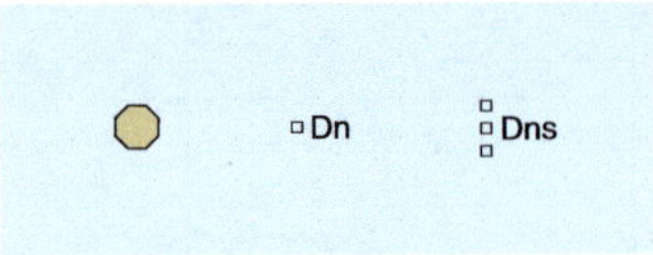 Dn Dns	Dolphin	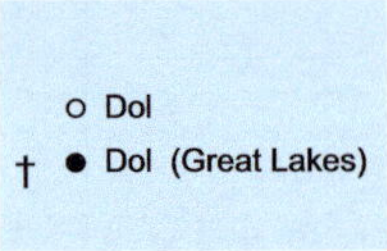 Dol † Dol (Great Lakes)	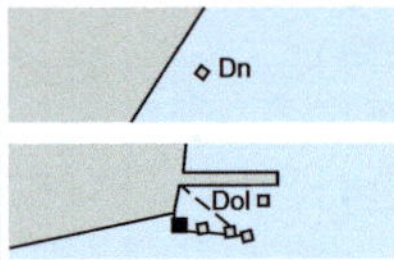 Dn Dol	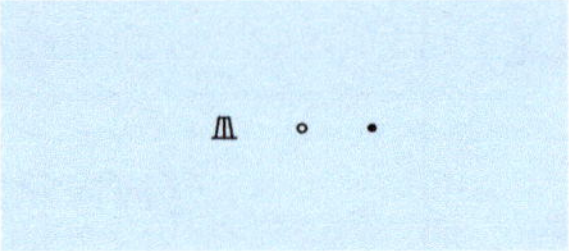		Mooring dolphin
21		Deviation dolphin					Deviation mooring dolphin
22		Minor post or pile	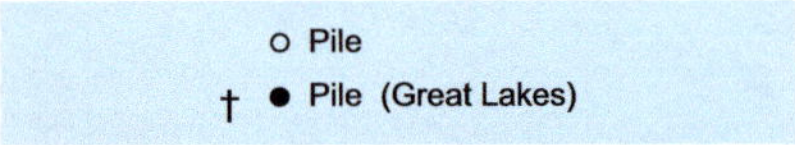 Pile † Pile (Great Lakes)				Pile or bollard
23	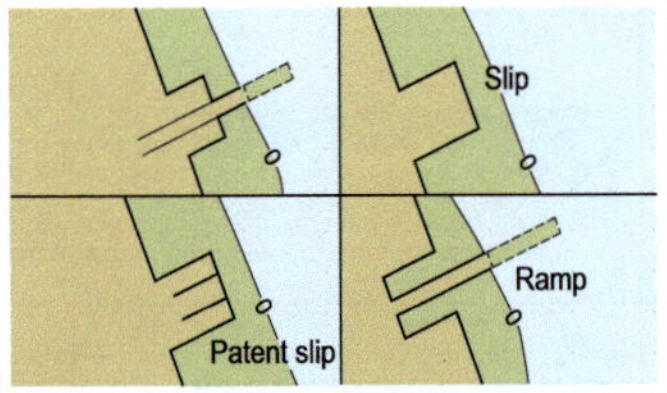 Slip Patent slip Ramp	Slipway, Patent slip, Ramp	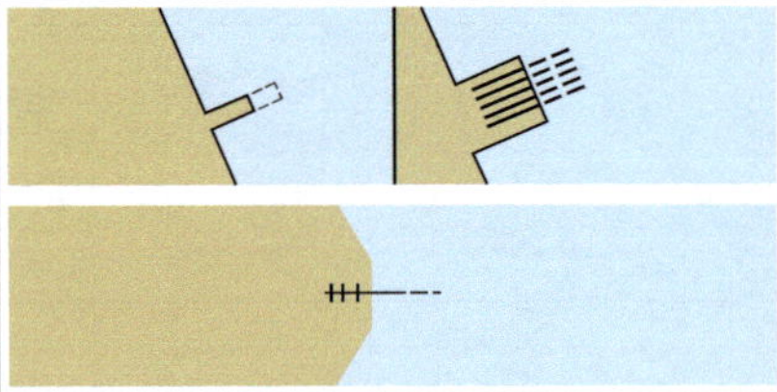		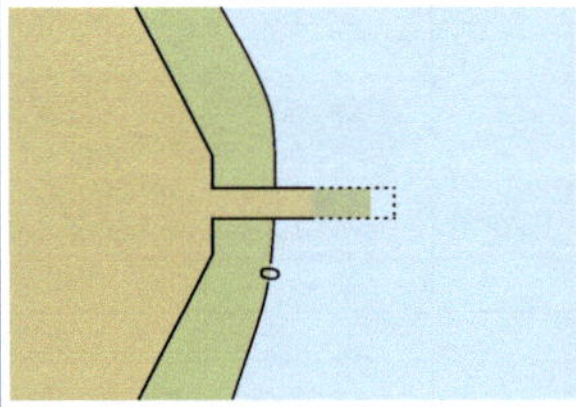	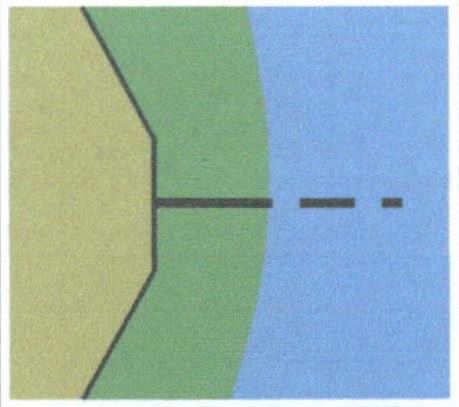	Slipway, ramp
24	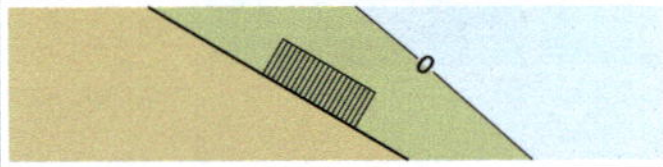	Gridiron, Scrubbing grid, Careening grid				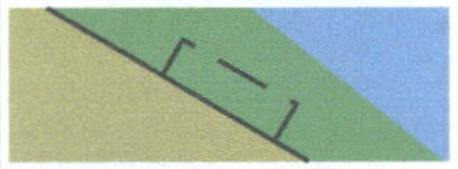	Gridiron
25	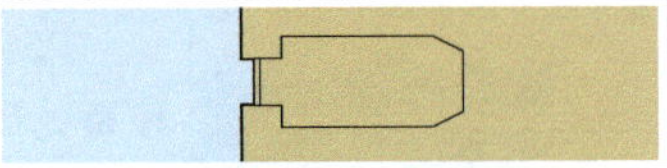	Dry dock, Graving dock	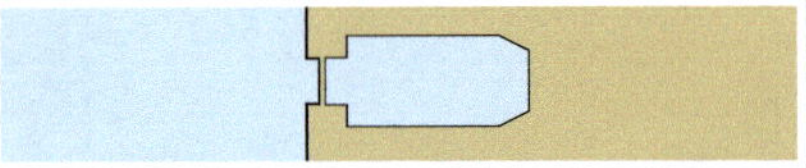			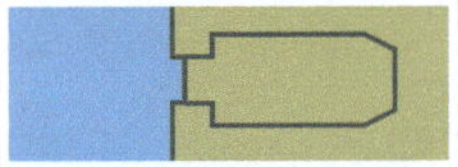	Dry dock
26	*Floating Dock*	Floating dock					Floating dock as a line Floating dock as an area
27	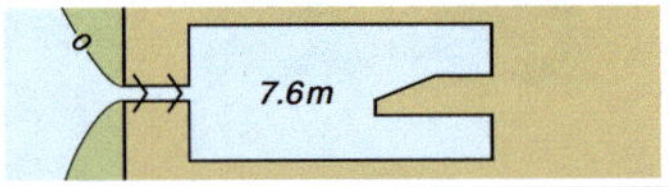 *7.6m*	Non-tidal basin, Wet dock				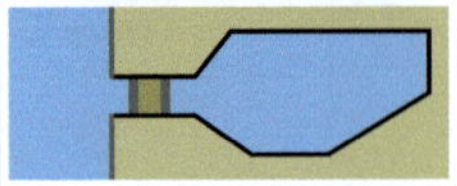	Wet dock and gate

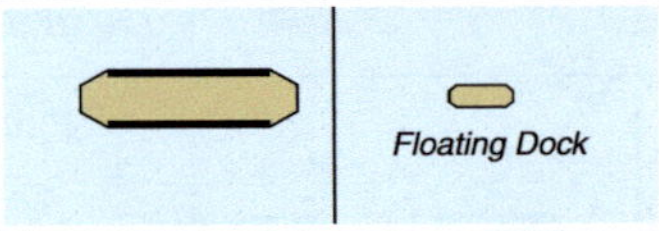

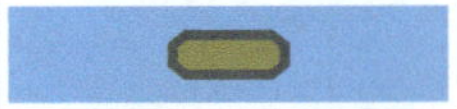

编号	国际海图	符号说明	美国国家海洋和大气管理局	美国国家地理空间情报局	其他地理空间情报局	电子海图		中国海图	补充说明
18		道头、登岸梯道	（同国际海图）		Steps		登岸梯道	0.7	P26,9.2.7 道头，以阶梯状或一定倾斜度从岸壁伸向水中
19.1	④ Ⓑ A 54	泊位编号	3 A 3			Nr 3	泊位编号	④ Ⓑ 234	P26,9.2.8 泊位编号
19.2	V	旅游船泊位	（同国际海图）				游艇码头、小船停泊区		
19.3		危险品泊位	（同国际海图）						
20	Dn Dns	系船柱	o Dol † ● Dol (Great Lakes)	Dn Dol			系船柱	0.12	P26,9.2.9 系船柱
21		罗经校正系船柱	（同国际海图）				罗经校正系船柱	2.0 1.6	P26,9.2.10 罗经校正系船柱
22		其他桩柱	o Pile † ● Pile (Great Lakes)				其他桩桩或系缆桩	0.6 1.5	P26,9.2.11 其他桩柱，高度位于深度基准面
23	Slip Ramp Patent slip	船台、滑道					船台、滑道		P26,9.2.12 船台、滑道，专门作为修造船舶用
24		船架	（同国际海图）				船架		P26,9.2.13 船架，低潮时为船只刷漆和修理之用
25		干船坞					干船坞	1.5 3.5	P26,9.2.14 干船坞，修造船舶的大型水工建筑物
26	Floating Dock	浮船坞	（同国际海图）				浮船坞（线状） 浮船坞区（面状）		P26,9.2.14 浮船坞，两端开敞、横断面呈槽形的特殊船体
27	7.6m	非潮汐型港池、湿船坞	（同国际海图）				湿船坞、坞门		

No.	INT	Description	NOAA	NGA	Other NGA	ECDIS	
28	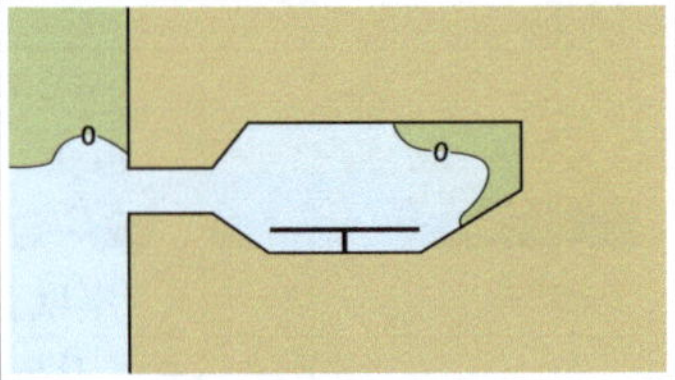	Tidal basin, Tidal harbor				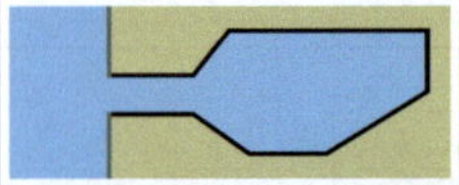	Dock
						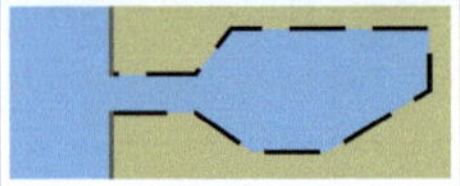	Dock, under construction or ruined
29.1	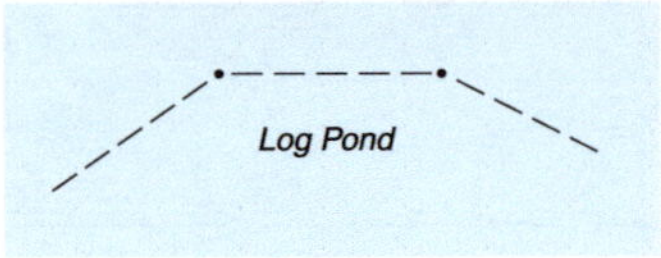 Log Pond	Floating barrier, e.g. security, containment booms (ice, logs, oil), shark nets: - with supports					Floating hazard
							Boom
	Floating Barrier	- without supports					Floating oil barrier, oil retention (high pressure pipe)
	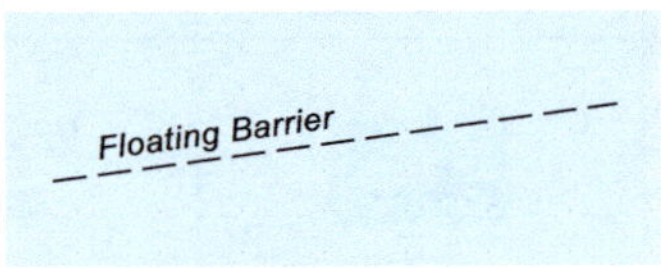						Boom, floating obstruction
29.2	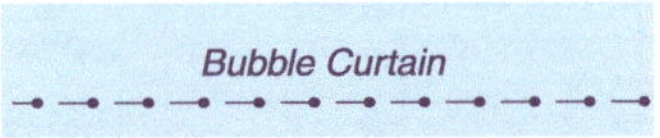 Bubble Curtain	Bubble curtain (bubbler, pneumatic pipe)					Floating oil barrier, oil retention (high pressure pipe)
30	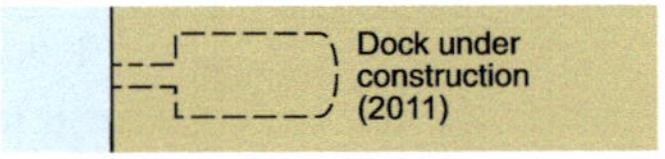 Dock under construction (2011)	Works on land, with year date				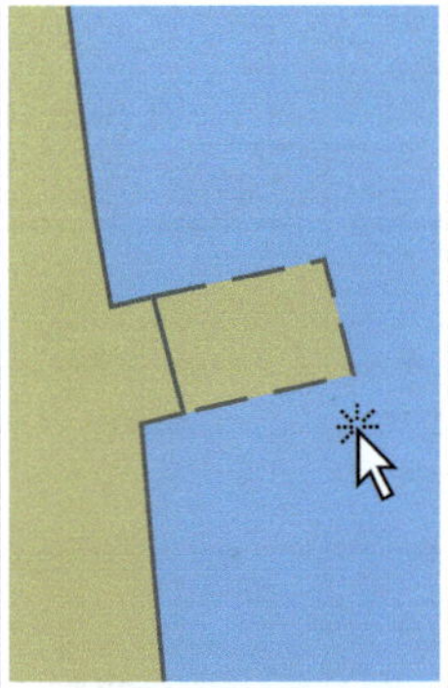	Ruin or works under construction Year and condition of under construction or ruin is obtained by cursor pick
31	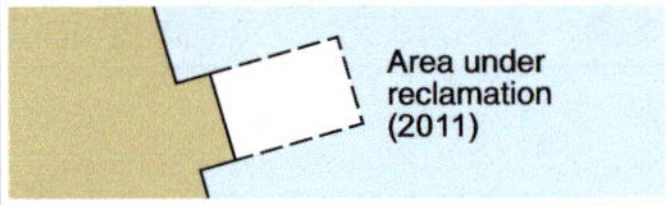 Area under reclamation (2011)	Works at sea, Area under reclamation, with year date	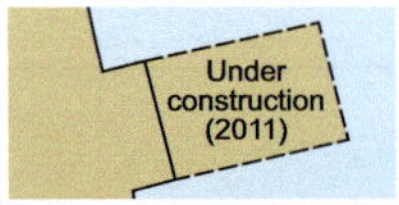 Under construction (2011)	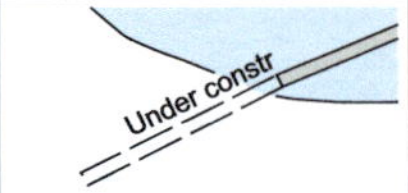 Under constr			
32	Under construction (2011) Works in progress (2011)	Works under construction, with year date	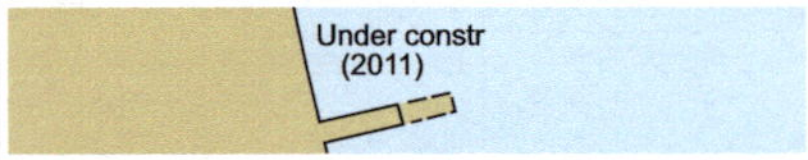 Under constr (2011)				
33.1	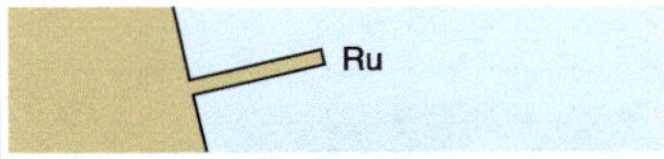 Ru	Ruin	 Ruins				
33.2	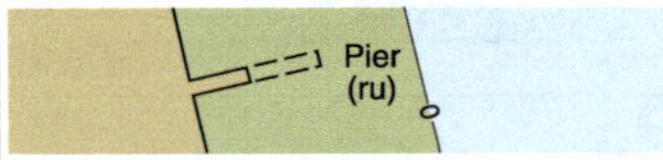 Pier (ru)	Ruined pier, partly submerged at high water	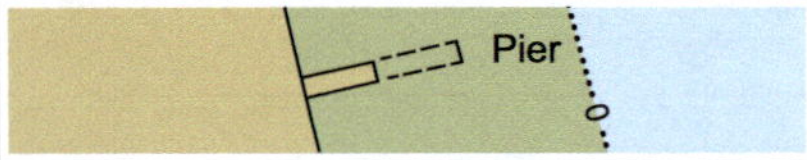 Pier				Pier, ruined and partly submerged
34	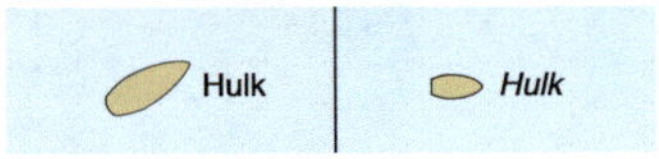 Hulk | Hulk	Hulk	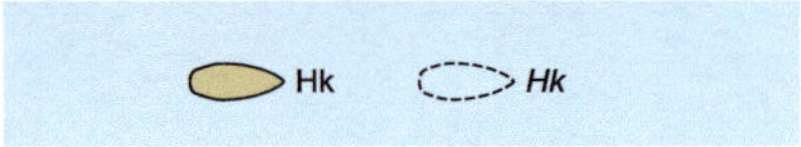 Hk | Hk				Hulk

编号	国际海图	符号说明	美国国家海洋和大气管理局	美国国家地理空间情报局	其他地理空间情报局	电子海图		中国海图	补充说明
28	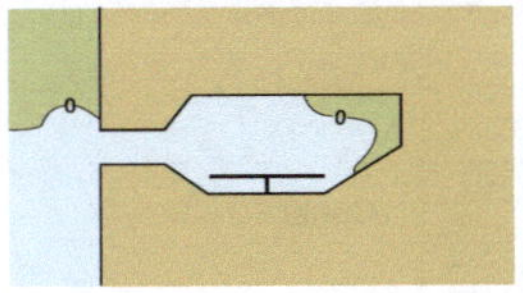	潮汐型港池、潮汐型港口	（同国际海图）			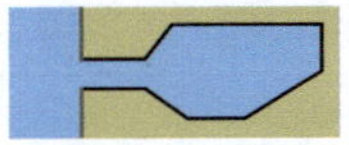 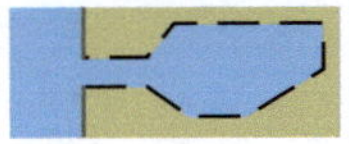	船坞 船坞（建筑中或废弃）		
29.1	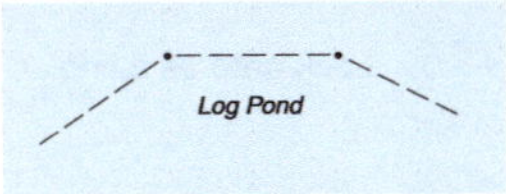 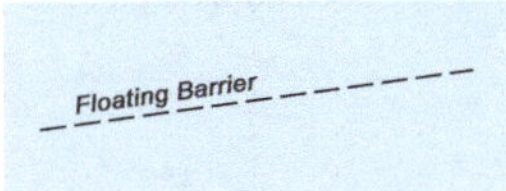 Log Pond Floating Barrier	浮动障碍物，如安全栏、围油栏（冰、原木、石油）、鲨鱼网（有支柱、无支柱）	（同国际海图）			  	漂浮危险 围油栏 浮油围栏（高压管） 围油栏、浮动障碍物		
29.2	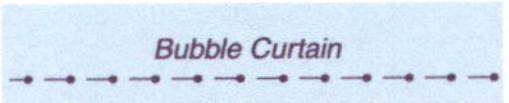 Bubble Curtain	气泡幕（气动管道）	（同国际海图）				浮围油栏（高压管）		
30	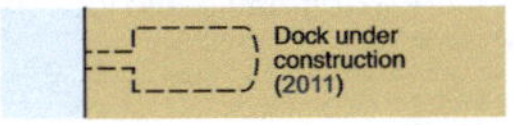 Dock under construction (2011)	陆上工程（建筑年份）	（同国际海图）			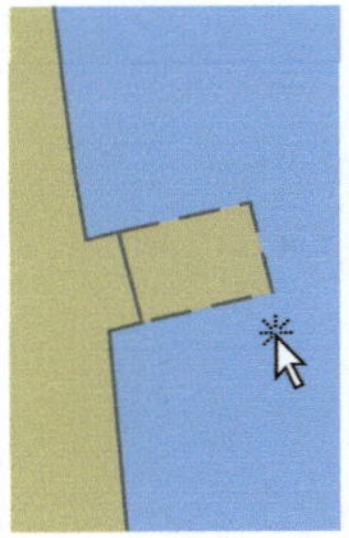	毁坏或在建工程，在建工程或毁坏设施的年份和状况可通过光标选取	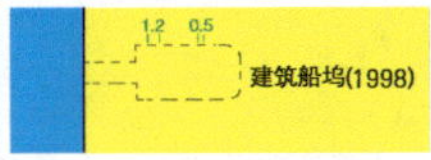 建筑船坞(1998)	P28,9.2.15 陆上工程
31	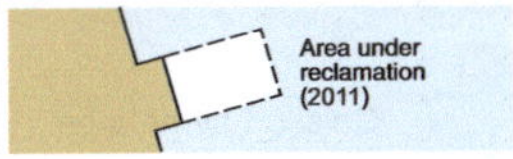 Area under reclamation (2011)	海上工程、填筑区（建筑年份）	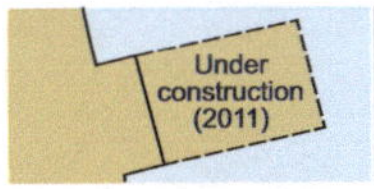 Under construction (2011)	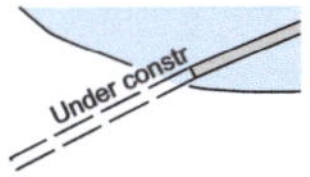 Under constr			毁坏或在建工程，在建工程或毁坏设施的年份和状况可通过光标选取	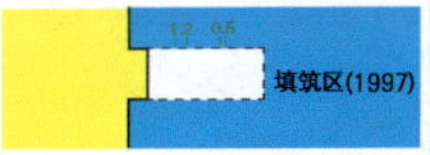 填筑区(1997)	P28,9.2.15 海上工程
32	Under construction (2011) Works in progress (2011)	在建工程（建筑年份）	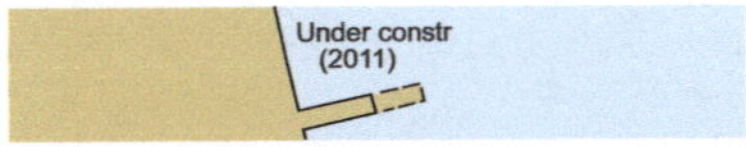 Under constr (2011)				毁坏或在建工程，在建工程或毁坏设施的年份和状况可通过光标选取		
33.1	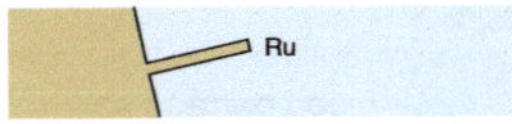 Ru	毁坏	 Ruins				毁坏或在建工程，在建工程或毁坏设施的年份和状况可通过光标选取	 毁	P28,9.2.16 破坏码头
33.2	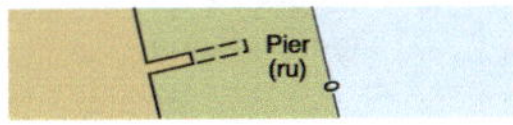 Pier (ru)	破坏码头（高潮时部分淹没）	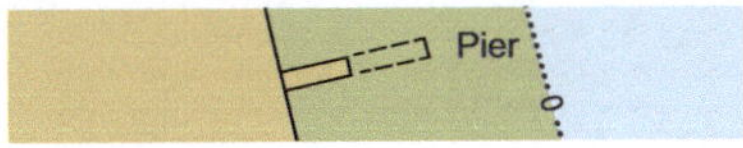 Pier				废弃码头和部分淹没码头	 毁	P28,9.2.16 破坏码头
34	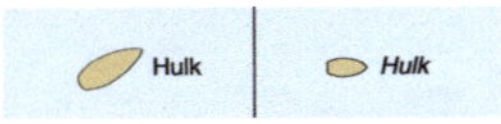 Hulk　Hulk	废船	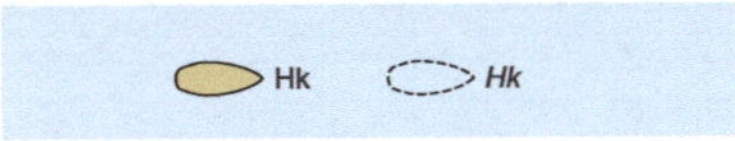 Hk　Hk				废船	 废	P28,9.2.17 废船

No.	INT	Description	NOAA	NGA	Other NGA	ECDIS	
Canals, Barrages						Supplementary national symbol: d	
Cultural Features → B		Clearances → D	Signal Stations → T				
40	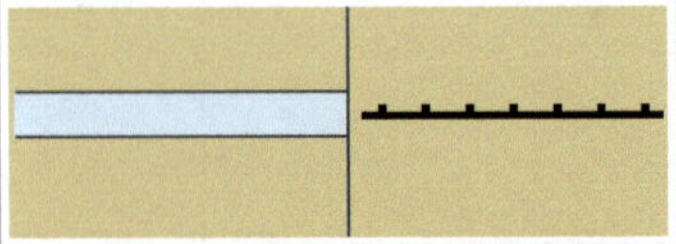	Canal	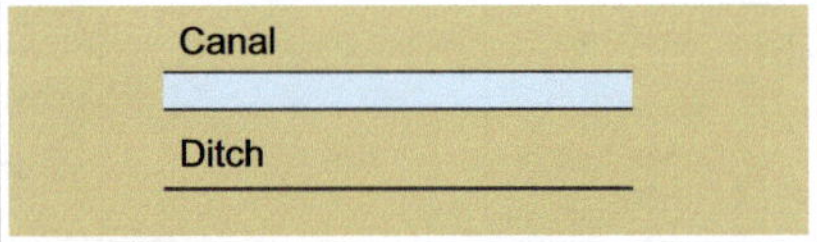 Canal Ditch			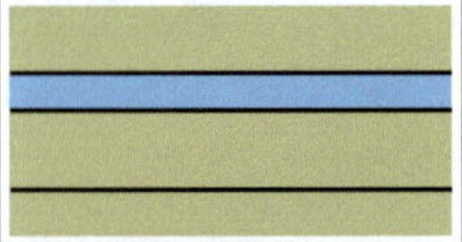	Canal
41.1	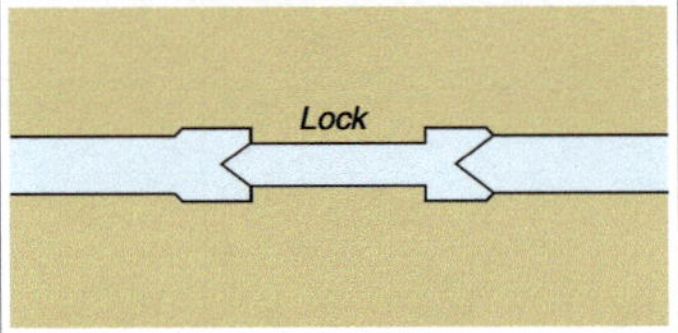 Lock	Lock (on large scale charts)	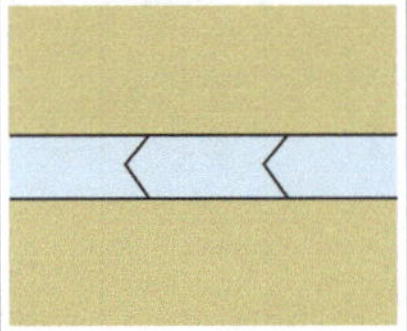	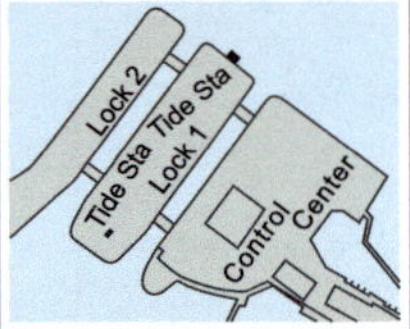 Lock 2 Tide Sta Tide Sta Lock 1 Control Center		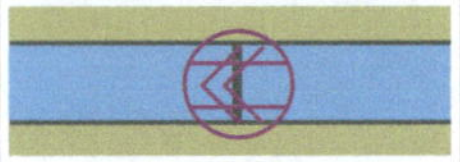 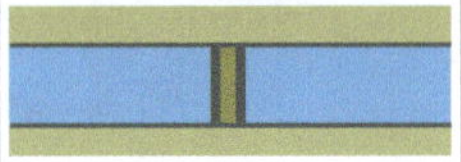	Lock gate as a line Lock gate as an area
41.2	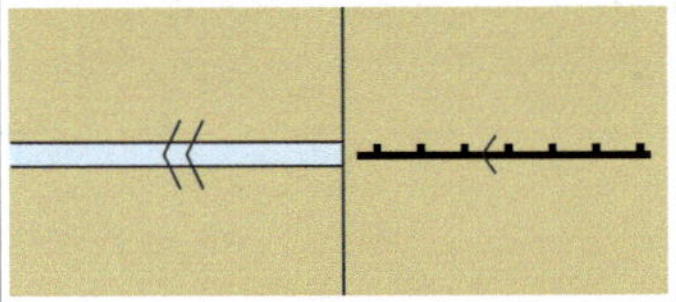	Lock (on small scale charts)	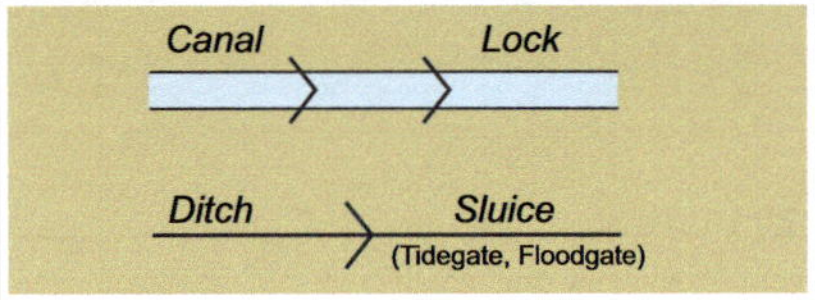 Canal Lock Ditch Sluice (Tidegate, Floodgate)		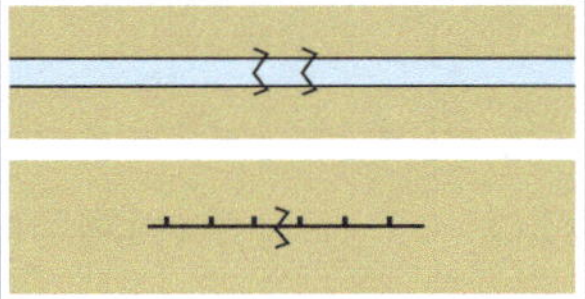		Navigable lock gate
42	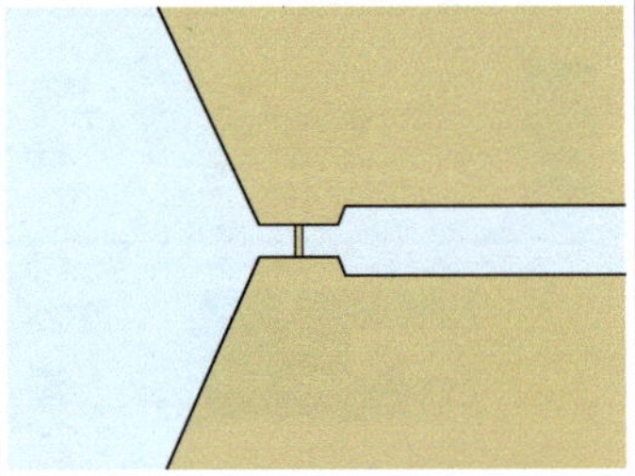	Gate, Caisson				 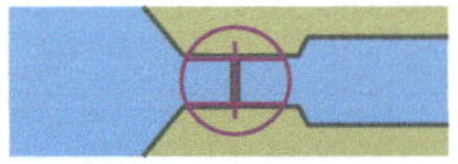 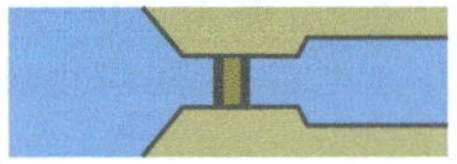	Non-navigable lock gate Caisson as a line Caisson as an area
43	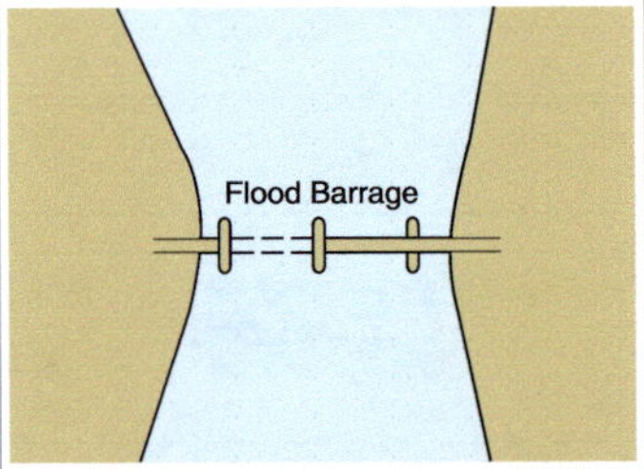 Flood Barrage	Flood barrage				 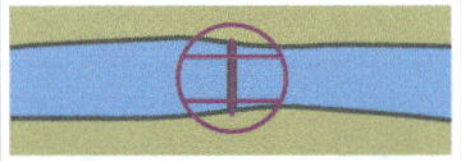 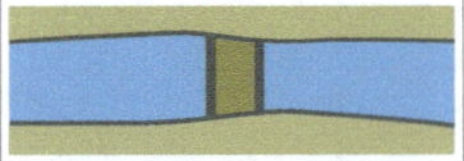	Non-navigable lock gate Flood barrage as a line Flood barrage as an area
44	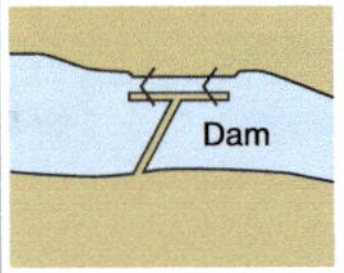 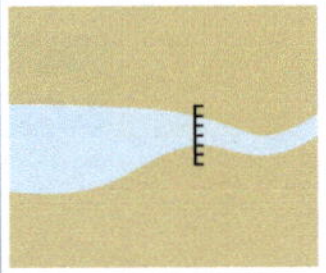 Dam	Dam, Weir (direction of flow shown is left to right)	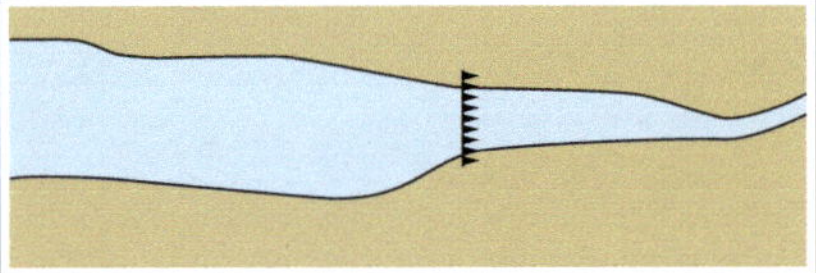			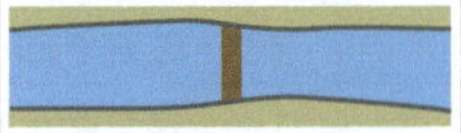 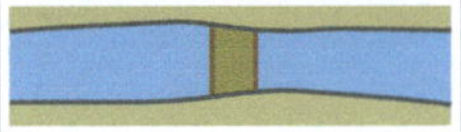	Dam as a line Dam as an area

编号	国际海图	符号说明	美国国家海洋和大气管理局	美国国家地理空间情报局	其他地理空间情报局	电子海图		中国海图	补充说明
运河、水坝						补充的国家符号：d			
人工地物→B		间距→D	信号站→T						
40		运河					运河		P14,6.3.6 运河
41.1		水闸（大比例尺图）					水闸门（线状） 水闸门区（面状）		P18,7.3.6 水闸
41.2		水闸（小比例尺图）					可航行水闸门		
42		坞门	（同国际海图）				不可航行水闸门 坞门（线状） 坞门区（面状）		P18,7.3.7 坞门，船坞灌泄水时用以挡水
43		防洪闸	（同国际海图）				不可航行水闸门 防洪闸（线状） 防洪闸区（面状）		
44		拦水坝、堰 （流向从左往右）					拦水坝（线状） 拦水坝区（面状）		P18,7.3.8 拦水坝

No.	INT	Description	NOAA	NGA	Other NGA	ECDIS	
Transhipment Facilities						Supplementary national symbols: e–f	
Roads → D	Railways → D	Tanks → E					
50	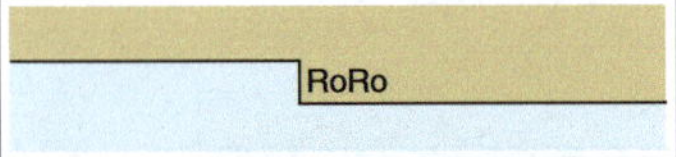 RoRo	Roll-on, Roll-off Ferry Terminal (RoRo Terminal)				RoRo	RoRo terminal
51	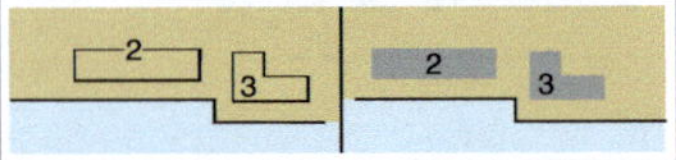 2 3 2 3	Transit shed, Warehouse (with designation)				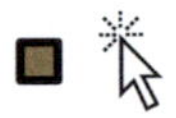	Conspicuous single building, designation is obtained by cursor pick
52	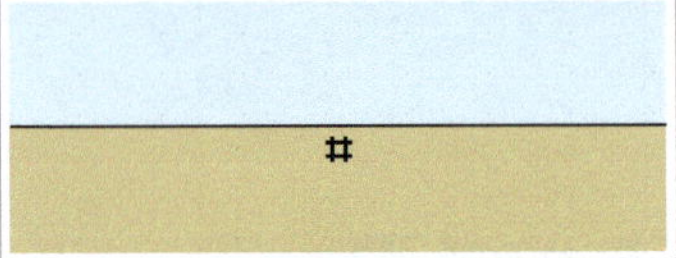 #	Timber yard	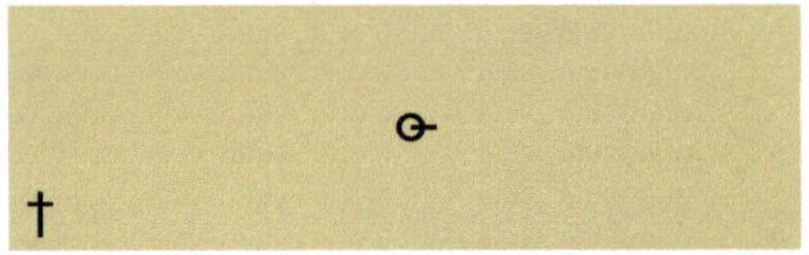 †			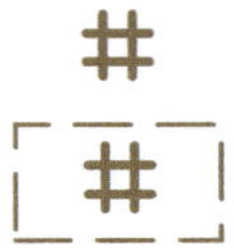	Timber yard as a point Timber yard as an area
53.1	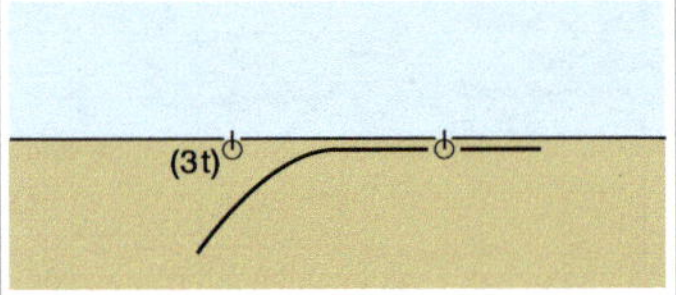 (3t)	Crane with lifting capacity, Traveling crane (on railway)		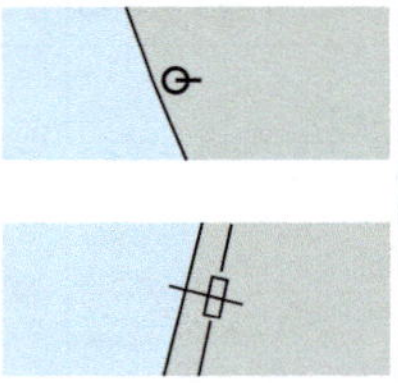	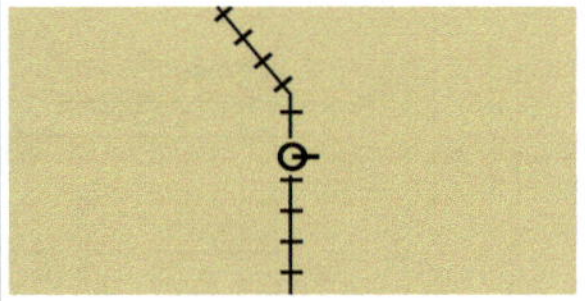		Lifting capacity is obtained by cursor pick Crane as a point Crane as an area
53.2	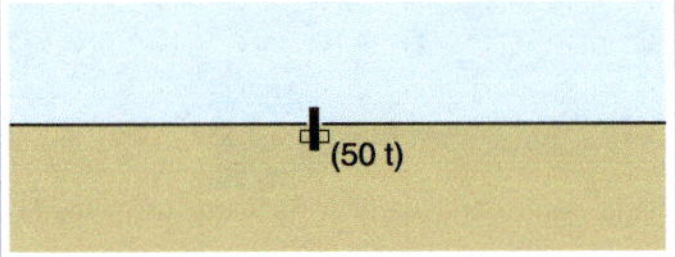 (50 t)	Container crane (with lifting capacity)	 †	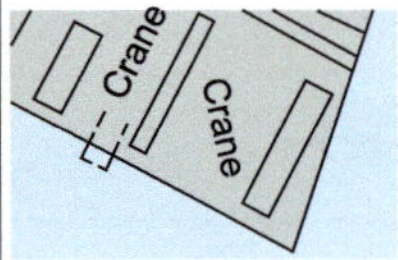 Crane Crane			Crane, visually conspicuous as an area
Public Buildings						Supplementary national symbol: g	
60		Harbormaster's office	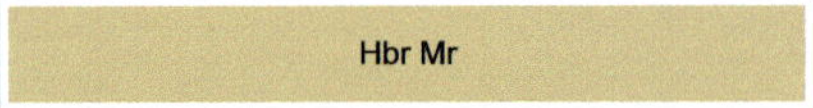 Hbr Mr				Conspicuous single building
61	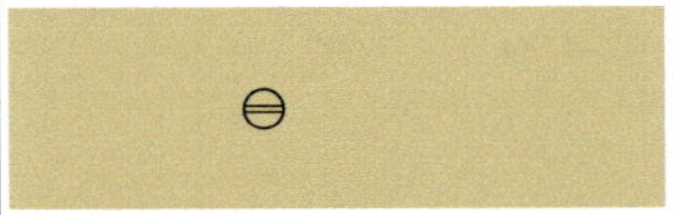	Custom office	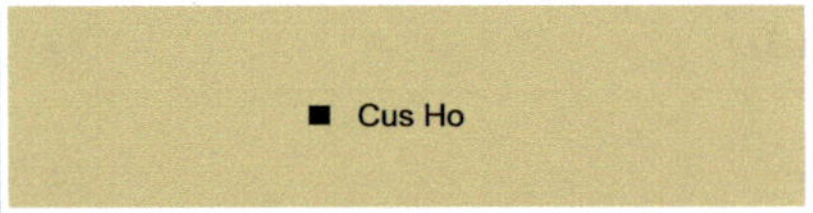 ■ Cus Ho				Conspicuous single building Customs
62.1		Health office, Quarantine building	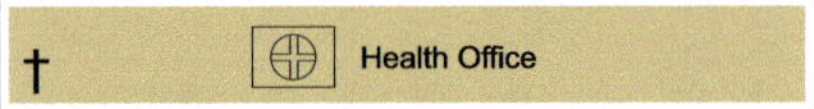 † Health Office				Conspicuous single building
62.2	 Hospital	Hospital	 ■ Hosp				
63	 †	Post office	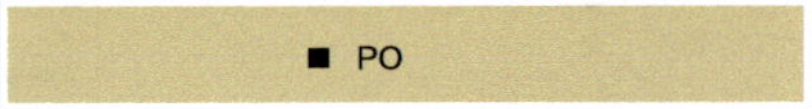 ■ PO				

编号	国际海图	符号说明	美国国家海洋和大气管理局	美国国家地理空间情报局	其他地理空间情报局	电子海图		中国海图	补充说明
运输设施						补充的国家符号：e—f			
道路→D　　铁路→D　　油罐→E									
50	RoRo	滚装船轮渡码头	（同国际海图）			RoRo	滚装船码头		
51	2 3 2 3	中转货棚、仓库（有编号）	（同国际海图）				突出独立建筑物编号通过光标选取	2 3	P28,9.3.1 中转货棚、仓库
52		贮木场					贮木场（点状） 贮木场区（面状）	贮木场 2.5 木	P28,9.3.2 贮木场
53.1	(31t)	起重机（起重能力），轨道式可移动起重机	（同国际海图）				起重能力通过光标选取 起重机（点状） 起重机（面状）	(4t) 1.3	P28,9.3.3 起重机
53.2	(50 t)	集装箱起重机（起重能力）		Crane Crane			起重机（面状），视觉显著	0.4 0.8 (50t) 2.0	P28,9.3.4 集装箱起重机
管理与服务机构						补充的国家符号：e,C.b			
60		港务局	Hbr Mr				突出独立建筑物	3.0 2.5	P28,9.4.1 港务局
61		海关	Cus Ho				突出独立建筑物 海关	3.0 0.5	P28,9.4.2 海关
62.1		卫生局、检疫局	Health Office				突出独立建筑物	3.5	P28,9.4.3 卫生局、检疫局
62.2	Hospital	医院	Hosp					医院	P28,9.4.4 医院
63		邮局	PO					2.0 3.0	P28,9.4.5 邮局、邮电局

No.	INT	Description	NOAA	NGA	Other NGA	ECDIS
Supplementary National Symbols						
a		Jetty (partly below MHW)				
b		Submerged jetty	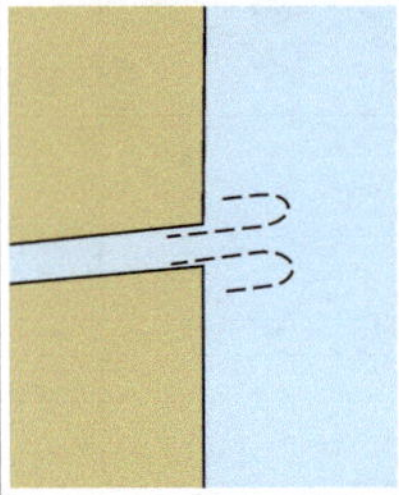	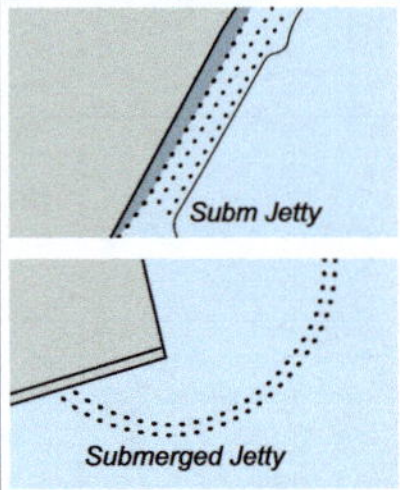 Subm Jetty Submerged Jetty		
c		Jetty (on small scale charts)	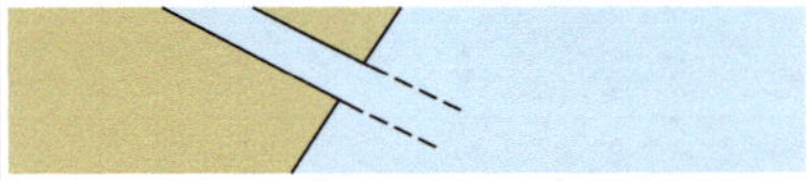			
d		Pump-out facilities	Ⓟ			
e		Quarantine office	 † Quar			
f		Conveyor		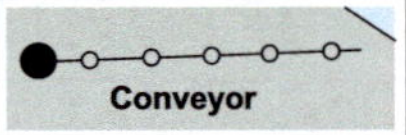 Conveyor		

编号	国际海图	符号说明	美国国家海洋和大气管理局	美国国家地理空间情报局	其他地理空间情报局	电子海图	中国海图	补充说明
补充的国家符号								
a		突堤式码头(部分淹没于平均高潮面)						
b		水下栈桥式码头		Subm Jetty Submerged Jetty				
c		栈桥式码头 (小比例尺图)						
d		排放设施	Ⓟ					
e		检疫局	† Quar					
f		传送装置	(同国际海图)	Conveyor				
C. a								P26,9.2.4 引桥式码头,用引桥与后方岸线连接而组成
C. b							3.0 2.5 电 电信	P28,9.4.6 电信局

H 潮汐，海流

H Tides, Currents

Terms Relating to Tide Levels

INT Terms

No.	Term	Description
1	CD	Chart Datum, Datum for sounding reduction
2	LAT	Lowest Astronomical Tide
3	HAT	Highest Astronomical Tide
4	MLW	Mean Low Water
5	MHW	Mean High Water
6	MSL	Mean Sea Level
8	MLWS	Mean Low Water Springs
9	MHWS	Mean High Water Springs
10	MLWN	Mean Low Water Neaps
11	MHWN	Mean High Water Neaps
12	MLLW	Mean Lower Low Water
13	MHHW	Mean Higher High Water
14	MHLW	Mean Higher Low Water
15	MLHW	Mean Lower High Water
16	Sp	Spring tide
17	Np	Neap tide

Supplementary National Terms (see I–t for other terms and symbols)

No.	Term	Description
a	HW	High Water
b	HHW	Higher High Water
c	LW	Low Water
d	LWD	Low Water Datum
e	LLW	Lower Low Water
f	MTL	Mean Tide Level
g	ISLW	Indian Spring Low Water
h	HWF&C	High Water Full and Change (Vulgar establishment of the port)
i	LWF&C	Low Water Full and Change
j	CRD	Columbia River Datum
k	GCLWD	Gulf Coast Low Water Datum

与潮面有关的术语

国际海图术语		
编号	术语	说明
1	CD	海图基准面、水深换算基准面
2	LAT	最低天文潮面
3	HAT	最高天文潮面
4	MLW	平均低潮面
5	MHW	平均高潮面
6	MSL	平均海平面
8	MLWS	平均大潮低潮面
9	MHWS	平均大潮高潮面
10	MLWN	平均小潮低潮面
11	MHWN	平均小潮高潮面
12	MLLW	平均低低潮面
13	MHHW	平均高高潮面
14	MHLW	平均高低潮面
15	MLHW	平均低高潮面
16	Sp	大潮
17	Np	小潮

补充的国家术语(其他术语和符号请参见 I-t)		
编号	术语	说明
a	HW	高潮面
b	HHW	高高潮面
c	LW	低潮面
d	LWD	低潮基准面
e	LLW	低低潮面
f	MTL	平均潮面
g	ISLW	印度大潮低潮面
h	HWF&C	朔望高潮间隙(港口朔望高潮间隙)
i	LWF&C	朔望低潮间隙
j	CRD	哥伦比亚河基准面
k	GCLWD	墨西哥湾沿岸低潮基准面

No.	

Tidal Levels and Charted Data

Tide Gauge → T

20

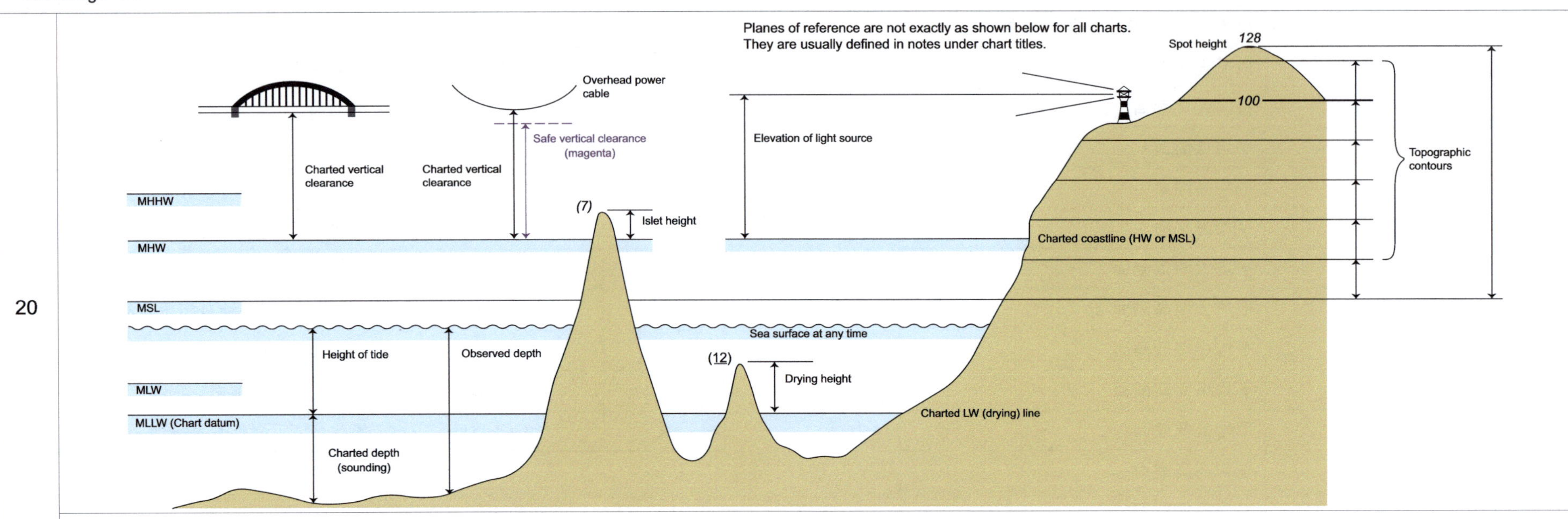

Notes:
1) The numbers *128*, *100*, *(7)* and (12), shown above, are examples of how spot heights, topographic contour labels, islet heights and drying heights appear on NOAA paper charts. The numbers are enclosed in (parentheses) if the value is offset into the water to more clearly show the islet or rock.
2) On NOAA charts, except for lake charts, the HW (coast) line is equal to the MHW line.

Tide Tables

No.	INT	Description	NOAA
30	(see INT table below)	Tabular statement of semi-diurnal or diurnal tides Note: The order of the columns of levels will be the same as that used in national tables of tidal predictions.	(see NOAA table below)

INT:

Tidal Levels referred to datum of soundings

Place	Lat N	Long E	Heights in metres above datum			
			MHWS	MHWN	MLWN	MLWS
Norderney, Riffgat Langeoog	53°42′ 53°43′	7°09′ 7°30′	3.2 3.4	2.8 3.0	0.9 0.9	0.4 0.4
			MHHW	MLHW	MHLW	MLLW

NOAA:

TIDAL INFORMATION

PLACE		Height referred to datum of soundings (MLLW)		
NAME	(LAT/LONG)	Mean Higher High Water	Mean High Water	Mean Low Water
		feet	feet	feet
Baltimore, Ft. McHenry	(39°16'N/76°35'W)	1.7	1.4	0.2
Annapolis, U.S. Naval Academy	(38°59'N/76°29'W)	1.4	1.2	0.2
Washington D.C., Washington Channel	(38°52'N/77°01'W)	3.2	2.9	0.1
Dashes (---) located in datum columns indicate unavailable datum values for a tide station. Real-time water levels, tide predictions, and tidal current predictions are available on the Internet from http://tidesandcurrents.noaa.gov.				

(Nov 2011)

编号	
潮面及图注数字	
验潮仪→T	
20	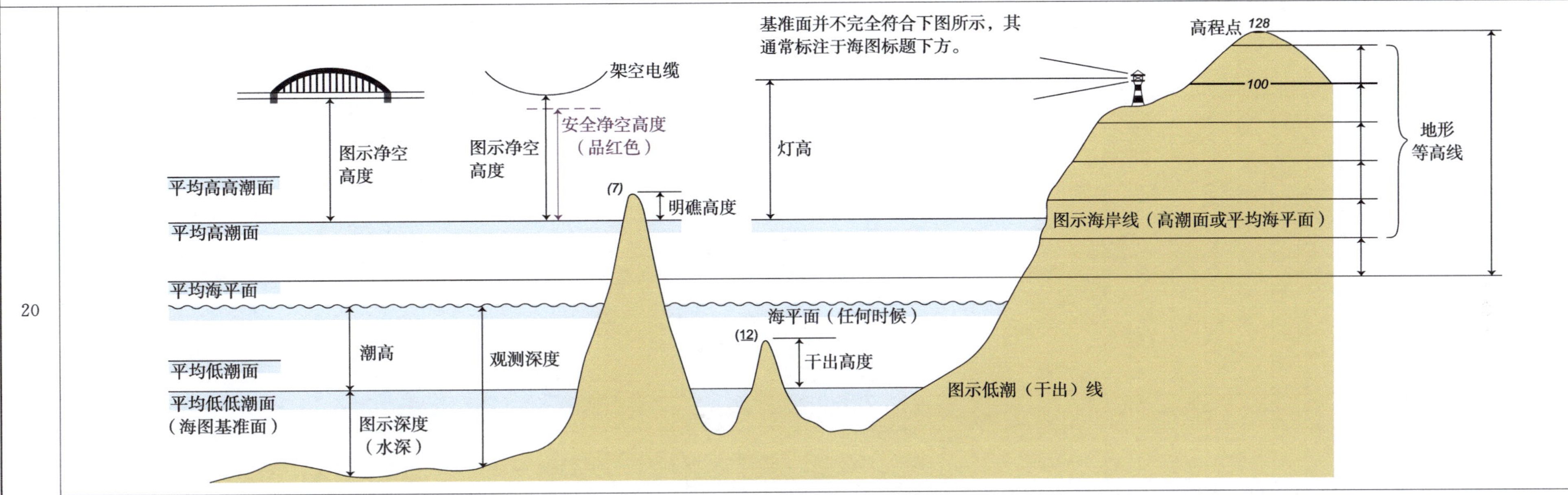

注：

1)图中显示的数字 *128*、*100*、(*7*)和(*12*)是在 NOAA 纸质海图上表示高程点、地形等高线标注、明礁高度及干出高度的示例。如果该值的标注位置移到水中，则使用括号包含，以便清楚地显示屿与礁石。

2)在 NOAA 海图上，除湖泊图外，HW(海岸)线等于 MHW 线。

潮信表

编号	国际海图	说明	美国国家海洋和大气管理局
30	见下表“潮位(以深度基准面为准)”	半日潮型或全日潮型潮信表 注：表中潮面顺序与美国潮汐预测表中的顺序相同。	见下表“潮信表”

潮位(以深度基准面为准)

地点	经度	纬度	自基准面起算的潮高/m			
			平均大潮高潮面	平均小潮高潮面	平均小潮低潮面	平均大潮低潮面
诺德尼岛里夫加特风电场	53°42′	7°09′	3.2	2.8	0.9	0.4
朗格奥格岛	53°43′	7°30′	3.4	3.0	0.9	0.4
			平均高高潮面	平均低高潮面	平均高低潮面	平均低低潮面

潮信表

位置		以深度基准面(平均低低潮面)为准的潮高		
名称	（经度/纬度）	平均高高潮面	平均高潮面	平均低潮面
		英尺	英尺	英尺
麦克亨利堡，巴尔的摩市	(39°16′N/76°35′W)	1.7	1.4	0.2
美国海军学院，安纳波利斯市	(38°59′N/76°29′W)	1.4	1.2	0.2
华盛顿航海峡，华盛顿特区	(38°52′N/77°01′W)	3.2	2.9	0.1

基准面一列中的破折号（——）表示潮汐站无可用的基准面值。实时水位，潮汐预报以及潮流预报可从http://tidesandcurrents.noaa.gov网站获取。

（2011年11月）

编号	
潮面及图注数字(中国海图)	
验潮仪→T	

20

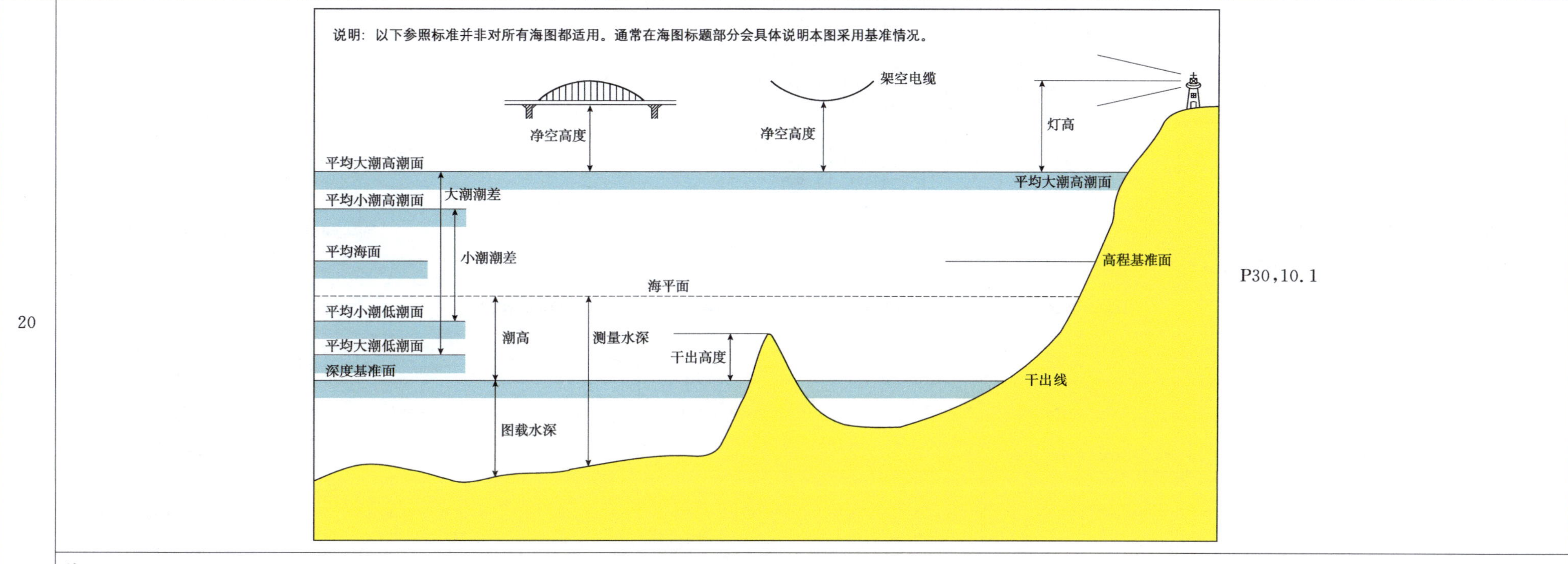

P30,10.1

注：

1)高程基准面，是地面点高程的起算面。中国沿海地区一般采用“1985 国家高程基准”作为高程基准。

2)深度基准面，是海图所注水深的深度起算面。中国沿海地区一般采用“理论最低潮面”作为深度基准。

潮信表

编号	中国海图全日潮 P30,10.2	中国海图半日潮 P30,10.2	中国海图混合潮 P30,10.2
30	(见下表一)	(见下表二)	(见下表三)

潮　信　表

Tidal Information

扁中等线体 16K —— 潮信表；扁细等线体 14K —— Tidal Information；1.0

地　点	位　置	潮面	月赤纬0°时		潮面	月赤纬最大时(月上中天)			平均海面
			平均潮汐间隙	平均潮高		平均潮汐间隙		平均潮高	
						北赤纬	南赤纬		
秦皇岛港 Qinhuangdao Gang	39° 55′ N 119° 36′ E	高潮 低潮	10h57min 04h46min	1.0m 0.8m	高高潮 低低潮	07h42min 18h06min	20h07min 05h41min	1.4m 0.3m	0.9m

潮　信　表

Tidal Information

地　点	位　置	平均高潮间隙	平均低潮间隙	大潮升	小潮升	平均海面
营城湾 Yingcheng Wan	38° 58′ N 121° 19′ E	00h06min	06h19min	1.9m	1.6m	1.2m

潮　信　表

Tidal Information

地　点	位　置	潮面	月赤纬0°时		潮面	月赤纬最大时(月上中天)			平均海面
			平均潮汐间隙	平均潮高		平均潮汐间隙		平均潮高	
						北赤纬	南赤纬		
葫芦岛 Hulu Dao	40° 43′ N 120° 59′ E	高潮 低潮	05h35min 11h41min	2.6m 0.5m	高高潮 低高潮 低低潮 高低潮	05h36min 17h48min 23h25min 12h30min	18h01min 05h23min 11h00min 00h05min	3.1m 1.8m 0.5m 0.6m	1.5m

大潮升：从深度基准面起算的大潮平均高潮高称为大潮升。小潮升：从深度基准面起算的小潮平均高潮高称为小潮升。

No.	INT		ECDIS	
31	Tidal stream table	Tidal streams referred to . . .		Point or area for which a tidal stream table is available Boundary of an area for which there is tidal information

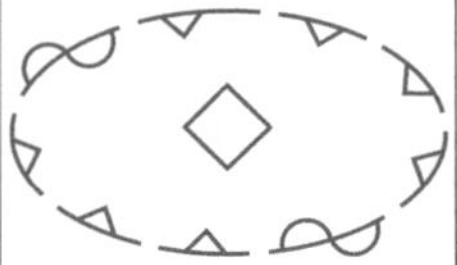

Tidal streams referred to . . .

Hours		◇ Geographical Position				Ⓐ 53°51.2′N 7°17.8′E		
Before High Water	6	Directions of streams (degrees)	Rates at spring tides (knots)	Rates at neap tides (knots)	−6	261	0.8	0.7
	5				−5	170	0.2	0.1
	4				−4	097	1.1	0.8
	3				−3	095	1.5	1.2
	2				−2	094	1.3	1.1
	1				−1	092	1.0	0.9
High Water					0	081	0.7	0.6
After High Water	1				+1	038	0.3	0.2
	2				+2	291	0.6	0.4
	3				+3	277	1.0	0.8
	4				+4	270	1.2	1.0
	5				+5	267	1.1	1.0
	6				+6	264	1.0	0.9

Tidal Streams and Currents

Supplementary national symbols: m–t

Breakers → K Tide Gauge → T

No.	INT	Description	NOAA	NGA	Other NGA	ECDIS	
40	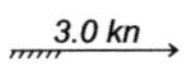 3.0 kn	Flood tide stream with mean spring rate				 2.5 kn	Flood stream, rate at spring tides
						 ? ?	Current or tidal stream whose direction is not known
						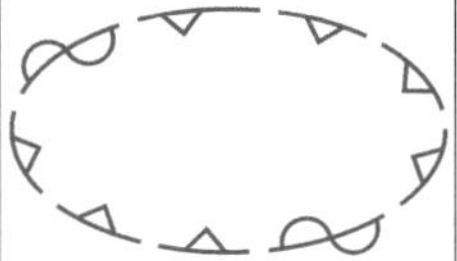	Boundary of an area for which there is tidal information
41	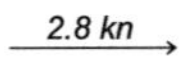 2.8 kn	Ebb tide stream with mean spring rate				 2.5 kn	Ebb stream, rate at spring tides
						 ? ?	Current or tidal stream whose direction is not known
						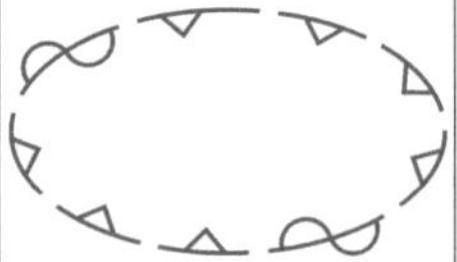	Boundary of an area for which there is tidal information

编号	国际海图	电子海图		中国海图	补充说明
31	潮流表（见下表 31-1）	◇	可标注潮汐表的点或区域位置	潮流表 Tidal Stream Table（见下表 31-2）	凡是在江河入海的外方，外海或广阔的海区，按顺时针（北半球）或逆时针（南半球）方向不断变化着的潮流称为回转潮流。对半日潮来说，自月球上中天时起每 12h25min 回转一周（360°）；而全日潮，每 24h50min 回转一周。涨潮和落潮之间一般都没有明显的憩流现象。对于这种潮流的流向和流速可用潮流表或用潮流图符号表示
			潮汐信息的区域边界		

潮流表

潮流（以……为基准）

时间	◇ 地理位置		
高潮前 6 5 4 3 2 1 / 高潮 / 高潮后 1 2 3 4 5 6	流向（°）	大潮流速（km）	小潮流速（km）

	Ⓐ 53°51.2′N 7°17.8′E		
−6	261	0.8	0.7
−5	170	0.2	0.1
−4	097	1.1	0.8
−3	095	1.5	1.2
−2	094	1.3	1.1
−1	092	1.0	0.9
0	081	0.7	0.6
+1	038	0.3	0.2
+2	291	0.6	0.4
+3	277	1.0	0.8
+4	270	1.2	1.0
+5	267	1.1	1.0
+6	264	1.0	0.9

潮　流　表

Tidal Stream Table

主　港	时间 /h	Ⓐ 21°23′ N 108°56′ E			Ⓑ 21°23′ N 108°45′ E		
		流向	流速/kn		流向	流速/kn	
			大潮	小潮		大潮	小潮
青海港 Qinghai Gang	6	221°	1.9	0.5	213°	5.1	1.9
	高 5	215°	1.2	0.5	225°	3.8	1.3
	4	150°	0.7	0.3	230°	1.5	1.0
	潮 3	040°	0.4	0.2	232°	0.4	0.7
	2	038°	1.6	0.4	228°	2.7	1.2
	前 1	038°	1.7	0.5	060°	4.7	1.3
	高潮时	040°	1.9	0.5	050°	5.3	1.4
	Ⅰ	042°	1.9	0.4	042°	4.1	1.3
	高 Ⅱ	130°	1.8	0.3	044°	1.9	1.0
	Ⅲ	214°	0.4	0.1	100°	0.4	0.5
	潮Ⅳ	220°	0.5	0.3	222°	1.9	0.1
	Ⅴ	221°	1.6	1.3	221°	4.4	0.5
	后Ⅵ	224°	1.9	1.6	218°	5.1	1.1

编号	国际海图	符号说明	美国国家海洋和大气管理局	美国国家地理空间情报局	其他地理空间情报局	电子海图		中国海图	补充说明
潮汐和海流						补充的国家符号：m—t			
浪花→K　　验潮仪→T									
40	3.0 kn	涨潮流（数字表示平均大潮流速）	（同国际海图）			2.5 kn	涨潮流（数字表示大潮时的流速） 海流或潮流（流向未知） 潮汐信息的区域边界	10.0 2.5kn 3.0 1.5	P34，10.5.1 涨潮流，涨潮过程中由外海向沿海港湾流动的潮流，数字表示大潮时最强流速
41	2.8 kn	落潮流（数字表示平均大潮流速）	（同国际海图）			2.5 kn	落潮流（数字表示大潮时的流速） 海流或潮流（方向未知） 潮汐信息的区域边界	2.5kn	P34，10.5.2 落潮流，落潮过程中由沿海港湾向外海流动的潮流，数字表示大潮时最强流速

No.	INT	Description	NOAA	NGA	Other NGA	ECDIS	
42		Current in restricted waters				2.5 kn	Non-tidal current
43	2.5 – 4.5 kn Jan – Mar (see Note)	Ocean current with rates and seasons			(see Note)		
44		Overfalls, tide rips, races	Tide rips symbol used only in small areas				Overfalls, tide rips; eddies; breakers as point, line, and area
45		Eddies	Eddies symbol used only in small areas				
46	A	Position of tabulated tidal stream data with designation					Point for which a tidal stream table is available
47	a	Offshore position for which tidal levels are tabulated					
Supplementary National Symbols (Supplementary national terms relating to tidal levels are listed after H 17)							
l		Stream	Str				
m		Current, general, with rate	2 kn				
n		Velocity, Rate	vel				
o		Knots	kn				
p		Height	ht				
q		Flood	fl				
u		Gulf Stream Limits	Approximate location of Axis of Gulf Stream				

编号	国际海图	符号说明	美国国家海洋和大气管理局	美国国家地理空间情报局	其他地理空间情报局	电子海图		中国海图	补充说明
42		限制水域的海流	（同国际海图）			 2.5 kn	非潮汐型海流		P34,10.5.3 海流
43	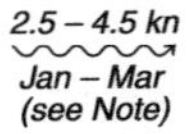 2.5 – 4.5 kn Jan – Mar (see Note)	洋流，含流速和季节	（同国际海图）		 (see Note)			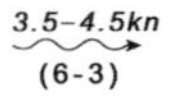 3.5-4.5kn (6-3)	P34,10.5.4 洋流，注记表示月份
44	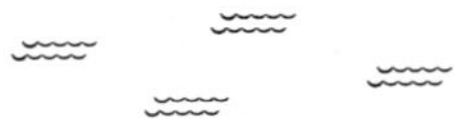	急流	 Tide rips 该符号仅用于较小区域			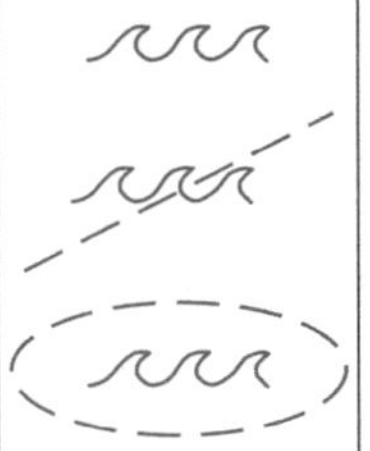	急流；旋涡； 浪花（点状、 线状、面状）	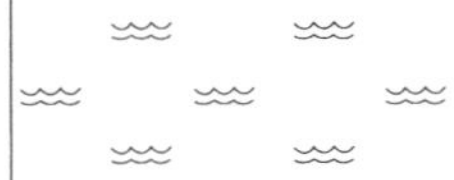	P34,10.5.5 急流
45		旋涡	 Eddies 该符号仅用于较小区域					 2.0 2.5	P34,10.5.6 旋涡
46	A	列有潮流资料的地点 （附有编号）	（同国际海图）				潮流表位置点	 3.0 A	P34,10.5.7 列有潮流资料的地点
47	a	潮流表所列潮位的 海上地点	（同国际海图）						
补充的国家符号（与潮面有关的补充国家符号在 H17 之后列出：a—k）									
l		流	Str						
m		一般海流 （数字表示流速）	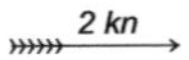 2 kn						P34,10.5.3 海流
n		流速	vel						
o		节	kn						
p		潮高	ht						
q		涨潮流	fl						
u		墨西哥湾流界线	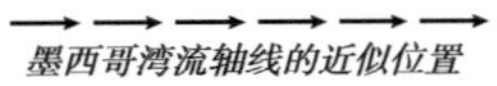 墨西哥湾流轴线的近似位置						

I 深度

I Depths

No.	INT	Description	NOAA	NGA	Other NGA	ECDIS	
General							
1	*ED*	Existence doubtful				 25	Sounding of low accuracy
2	*SD*	Sounding of doubtful depth				25	Sounding of low accuracy
						212	Underwater hazard with depth greater than 20 meters
							Isolated danger of depth less than the safety contour
3.1	*Rep*	Reported, but not confirmed				25	Sounding of low accuracy
							Point feature or area of low accuracy
3.2	*Rep (2011)*	Reported (with year of report), but not confirmed					Low accuracy line demarking area wreck or obstruction
							Low accuracy line demarking foul area
4	*184* *212*	Reported, but not confirmed sounding or danger (on small scale charts only)					Obstruction, depth not stated
						25	Sounding of low accuracy
						5	Underwater hazard with depth of 20 meters or less
						212	Underwater hazard with depth greater than 20 meters
							Isolated danger of depth less than the safety contour
						?	Point feature or area of low accuracy

编号	国际海图	符号说明	美国国家海洋和大气管理局	美国国家地理空间情报局	其他地理空间情报局	电子海图		中国海图	补充说明
一般要素									
1	*ED*	疑存	(同国际海图)			25	低精度的水深	疑存	P36,11.1 存在有疑问
2	*SD*	疑深	(同国际海图)			25 212	低精度的水深 深度大于 20 m 的水下危险物 深度小于安全等深线的独立危险物	疑深	P36,11.2 深度可疑
3.1	*Rep*	据报,但未确认	(同国际海图)			25	低精度的水深 低精度的点要素或区域		
3.2	*Rep*(*2011*)	据报(报告年份),但未确认	(同国际海图)				标示沉船或障碍物区的低精度线 标示碍锚地的低精度线	据报(1988)	P36,11.3 据报
4	*184* *212*	据报,但未确认,深度或危险物(小比例尺图)	(同国际海图)			25 5 212 ?	深度不明的障碍物 低精度的水深 深度等于或小于 20 m 的水下危险物 深度大于 20 m 的水下危险物 深度小于安全等深线的孤立危险物 低精度的点要素或区域		

No.	INT	Description	NOAA	NGA	Other NGA	ECDIS	
Soundings						Supplementary national symbols: a–c	
Plane of Reference for Depths → H		Plane of Reference for Heights → H					
10	*12* *9_7*	Sounding in true position (NOAA shows fathoms and feet with vertical numbers and meters with sloping numbers)	12 3_2 2^1_2			9_7 30	Sounding shoaler than or equal to safety depth Sounding deeper than safety depth
11	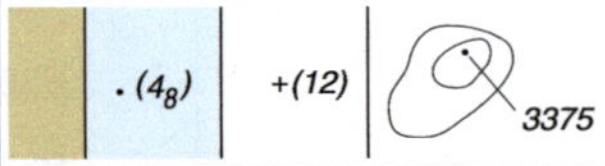 • (4_8) +(12) 3375	Sounding out of position	(23) 3375			Depths are always shown in their true position in ECDIS	
12	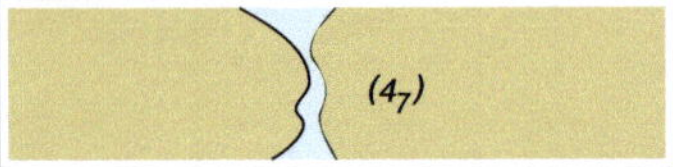 (4_7)	Least depth in narrow channel	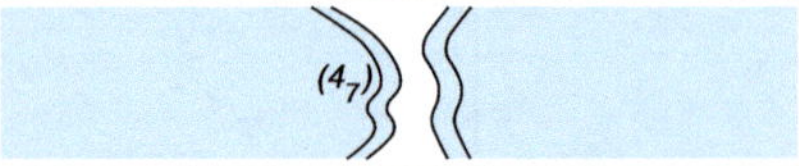 (4_7)				
13	200	No bottom found at depth shown				 200	Status of no bottom found is obtained by cursor pick
14	12 9_7	Soundings which are unreliable or taken from a smaller scale source (NOAA shows unreliable soundings in fathoms and feet with sloping numbers and in meters with vertical numbers)				12	Sounding of low accuracy
15	3_6 3_8 4 2 0 | 3_6 3_8 4 2 0	Drying heights and contours above chart datum	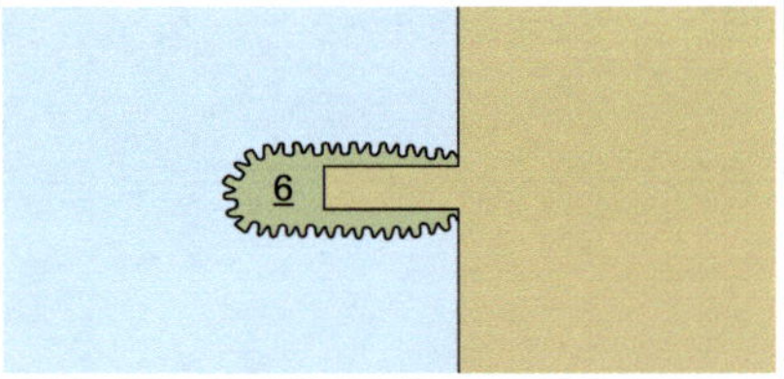 6			4	Drying height, less than or equal to safety depth
16	2_5 0_6 1_7 0 | 2_5 0_6 1_7 0	Natural watercourse (in intertidal area)					Tideway

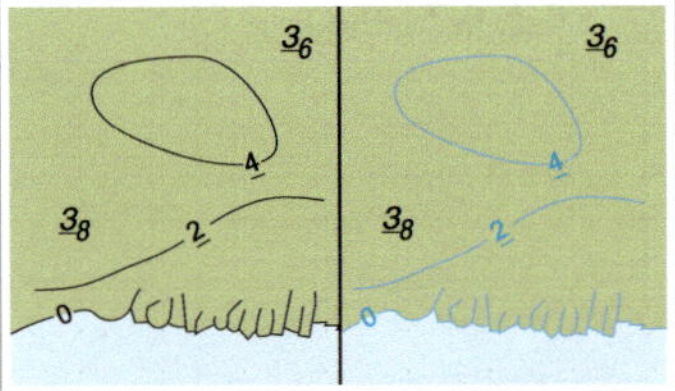

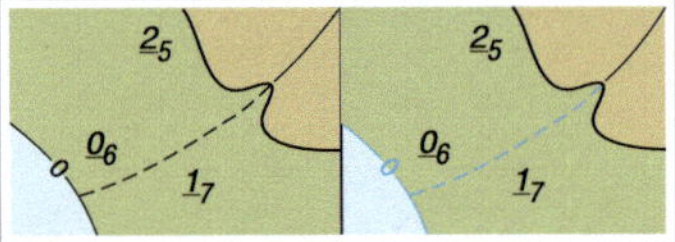

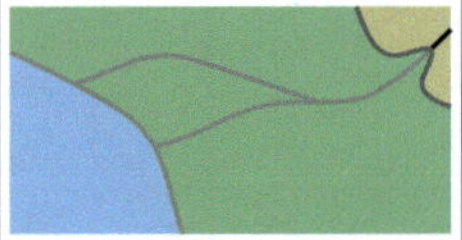

编号	国际海图	符号说明	美国国家海洋和大气管理局	美国国家地理空间情报局	其他地理空间情报局	电子海图		中国海图	补充说明
水深						补充的国家符号：a—c			
深度基准面→H		高程基准面→H							
10	12　　9_7	实际位置的水深（NOAA 使用直体注记表示以英寻和英尺为单位的水深，用斜体注记表示以米为单位的水深）	12　3_2　$2\frac{1}{2}$	（同国际海图）		9_7 30	小于或等于安全深度的水深 大于安全深度的水深	15_8　　6_4	P36，11.4.1 实际位置的水深，水深注记（整数）的中心即为水深的实测点位，实测水深一般用斜体注记表示
11	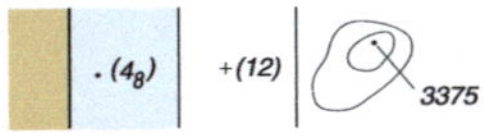 (4_8)　+(12)　3375	移位的水深	(23)　3375			在 ECDIS 中深度总按其实际位置显示		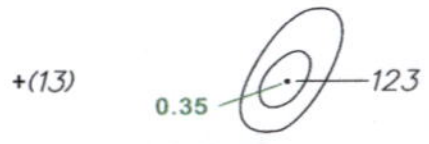 +(13)　0.35　123	P36，11.4.2 移位的水深
12	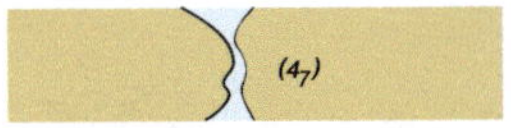 (4_7)	狭水道内最浅深度	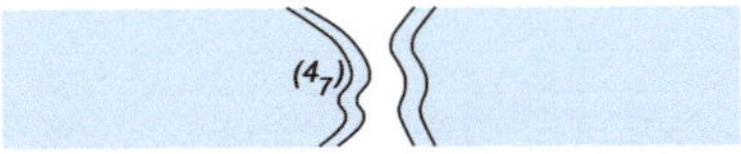 (4_7)					 (8_4)	P36，11.4.3 狭水道内最浅水深
13	200	未测到底的水深	（同国际海图）			 200	未测到底的状态，通过光标选取	198	P36，11.4.4 未测到底的水深
14	12　　9_7	直体注记水深（NOAA 使用斜体注记表示以英寻和英尺为单位的不精确水深，使用直体注记表示以米为单位的不精确水深）	（同国际海图）			 12	低精度的水深	15_8　　6_4	P36，11.4.5 直体注记水深，深度不准确、采自小比例尺图或旧版资料
15	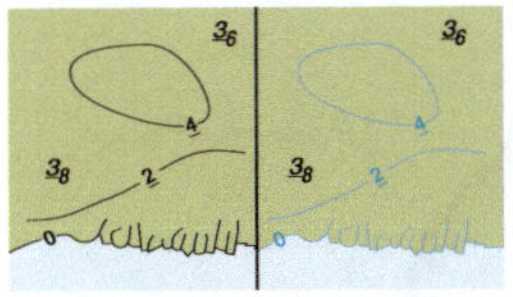 3_6　3_8　2　4	海图基准面上的干出高度和等深线	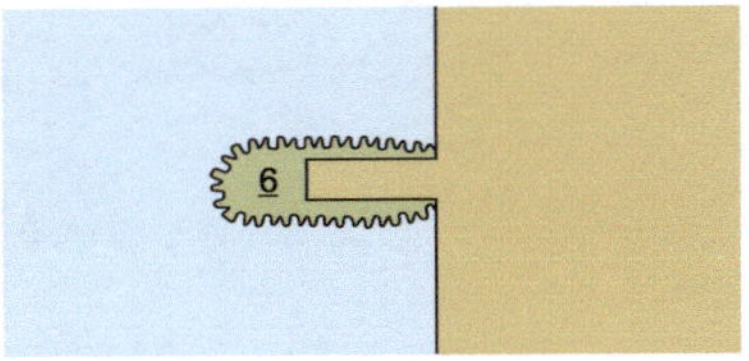 6			4	干出高度	 1_4　2	P36，11.4.7 干出高度，数字是干出高度（深度基准面上）
16	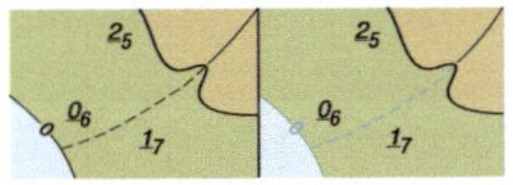 2_5　0_6　1_7	天然水道（位于潮间带）	（同国际海图）			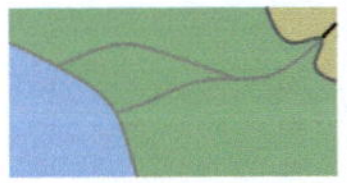	潮汐水道		

No.	INT	Description	NOAA	NGA	Other NGA	ECDIS	
Depths in Fairways and Areas						Supplementary national symbols: a, b	
Plane of Reference for Depths → H							
20		Limit of dredged area				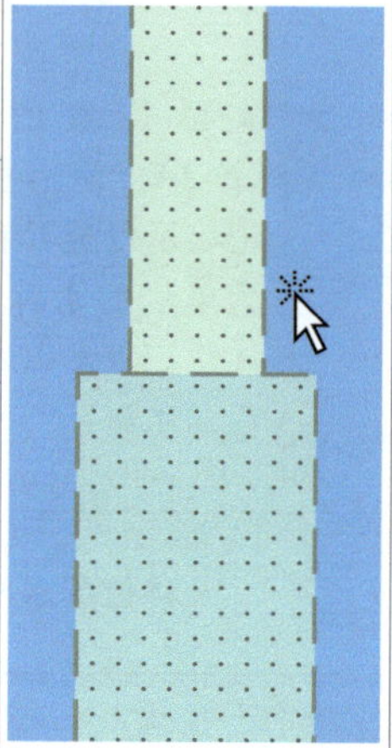	Dredged area Depth, date of latest survey and other information is obtained by cursor pick
21	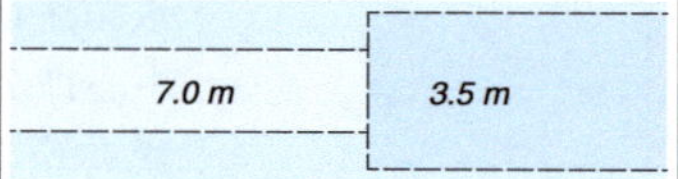 7.0 m 3.5 m	Dredged channel or area with minimum depth regularly maintained					
22	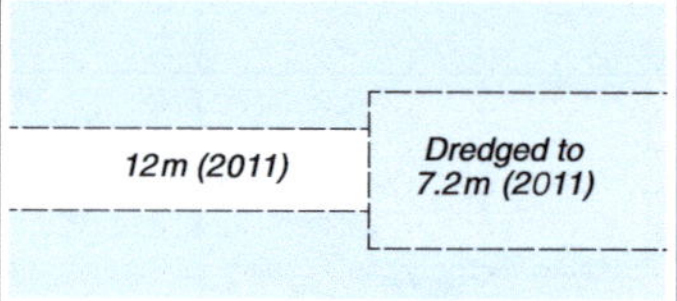 12m (2011) Dredged to 7.2m (2011)	Dredged channel or area with depth and year of the latest control survey	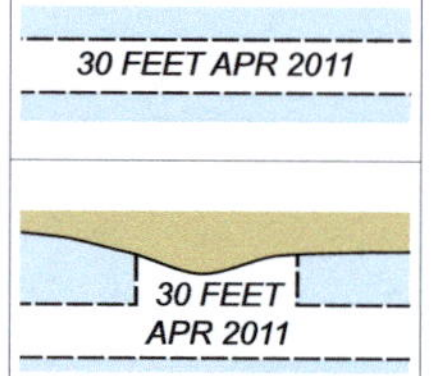 30 FEET APR 2011 30 FEET APR 2011				
24	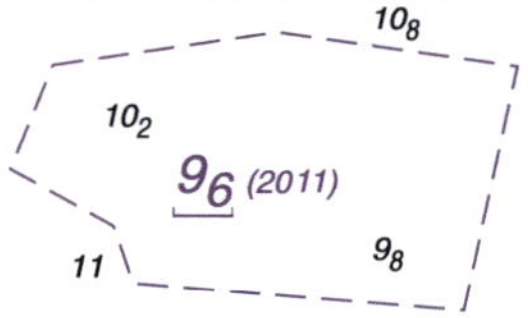 10_8 10_2 9_6 (2011) 11 9_8	Area swept by wire drag. The depth is shown at chart datum. (The latest date of sweeping is shown in parentheses.)	 3 29 23 8 22 30 18 7 21	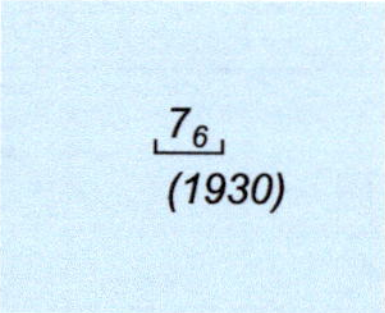 7_6 (1930)		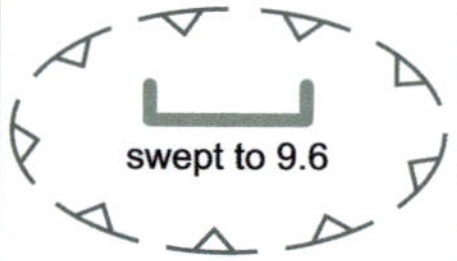 swept to 9.6	Swept area
25	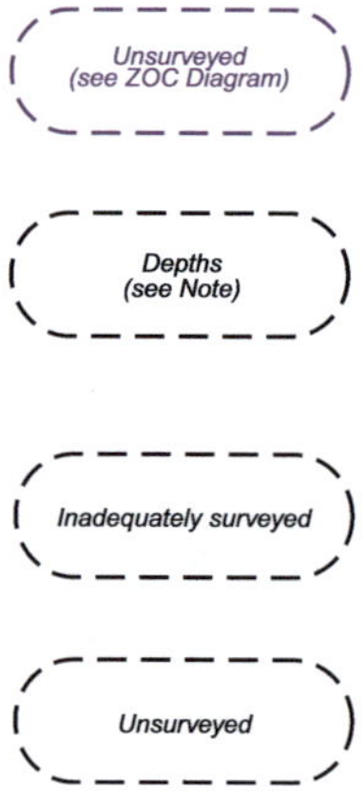 Unsurveyed (see ZOC Diagram) Depths (see Note) Inadequately surveyed Unsurveyed	Unsurveyed or inadequately surveyed area; area with inadequate depth information	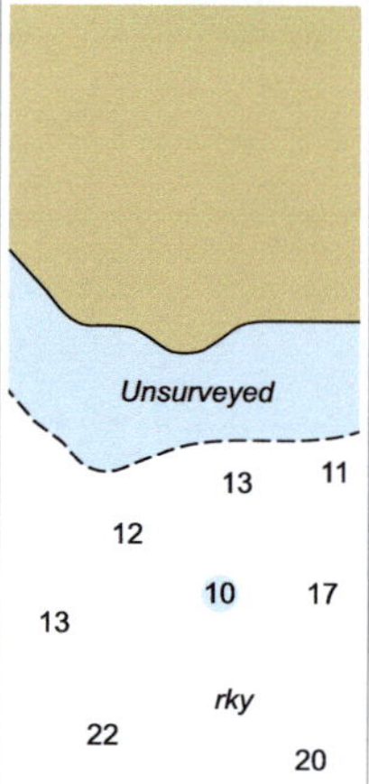 Unsurveyed 13 11 12 10 17 13 rky 22 20		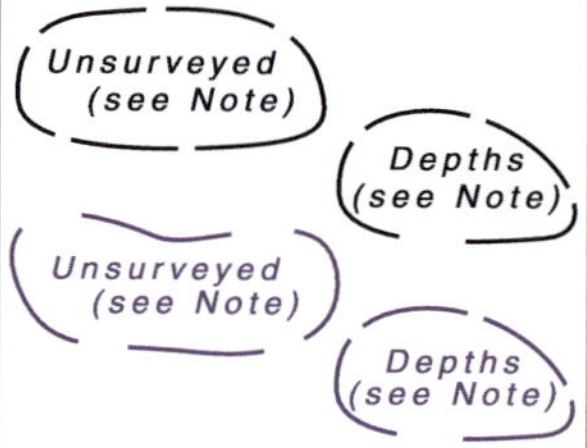 Unsurveyed (see Note) Depths (see Note) Unsurveyed (see Note) Depths (see Note)	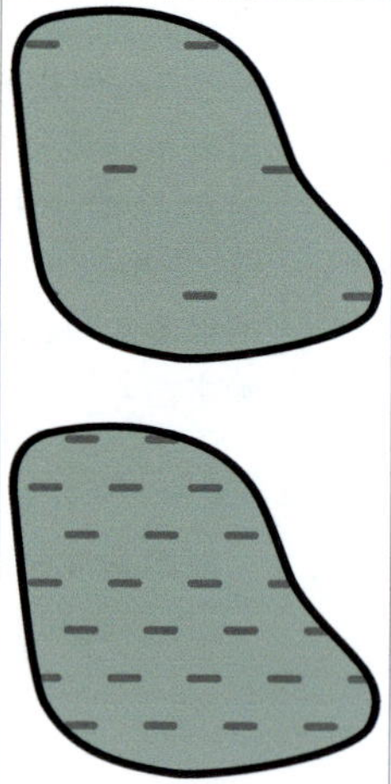	Incompletely surveyed area Unsurveyed area

编号	国际海图	符号说明	美国国家海洋和大气管理局	美国国家地理空间情报局	其他地理空间情报局	电子海图		中国海图	补充说明
航道和区域的深度						补充的国家符号：a—b			
深度基准面→H									
20		疏浚航道或区域界线					疏浚区域深度、最新测量的年份和其他信息通过光标选取		P36,11.5 疏浚区域、航道
21	7.0 m 3.5 m	疏浚航道或疏浚区域（数字代表定期维护的最浅深度）	（同国际海图）					浚9.2m (1998)	
22	12m (2011) Dredged to 7.2m (2011)	疏浚航道或疏浚区域（数字代表深度和最新控制测量的深度和年份）	30 FEET APR 2011 / 30 FEET APR 2011	（同国际海图）					
24	10_8 10_2 9_6 (2011) 9_8 11	扫海测量区，深度自海图基准面起算（最新扫海日期在括号中显示）	3 23 29 8 22 30 18 7 21	7_6 (1930)		swept to 9.6	扫海区域		P38,11.6 扫海测量区，在一定海区内进行全覆盖探测
25	Unsurveyed (see ZOC Diagram) / Depths (see Note) / Inadequately surveyed / Unsurveyed	未测量或未精测区域；缺少深度信息的区域	Unsurveyed 13 11 12 10 17 13 rky 22 20	（同国际海图）	Unsurveyed (see Note) / Depths (see Note) / Unsurveyed (see Note) / Depths (see Note)		未精测区域 未测量区域	未精测区 5.0 2.0 0.2 未测量区 5.0 2.0 0.2	P38,11.7 未精测区 未测量区

ECDIS Portrayal of Depths

ECDIS depth related symbols closely resemble their paper chart counterparts; however, ECDIS provides valuable additional information to mariners that paper charts cannot.

Soundings

ECDIS enables mariners to set their own-ship "safety depth." If no depth is set, ECDIS sets the value to 30m. Soundings equal to or shoaler than the safety depth are shown in black; deeper soundings are displayed in a less conspicuous gray. Fractional values are shown with subscript numbers of the same size.

Depth Contours & Depth Areas

Depth contours in ECDIS are portrayed with a thin gray line. Each pair of adjacent depth contours is used to create depth area features. These are used by ECDIS to tint different depth levels and to initiate alarms when a ship is headed into unsafe water.

Depth Contour Labels

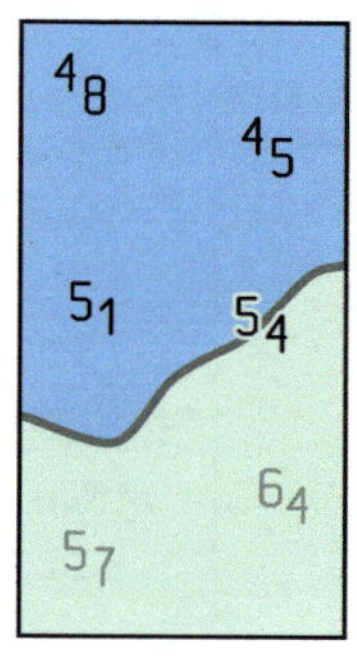

ECDIS depth contour labels are not centered and oriented along isolines as they appear on paper charts. They are displayed upright and may appear either on or next to the contour lines that they describe. The labels are black and the same size as soundings, but the labels have a light "halo" to set them apart. The graphic to the left shows depth labels and soundings both deeper and shoaler than the safety depth. Note that depths on NOAA paper charts and ENCs are usually compiled in fathoms and feet. Because ECDIS displays depths in meters, soundings and contour lines often show fractional meter values. The "own-ship safety contour" (described below) is always displayed, but mariners may choose to have all other depth contours turned off.

Safety Contour

ECDIS uses a "safety contour" value to show an extra thick line for the depth contour that separates "safe water" from shoaler areas. If the mariner does not set an own-ship safety contour value, ECDIS sets the value to 30m. If the ENC being displayed does not have a contour line equal to the safety contour depth value set by the mariner, then ECDIS sets the next deeper contour as the safety contour. Depending on the contour intervals used on individual ENCs, ECDIS may set different safety contours as a ship transits from one ENC to another. ECDIS will initiate an alarm if the ship's future track will cross the safety contour within a specified time set by the mariner.

Two or Four Tints for Shading Depth Areas

ECDIS tints all depth areas beyond the (green tinted) foreshore in either one of two or one of four shades of blue. This is similar to the convention used for paper charts, but the depths used to change from one tint to another are based on the safety contour and thus "customized" for each ship. If the mariner chooses two shades to be displayed, water deeper than the safety contour is shown in an off-white color, water shoaler than the safety contour is tinted blue.

Portrayal of Depth Areas with 2 Color Settings

Some ECDIS enable mariners to define two additional depth areas for medium-deep water and medium-shallow water by setting a "deep contour" value and a "shallow contour" value. If this option is used, the safety contour is displayed between the medium deep and medium shallow contours.

Portrayal of Depth Areas with 4 Color Setting

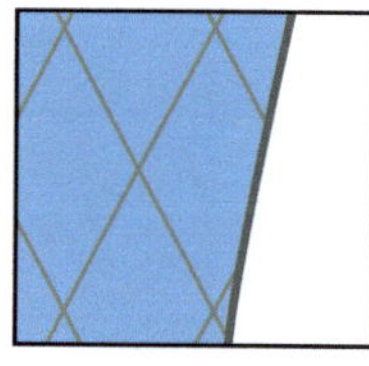

Some ECDIS also provide the mariner with the option of displaying a cross-hatch "shallow water" pattern over all depth areas shoaler than the safety contour.

ECDIS 深度相关符号与纸质海图相似；此外，ECDIS 还向航海人员提供纸质海图无法提供的有价值的附加信息。

水深

ECDIS 使航海人员可以设置本船舶的“安全深度”。如果未进行设置，则 ECDIS 将设置该值为 30 m。等于或小于安全深度的水深以黑色显示；较深的水深将以不太突出的灰色显示。水深的分数值使用相同字号的下标数字显示。

等深线和等深区

ECDIS 中的等深线用细灰线表示。每对相邻的等深线用于描述等深区的特征。ECDIS 使用不同颜色对这些等深区进行普染以区分深度范围，并在船舶驶入不安全的水域时发出警报。

等深线的水深注记

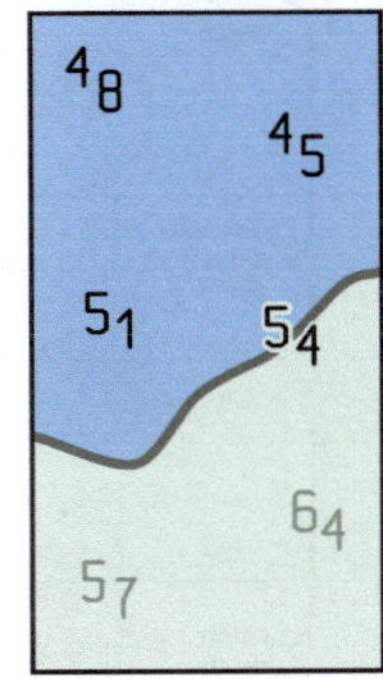

ECDIS 等深线的水深注记不像在纸质海图上显示的那样沿等值线居中和定向。它们竖直显示，并可能显示在其描述的等深线上或旁边。等深线的水深注记为黑色，并且与水深字号相同，但是标注带有浅色的“光晕”以区分二者。左图显示了等深线水深注记和深于、浅于安全深度的水深。请注意，NOAA 纸质海图和 ENC 通常以英寻和英尺为单位进行编制。由于 ECDIS 以米为单位显示深度，因此水深和等深线通常会显示分数形式的米值。ECDIS 会始终显示“本船安全等深线”(如下所述)，但航海人员可以选择关闭所有其他的等深线。

安全等深线

ECDIS 中超粗线条的等深线均为“安全等深线”，该等深线分隔了“安全水域”与浅水域。如果航海人员未设置本船安全等深线，则 ECDIS 会将其设置为 30 m。如果 ENC 所显示的等深线值与航海人员设置的安全等深线值不相等，则 ECDIS 会将下一个更深的等深线设置为安全等深线。根据各个 ENC 所使用的等深距，当船舶航线从一个 ENC 转换到另一个 ENC 时，ECDIS 可能会设置不同的安全等深线。如果船舶的计划航线在航海人员设定的指定时间内超过安全等深线，则 ECDIS 将发出警报。

等深区普染的 2 种或 4 种着色

ECDIS 使用 2 种或 4 种蓝色中的一种来普染海滩(绿色)以外的所有等深区。这种方法类似于纸质海图的惯例，但是用于从一种色调普染为另一种色调的等深区主要取决于安全等深线，因此等深区着色均是针对每艘船舶而“定制”的。如果航海人员选择显示两个普染颜色，则深于安全等深线的水域显示为灰白色，浅于安全等深线的水域普染为蓝色。

使用 2 种颜色设置等深区的显示效果

一些 ECDIS 使航海人员可以通过设置“深水等深线”值和“浅水等深线”值来为中深水域和中浅水域定义两个额外的等深区。如果使用此选项，则安全等深线显示在中深和中浅等深线之间。

使用 4 种颜色设置等深区的显示效果

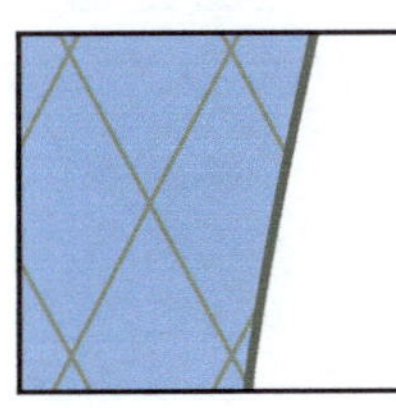

某些 ECDIS 还为航海人员提供了在所有浅于安全等深线的等深区上显示交叉影线表示“浅水域”的选项。

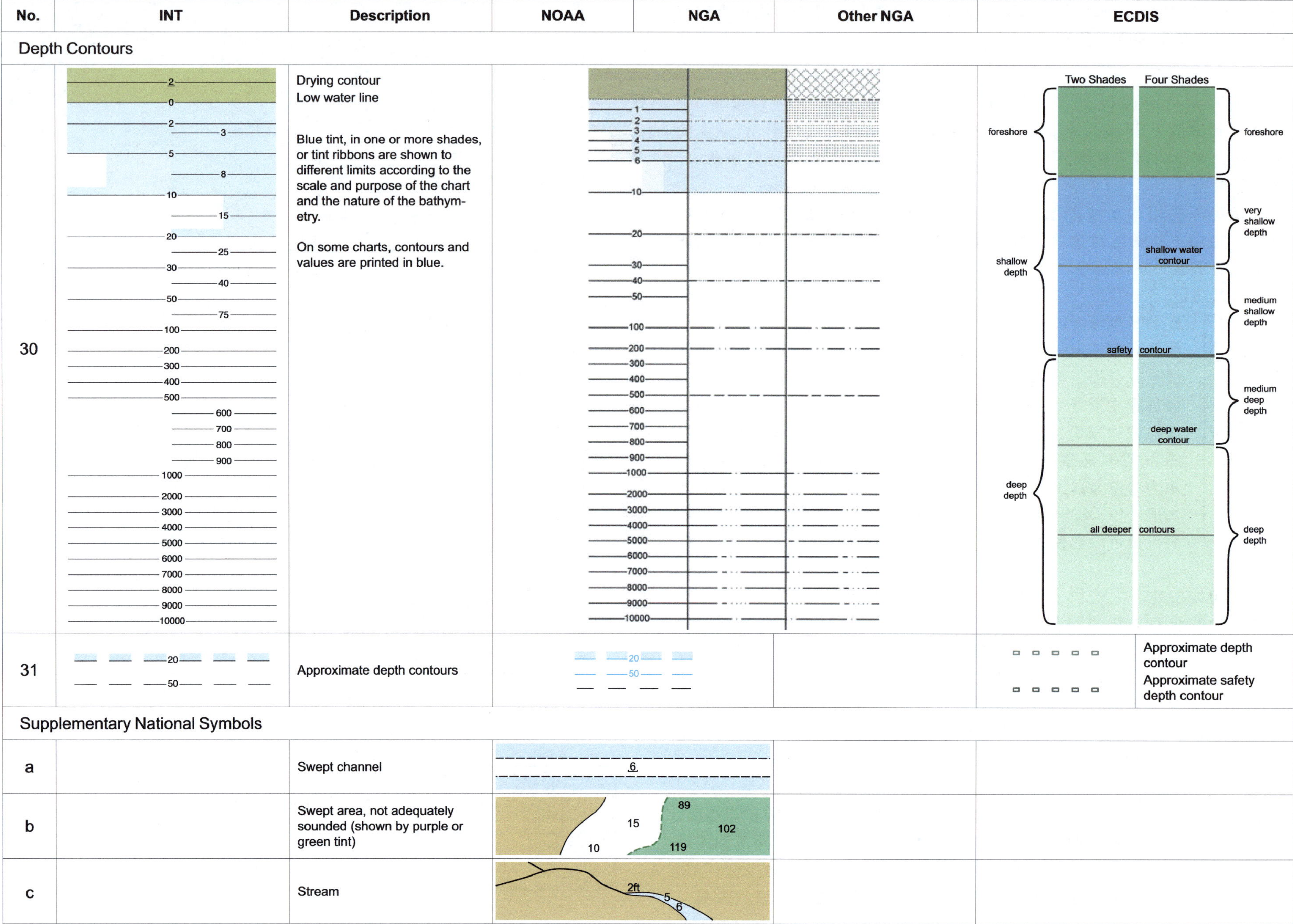

No.	INT	Description	NOAA	NGA	Other NGA	ECDIS
Depth Contours						
30		Drying contour Low water line Blue tint, in one or more shades, or tint ribbons are shown to different limits according to the scale and purpose of the chart and the nature of the bathymetry. On some charts, contours and values are printed in blue.				
31		Approximate depth contours				Approximate depth contour Approximate safety depth contour
Supplementary National Symbols						
a		Swept channel				
b		Swept area, not adequately sounded (shown by purple or green tint)				
c		Stream				

编号	国际海图	符号说明	美国国家海洋和大气管理局	美国国家地理空间情报局	其他地理空间情报局	电子海图	中国海图	补充说明
等深线								
30	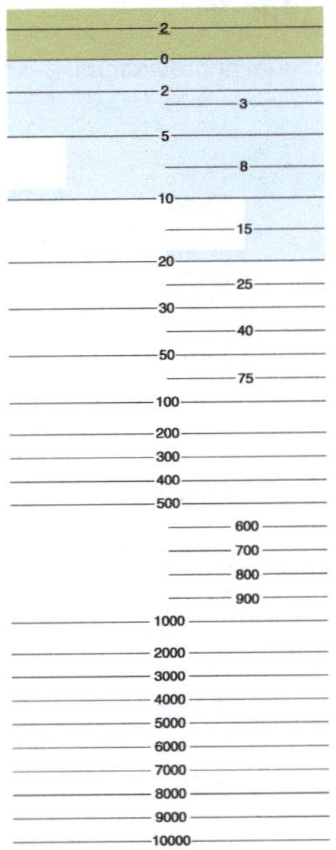	干出等深线低潮线 根据海图的比例尺、用途以及测深的性质，使用蓝色实现一个或多个普染，或者使用不同色带表示不同的界线 在某些海图上，等深线与水深注记以蓝色打印	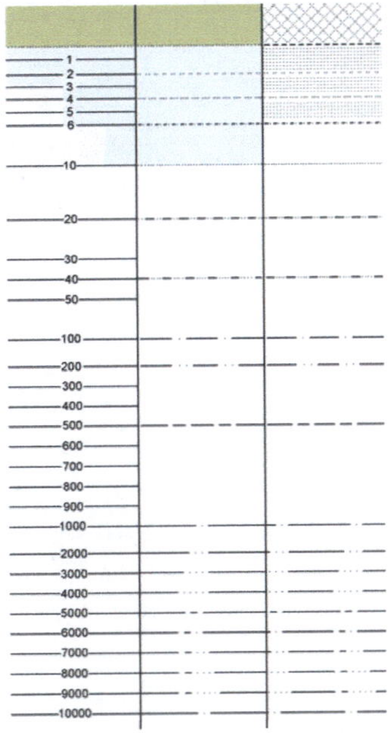			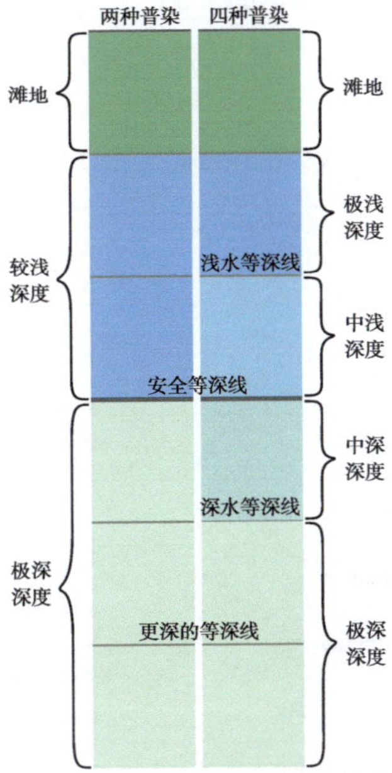	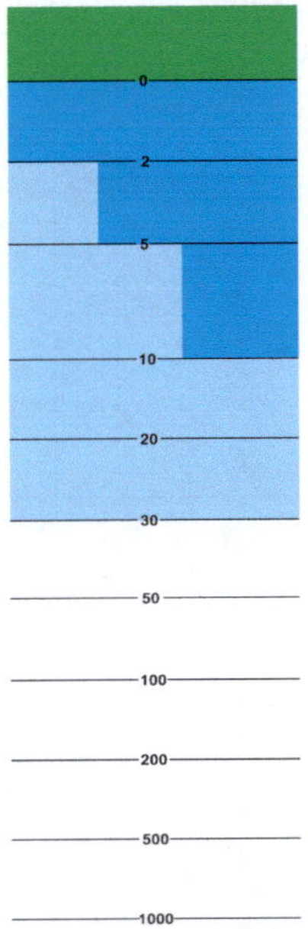	P38，11.8 等深线
31	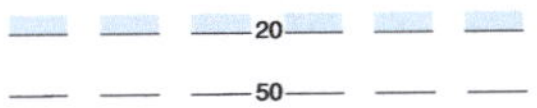	不精确等深线	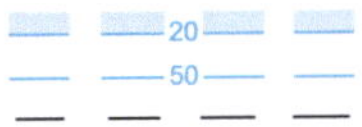			 不精确等深线 不精确安全等深线	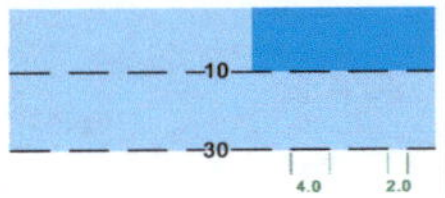	P38，11.9 不精确等深线
补充的国家符号								
a		经扫海测量的航道						
b		未充分测深的扫测区，使用品红色或绿色显示	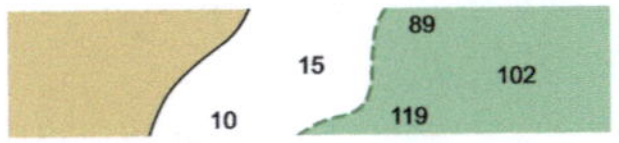					
c		河流	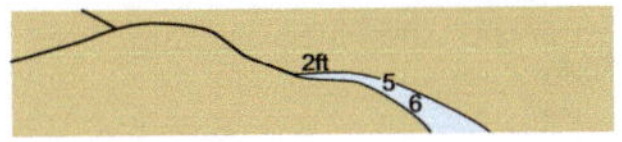					
c. a								P36，11.4.6 特殊水深，明显浅于周围深度的水深

J 底质

J Nature of the Seabed

No.	INT	Description	NOAA	NGA	Other NGA	ECDIS	
Types of Seabed						Supplementary national abbreviations: a–ag	
Rocks → K							
1	*S*	Sand				S	Sand
2	*M*	Mud				M	Mud
3	*Cy*	Clay				Cy	Clay
4	*Si*	Silt				Si	Silt
5	*St*	Stones				St	Stones
6	*G*	Gravel				G	Gravel
7	*P*	Pebbles				P	Pebbles
8	*Cb*	Cobbles				Cb	Cobbles
9.1	*R*	Rock; Rocky	*Rk; rky*			R	Rock
9.2	*Bo*	Boulder(s)	*Blds*			R	Boulder
						R	Lava
10	*Co*	Coral, Coralline algae				Co	Coral
11	*Sh*	Shells (skeletal remains)				Sh	Shells
12.1	*S/M*	Two layers, e.g. sand over mud					
12.2	*fS M Sh* *fS.M.Sh*	The main constituent is given first for mixtures, e.g. fine sand with mud and shells	*f S M Sh*				
13.1	*Wd*	Weed (including kelp)				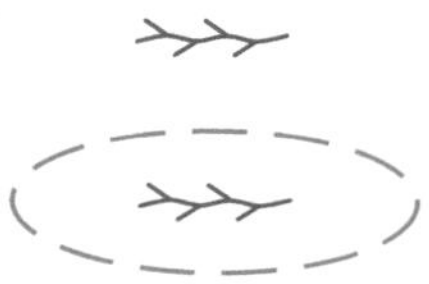	Weed, kelp
13.2		Kelp, Weed	 *Kelp*				Weed, kelp as an area
13.3	*Sg*	Seagrass					

编号	国际海图	符号说明	美国国家海洋和大气管理局	美国国家地理空间情报局	其他地理空间情报局	电子海图		中国海图	补充说明
底质分类						补充的国家符号：a—ag			
礁石→K									
1	*S*	沙	（同国际海图）			S	沙	沙 S	P40,12.1.1 岩石磨损或击碎的细小颗粒
2	*M*	泥	（同国际海图）			M	泥	泥 M	P40,12.1.2 湿软土壤
3	*Cy*	黏土	（同国际海图）			Cy	黏土	黏土 Cy	P40,12.1.3 含沙很少、有黏性的土壤
4	*Si*	淤泥	（同国际海图）			Si	淤泥	淤泥 Si	P40,12.1.4 粒直径为0.002～0.062 5mm
5	*St*	石	（同国际海图）			St	石	石 St	P40,12.1.5 岩石碎片总称
6	*G*	砾	（同国际海图）			G	砾	砾 G	P40,12.1.6 粗砂的小石头
7	*P*	圆砾	（同国际海图）			P	圆砾	圆砾 P	P40,12.1.7 水中翻滚成的圆滑的小石头
8	*Cb*	卵石	（同国际海图）			Cb	卵石	卵石 Cb	P40,12.1.8 被水磨损成的滑状的石头
9.1	*R*	岩	*Rk；rky*			R	岩	岩 R	P40,12.1.9 岩是地球岩石圈的固有部分
9.2	*Bo*	圆石	*Blds*			R	圆石		
						R	熔岩		
10	*Co*	珊瑚和珊瑚藻	（同国际海图）			Co	珊瑚	珊 Co	P40,12.1.10 珊瑚和珊瑚藻
11	*Sh*	贝壳（骨骼遗骸）	（同国际海图）			Sh	贝壳	贝 Sh	P40,12.1.11 贝壳
12.1	*S/M*	双层底质，例如上沙下泥	（同国际海图）					沙/泥 S/M	P40,12.1.12 双层底质
12.2	*fS M Sh* *fS. M. Sh*	先给出混合物主成分，例如具有泥和贝壳的细沙	*fS M Sh*	（同国际海图）				泥沙 MS	P40,12.1.13 混合底质
13.1	*Wd*	海草（包括海藻）	（同国际海图）				水草、海藻	 海草 wd	P40,12.1.14 海草
13.2		海藻、海草	 *Kelp*			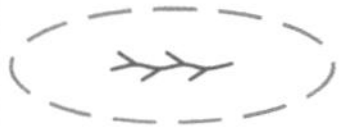	水草、海藻区		
13.3	*Sg*	海草	（同国际海图）						

No.	INT	Description	NOAA	NGA	Other NGA	ECDIS	
14		Sandwaves	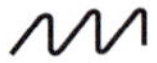 *Sandwaves*			 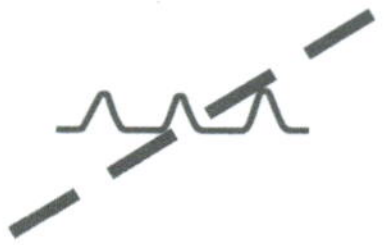 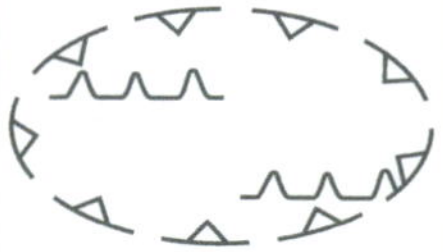	Sand waves as a point Sand waves as a line Sand waves as an area
15		Spring in seabed	*Spring*				Spring
Types of Seabed, Intertidal Areas							
20	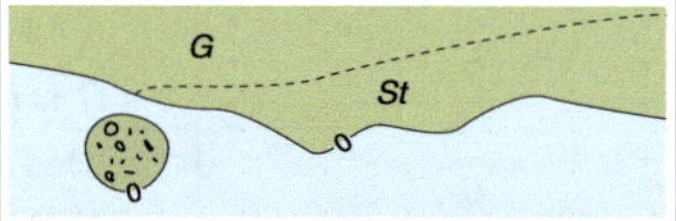 G St	Area with stones and gravel	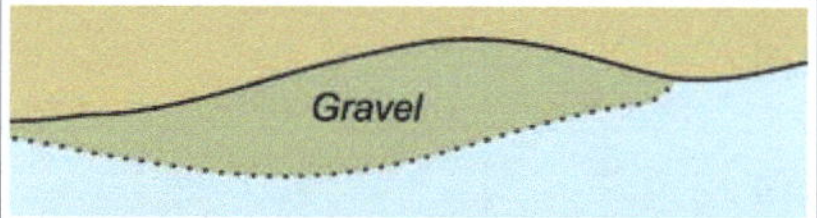 *Gravel*			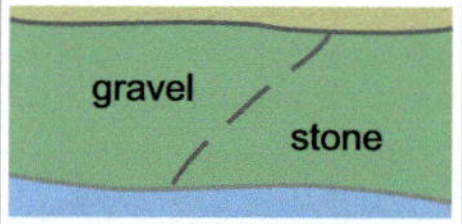 gravel stone	Areas of gravel and stone
21	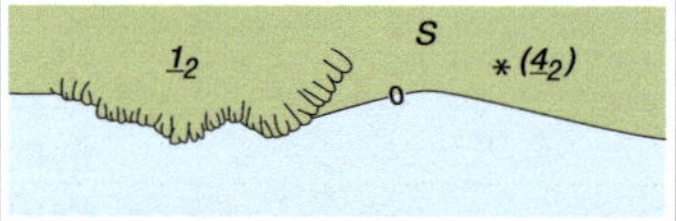 1_2 S $*(4_2)$	Rocky area, which covers and uncovers	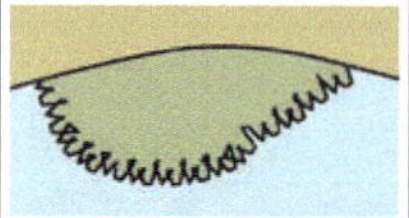	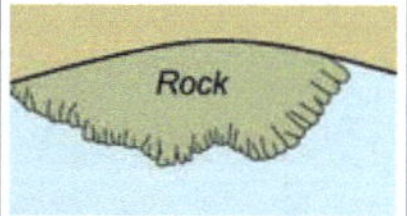 *Rock*	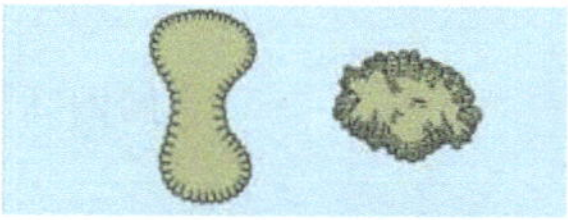	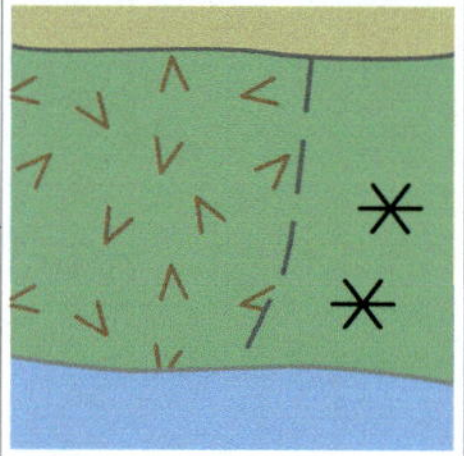	Rocky ledges or coral reef
22	 S $*(1_6)$ (4_2)	Coral reef, which covers and uncovers	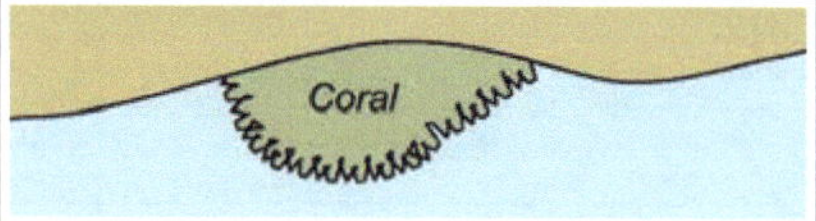 *Coral*		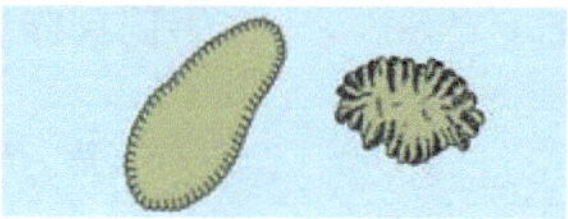		
Qualifying Terms						Supplementary national symbols: ah–bf	
30	*f*	Fine } only used in relation to sand					
31	*m*	Medium } only used in relation to sand					
32	*c*	Coarse } only used in relation to sand					
33	*bk*	Broken					
34	*sy*	Sticky					
35	*so*	Soft					
36	*sf*	Stiff					
37	*v*	Volcanic	*vol*				
38	*ca*	Calcareous	*Ca*			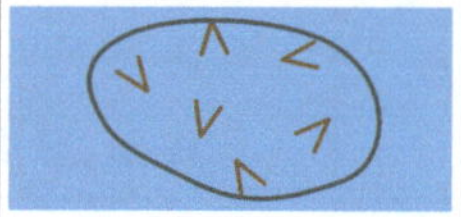	Rocky ledges or coral reef
39	*h*	Hard					

编号	国际海图	符号说明	美国国家海洋和大气管理局	美国国家地理空间情报局	其他地理空间情报局	电子海图		中国海图	补充说明
14		沙波				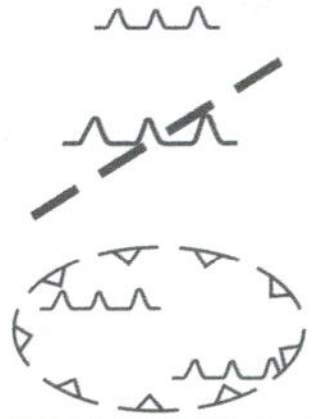	沙波(点状) 沙波(线状) 沙波区(面状)		P40,12.1.15 沙波,因含沙量较大的底流流动形成的波浪形地形
15		海底淡水泉					淡水泉	 0.25 2.5 1.6	P40,12.1.16 海底淡水泉
干出滩的底质分类									
20	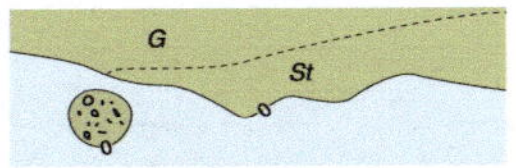 G St	沙砾混合滩	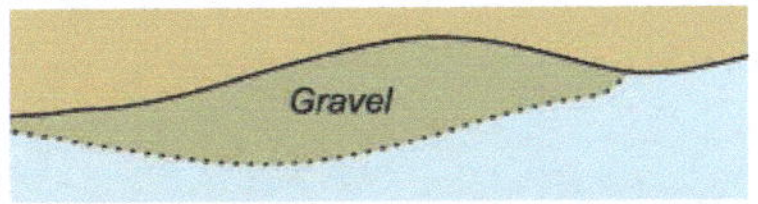 Gravel			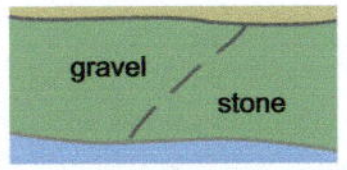 gravel stone	沙砾混合滩	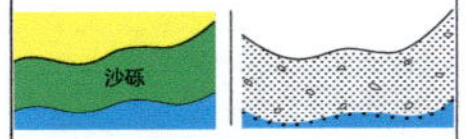 沙砾	P42,12.2.6 沙砾混合滩
21	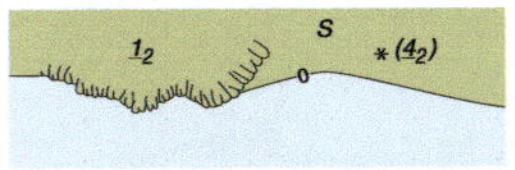 1_2 S * (4_2)	干出岩石滩	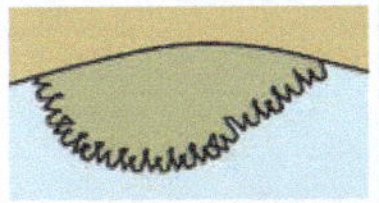 Rock	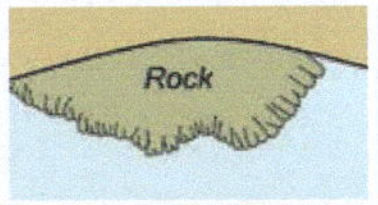	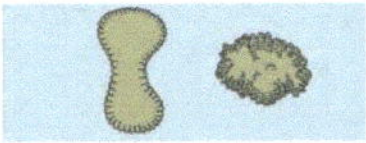	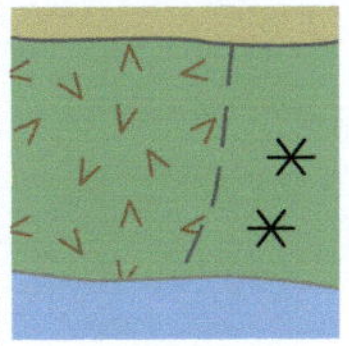	岩石滩或珊瑚滩	 1.2	P42,12.2.8 岩石滩
22	 S * (1_6) (4_2)	干出珊瑚滩	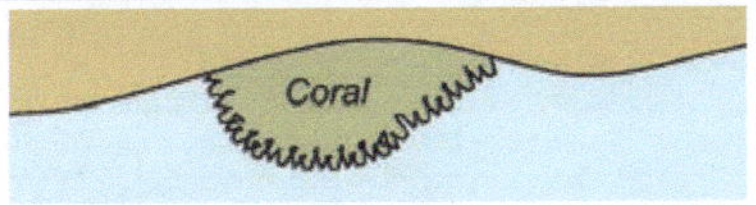 Coral		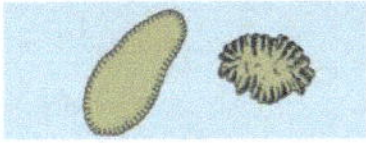			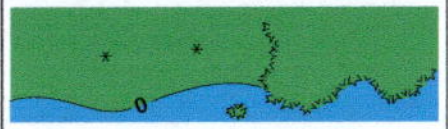	P42,12.2.9 珊瑚滩
形容词						补充的国家符号：ah—bf			
30	*f*	细的（仅用于与沙相关的要素）	(同国际海图)					细 *f*	P42,12.3.1 细的
31	*m*	中等的（仅用于与沙相关的要素）	(同国际海图)					中 *m*	P42,12.3.2 中等的
32	*c*	粗的（仅用于与沙相关的要素）	(同国际海图)					粗 *c*	P42,12.3.3 粗的
33	*bk*	破碎的	(同国际海图)					碎 *bk*	P42,12.3.4 破碎的
34	*sy*	黏的	(同国际海图)					黏 *sy*	P42,12.3.5 黏的
35	*so*	软的	(同国际海图)					软 *so*	P42,12.3.6 软的
36	*sf*	硬的	(同国际海图)					硬 *sf*	P42,12.3.7 硬的
37	*v*	火山灰的	*vol*					火山灰 *v*	P42,12.3.8 火山灰的
38	*ca*	石灰质的	*Ca*			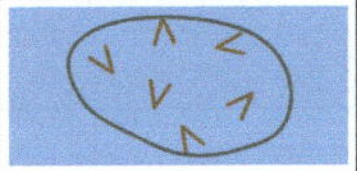	岩石礁或珊瑚礁	石灰质 *ca*	P42,12.3.9 石灰质的
39	*h*	坚硬的	(同国际海图)					坚 *h*	P42,12.3.10 坚硬的

No.	INT	Description	NOAA	NGA	Other NGA	ECDIS
Supplementary National Abbreviations						
a		Ground	*Grd*			
b		Ooze	*Oz*			
c		Marl	*Ml*			
d		Shingle	*Sn*			
f		Chalk	*Ck*			
g		Quartz	*Qz*			
h		Schist	*Sch*			
i		Coral head	*Co Hd*			
j		Madrepores	*Mds*			
k		Volcanic ash	*Vol Ash*			
l		Lava	*La*			
m		Pumice	*Pm*			
n		Tufa	*T*			
o		Scoriae	*Sc*			
p		Cinders	*Cn*			
q		Manganese	*Mn*			
r		Oysters	*Oys*			
s		Mussels	*Ms*			
t		Sponge	*Spg*			
u		Kelp	*K*			
v		Grass	*Grs*			
w		Sea-tangle	*Stg*			
x		Spicules	*Spi*			
y		Foraminifera	*Fr*			
z		Globigerina	*Gl*			
aa		Diatoms	*Di*			
ab		Radiolaria	*Rd*			
ac		Pteropods	*Pt*			
ad		Polyzoa	*Po*			
ae		Cirripedia	*Cir*			
af		Fucus	*Fu*			

编号	国际海图	符号说明	美国国家海洋和大气管理局	美国国家地理空间情报局	其他地理空间情报局	电子海图	中国海图	补充说明
补充的国家符号								
a		岩土	*Grd*					
b		软泥	*Oz*					
c		泥灰岩	*Ml*					
d		粗砾	*Sn*					
f		白垩岩	*Ck*					
g		石英岩	*Qz*					
h		片岩	*Sch*					
i		珊瑚岬	*Co Hd*					
j		石珊瑚	*Mds*					
k		火山灰	*Vol Ash*					
l		熔岩	*La*					
m		浮石	*Pm*					
n		凝灰岩	*T*					
o		火山渣	*Sc*					
p		熔渣	*Cn*					
q		锰	*Mn*					
r		牡蛎	*Oys*					
s		贻贝	*Ms*					
t		海绵	*Spg*					
u		海藻	*K*					
v		草	*Grs*					
w		海带	*Stg*					
x		针状体	*Spi*					
y		有孔虫	*Fr*					
z		球房虫	*Gl*					
aa		硅藻	*Di*					
ab		放射虫	*Rd*					
ac		翼足类	*Pt*					
ad		苔藓虫类	*Po*					
ae		蔓足亚纲	*Cir*					
af		墨角藻属	*Fu*					

No.	INT	Description	NOAA	NGA	Other NGA	ECDIS
ag		Mattes	*Ma*			
ah		Small	*sml*			
ai		Large	*lrg*			
aj		Rotten	*rt*			
ak		Streaky	*str*			
al		Speckled	*spk*			
am		Gritty	*gty*			
an		Decayed	*dec*			
ao		Flinty	*fly*			
ap		Glacial	*glac*			
aq		Tenacious	*ten*			
ar		White	*wh*			
as		Black	*bl; bk*			
at		Violet	*vi*			
au		Blue	*bu*			
av		Green	*gn*			
aw		Yellow	*yl*			
ax		Orange	*or*			
ay		Red	*rd*			
az		Brown	*br*			
ba		Chocolate	*ch*			
bb		Gray	*gy*			
bc		Light	*lt*			
bd		Dark	*dk*			
be		Varied	*vard*			
bf		Uneven	*unev*			

编号	国际海图	符号说明	美国国家海洋和大气管理局	美国国家地理空间情报局	其他地理空间情报局	电子海图	中国海图	补充说明
ag		不光滑的	*Ma*					
ah		小的	*sml*					
ai		大的	*lrg*					
aj		腐烂的	*rt*					
ak		有条纹的	*str*					
al		有斑点的	*spk*					
am		粗砂质的	*gty*					
an		衰败的	*dec*					
ao		坚硬的	*fly*					
ap		冰状的	*glac*					
aq		黏着力强的	*ten*					
ar		白色	*wh*					
as		黑色	*bl*；*bk*					
at		紫色	*vi*					
au		蓝色	*bu*					
av		绿色	*gn*					
aw		黄色	*yl*					
ax		橙色	*or*					
ay		红色	*rd*					
az		棕色	*br*					
ba		巧克力色	*ch*					
bb		灰色	*gy*					
bc		浅色	*lt*					
bd		深色	*dk*					
be		杂色的	*vard*					
bf		不均匀的	*unev*					

编号	国际海图	符号说明	美国国家海洋和大气管理局	美国国家地理空间情报局	其他地理空间情报局	电子海图	中国海图	补充说明
C. a							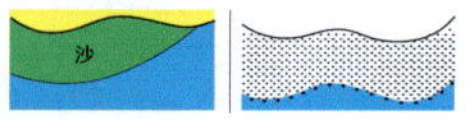	P40,12.2.1 沙滩
C. b							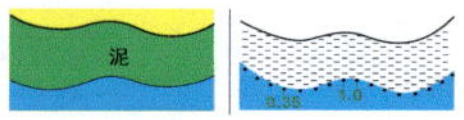	P40,12.2.2 泥滩
C. c							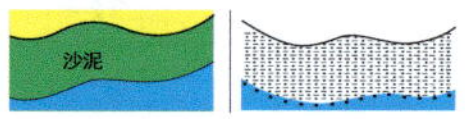	P40,12.2.3 沙泥混合滩
C. d							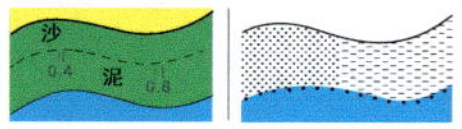	P42,12.2.4 沙滩和泥滩
C. e							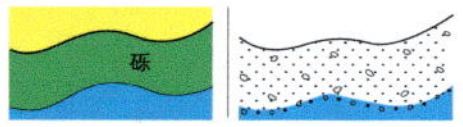	P42,12.2.5 砾滩
C. f							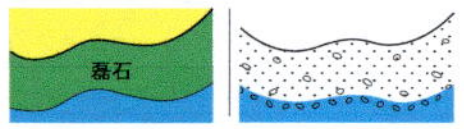	P42,12.2.7 磊石滩
C. g							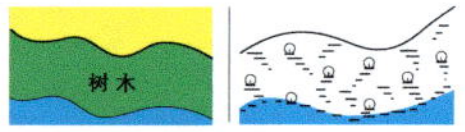	P42,12.2.10 树木滩
C. h							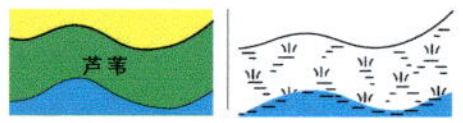	P42,12.2.11 芦苇滩
C. i							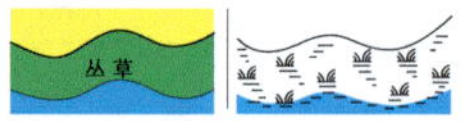	P42,12.2.12 丛草滩

K 礁石、沉船、障碍物、水产养殖设施

K Rocks, Wrecks Obstructions and Aquaculture

No.	INT	Description	NOAA	NGA	Other NGA	ECDIS	
General							
1	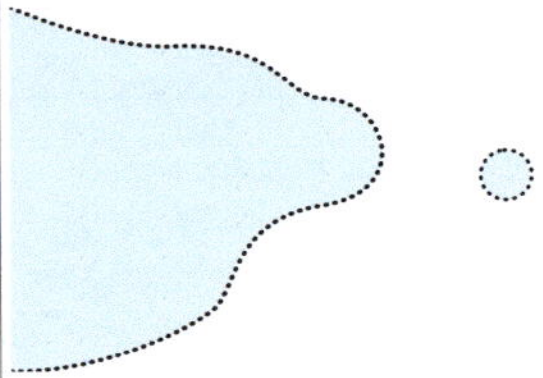	Danger line: A danger line draws attention to a danger which would not stand out clearly enough if represented solely by its symbol (e.g. isolated rock) or delimits an area containing numerous dangers, through which it is unsafe to navigate				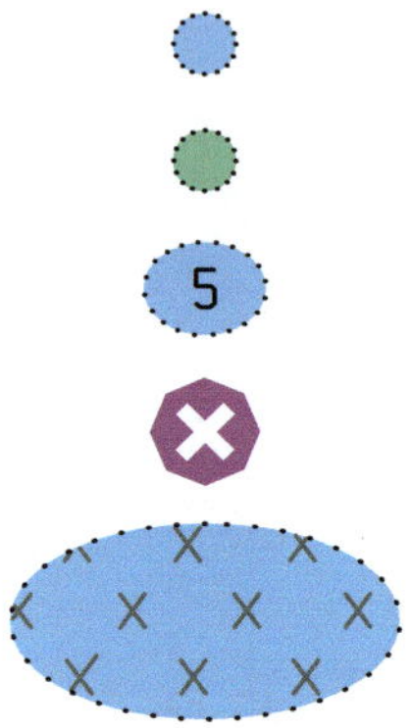	Obstruction, depth not stated Obstruction which covers and uncovers Underwater hazard with depth of 20 meters or less Isolated danger of depth less than the safety contour Foul area, not safe for navigation
2	7_5	Depth swept by wire drag or confirmed by diver (This symbol may be combined with other symbols, e.g. wrecks, obstructions, wells.)	21 Rk 35 Rk 4_6 Obstn 4_6 Wk	4_6 Wk (1937)	# (15$_7$)	4 21	Swept sounding, less than or equal to safety depth Swept sounding, greater than safety depth
3	20	Safe clearance depth. The exact depth is unknown, but is estimated to have a safe clearance at the depth shown	4_6 Wk 35 Rk	4_6 Obstn		ECDIS displays safe clearance depths in the same manner as known depths.	
Rocks							
Plane of Reference for Heights → H		Plane of Reference for Depths → H					
10	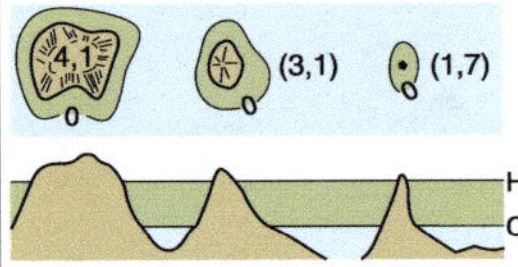 4,1 (3,1) (1,7) Height datum Chart datum	Rock (islet) which does not cover, height above height datum	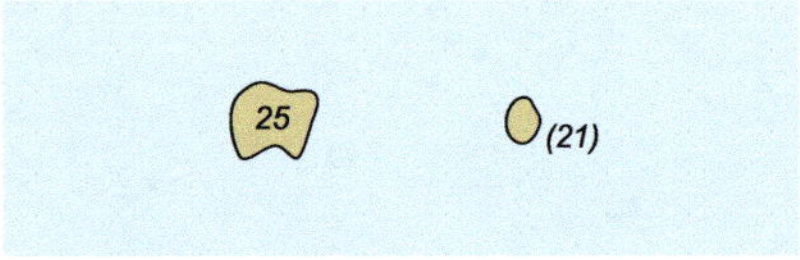 25	(21)	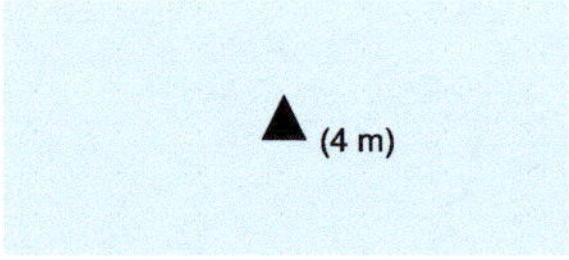 (4 m)	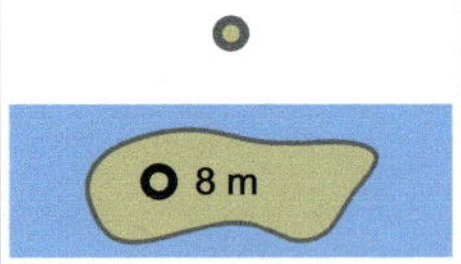 8 m	Land as a point at small scale Land as an area, with an elevation or control point
11	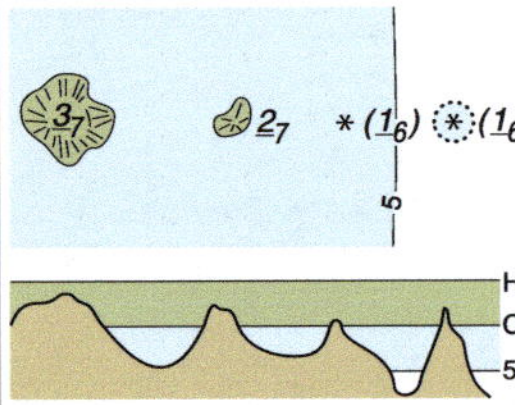 3_7 2_7 (1$_6$) (1$_6$) Height datum Chart datum 5m	Rock which covers and uncovers, height above chart datum	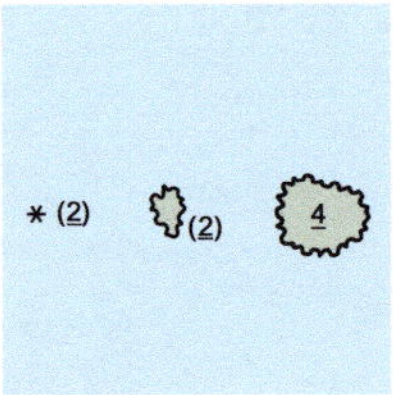 (2) (2) 4	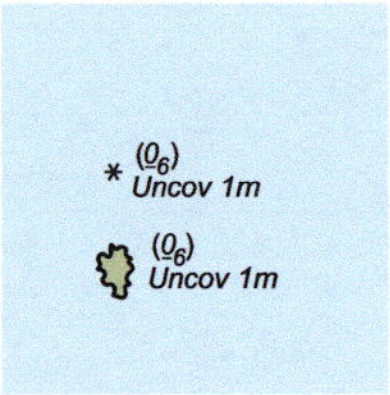 (0_6) Uncov 1m (0_6) Uncov 1m	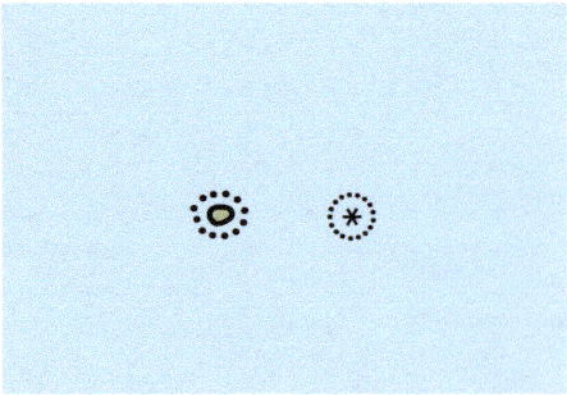	 4	Rock which covers and uncovers or is awash at low water Underwater hazard which covers and uncovers with drying height Isolated danger of depth less than the safety contour

编号	国际海图	符号说明	美国国家海洋和大气管理局	美国国家地理空间情报局	其他地理空间情报局	电子海图		中国海图	补充说明
一般要素									
1		危险线：提醒航海人员注意危险，如果仅用危险物符号（如孤立礁石）或一个包含许多危险物的区域（不具航行安全性）表示，则无法突出其危险性	（同国际海图）				障碍物（未标注深度） 干出障碍物 深度等于或小于 20 m 的水下危险物 深度小于安全等深线的孤立危险物 碍锚地，阻碍航行安全	0.25 3.0 0.25	P44，13.1 危险线
2	7₅	经扫海或潜水员探测的深度（此符号可与其他符号结合使用，例如沉船、障碍物、井）	21 Rk 35 Rk 4₆ Obstn 4₆ Wk 4₆ Wk (1937)		# (15₇)	4 21	扫海深度（数字表示小于或等于安全深度） 扫海深度（数字表示大于安全深度）	27 0.12 0.6	P44，13.2 经扫海或潜水员探测
3	20	安全富余水深，确切的深度不明，但在所示位置具有安全富余量	4₆ Wk 35 Rk 4₆ Obstn			ECDIS 按照已知深度方式显示安全富余深度		27 0.12	P44，13.3 未精测符号
礁石									
高程基准面→H 深度基准面→H									
10	(3,1) (1,7) Height datum Chart datum	明礁（屿）（高度自高程基准面起算）	25 (21)		(4 m)	8 m	陆地（点状，小比例尺图） 陆地（面状，数字表示高程或控制点）	4.8 (2.6) (1.3) (1.2)	P44，13.4.1 明礁（屿）
11	3₁ 2₇ (1₆) (1₆) Height datum Chart datum 5m	干出礁（高度自海图基准面起算）	(2) (2) 4	(0₆) Uncov 1m (0₆) Uncov 1m		4	干出礁或适淹礁 干出水下危险物（数字表示干出高度） 深度小于安全等深线的孤立危险物	(2₁) (1₆) (1₅) 3.0	P44，13.4.2 干出礁，平均大潮高潮面下、深度基准面上

No.	INT	Description	NOAA	NGA	Other NGA	ECDIS	
12	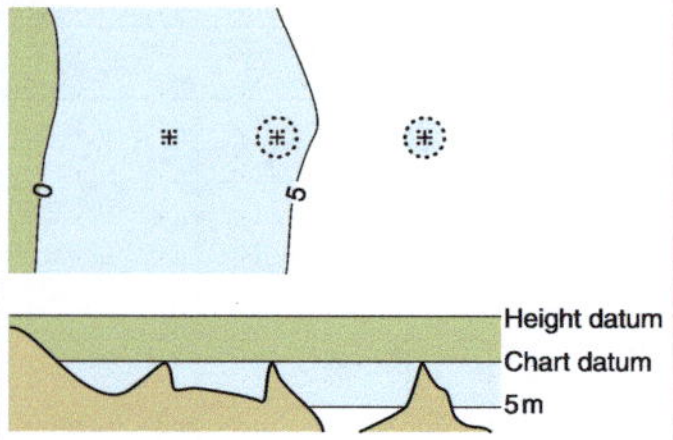 Height datum Chart datum 5m	Rock awash at the level of chart datum			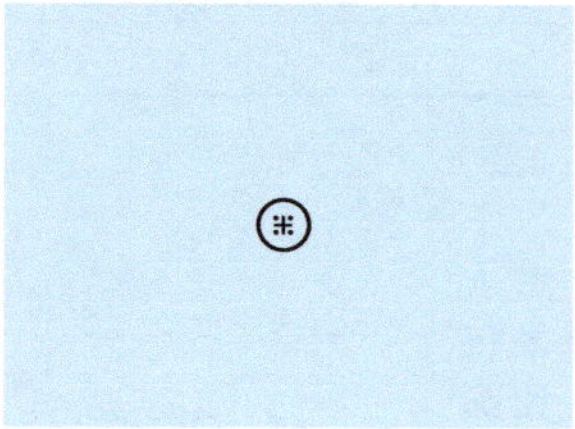		Rock which covers and uncovers or is awash at low water
							Underwater hazard which covers and uncovers
							Isolated danger of depth less than the safety contour
13	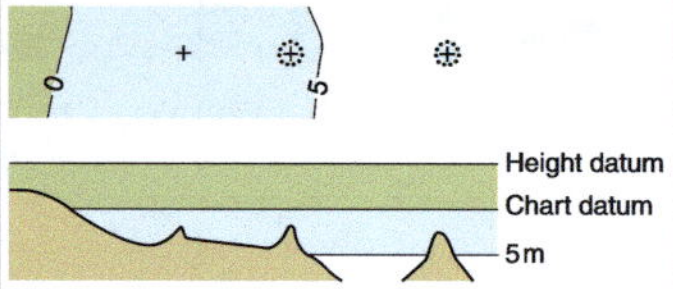 Height datum Chart datum 5m	Underwater rock of unknown depth, dangerous to surface navigation					Dangerous underwater rock of uncertain depth
							Isolated danger of depth less than the safety contour
14	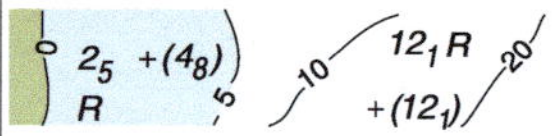 2_5 +(4_8) R 12₁ R +(12_1)	Underwater rock of known depth					
14.1	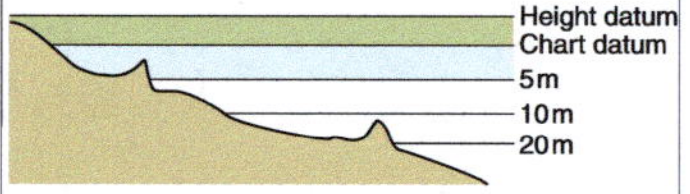 Height datum Chart datum 5m 10m 20m	inside the corresponding depth area	12 *Rk*	*27 Rk* *21* *R*		 5	Underwater hazard with a depth of 20 meters or less
						 25	Underwater hazard with depth greater than 20 meters
14.2	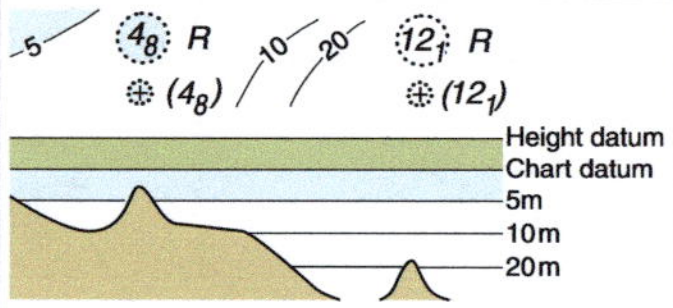 4_8 R 12_1 R (4_8) (12_1) Height datum Chart datum 5m 10m 20m	outside the corresponding depth area, dangerous to surface navigation	5 *Rk*	4_2 *Rk* 5 *R*			Isolated danger of depth less than the safety contour
15	*35* *R*	Underwater rock of known depth, not dangerous to surface navigation	35*Rk*		*35* *R.* *+(35)*	 10	Underwater hazard with a depth of 20 meters or less
						 25	Underwater hazard with depth greater than 20 meters

编号	国际海图	符号说明	美国国家海洋和大气管理局	美国国家地理空间情报局	其他地理空间情报局	电子海图		中国海图	补充说明
12	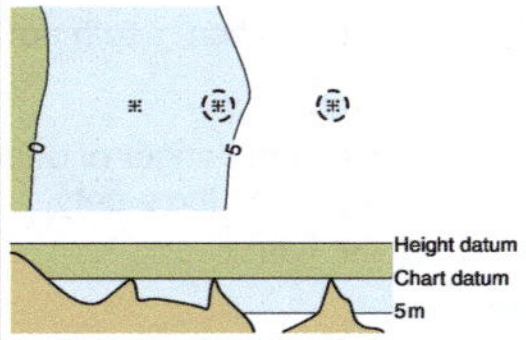 Height datum Chart datum 5m	海图基准面上的适淹礁	（同国际海图）		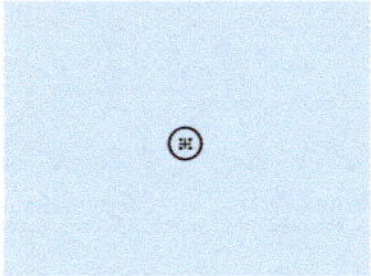	 	干出礁或适淹礁 干出水下危险物 深度小于安全等深线的孤立危险物	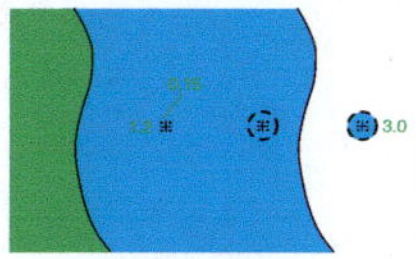	P44,13.4.3 适淹礁，在深度基准面时淹没
13	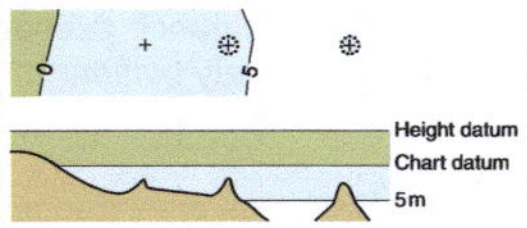 Height datum Chart datum 5m	深度不明的危险暗礁	（同国际海图）			 	深度不明的暗礁 深度小于安全等深线的孤立危险物	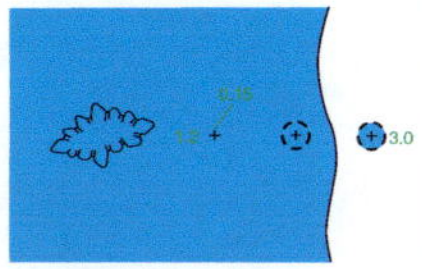	P44,13.4.4 深度不明的暗礁，深度基准面以下
14	 2_5 R +(4_8) 12_1 R +(12_1)	已知深度的暗礁	（同国际海图）					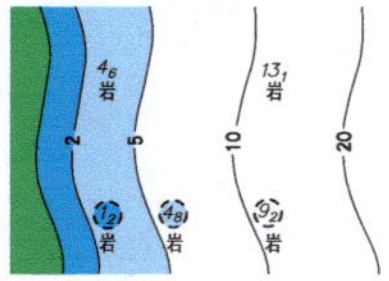 4_8 岩 13_1 岩	P44,13.4.5 已知深度的暗礁
14.1	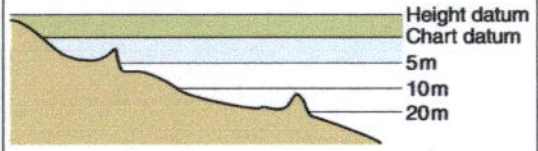 Height datum Chart datum 5m 10m 20m	在相应深度范围内	12 *Rk*	*27 Rk* *21* *R*		  5 25	深度等于 20 m 或小于 20 m 的水下危险物 深度大于 20 m 的水下危险物		
14.2	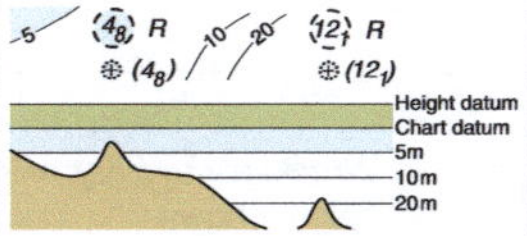 (4_8) R ⊕ (4_8) (12_1) R ⊕ (12_1) Height datum Chart datum 5m 10m 20m	在相应深度范围外，对航行构成危害	5 *Rk*	4_2 *Rk* 5 *R*			深度小于安全等深线的孤立危险物		
15	*35* *R*	已知深度的非危险暗礁	*35Rk*		*35 R.* +(35)	  10 25	深度等于 20 m 或小于 20 m 的水下危险物 深度大于 20 m 的水下危险物	23 岩	P44,13.4.6 非危险暗礁

No.	INT	Description	NOAA	NGA	Other NGA	ECDIS	
16	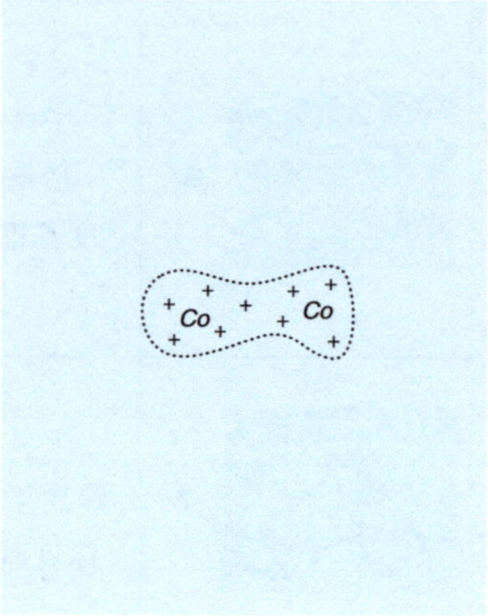 Co Co	Coral Reef which is always covered	 Co 3_1 Reef line			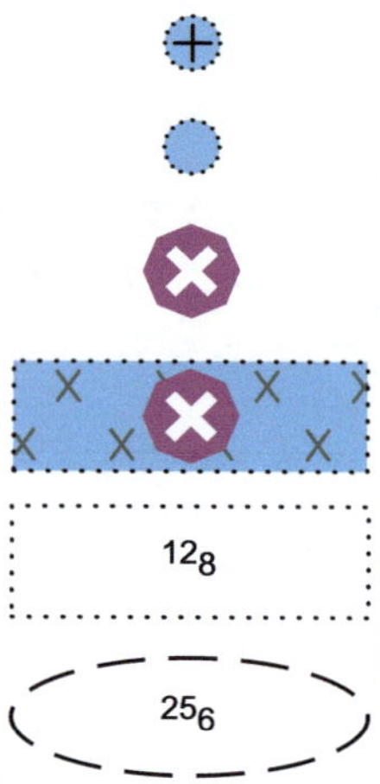	Dangerous underwater rock of uncertain depth Obstruction, depth not stated Isolated danger of depth less than the safety contour Safe clearance shoaler than safety contour Safe clearance deeper than safety contour Safe clearance deeper than 20 meters
17	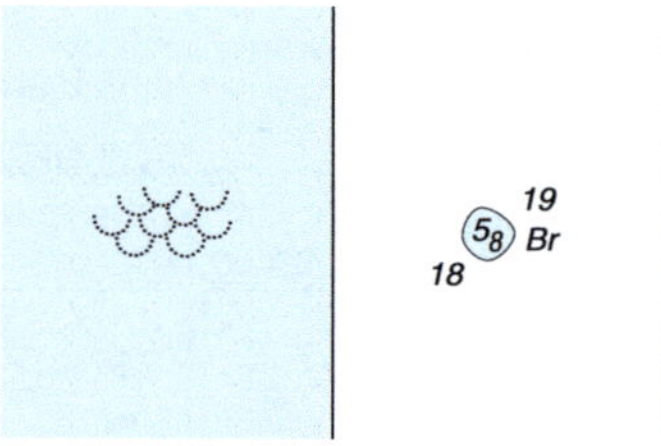 5_8 Br 19 18	Breakers	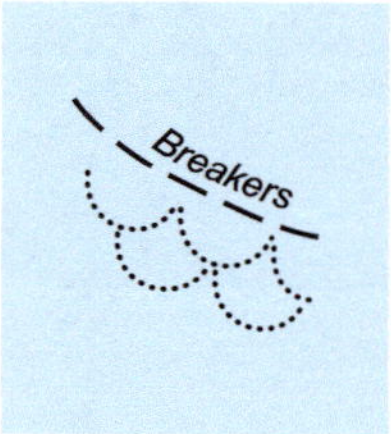 Breakers	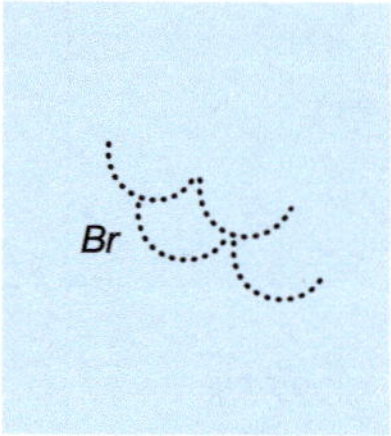 Br	 West Breaker PA	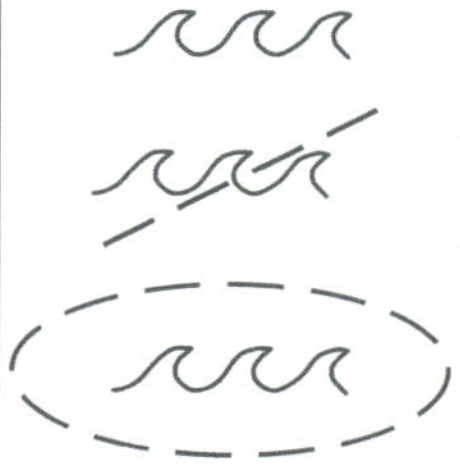	Overfalls, tide rips; eddies; breakwaters as point, line, and area
Wrecks and Fouls							
Plane of Reference for Depths → H							
20	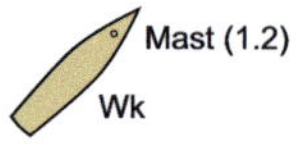 Mast (1.2) Wk	Wreck, hull never covers, on large scale charts, height above height datum	 Hk		 Hk	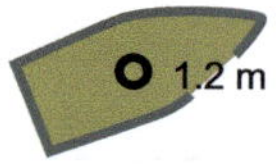 1.2 m	Wreck, always dry, with height shown
21	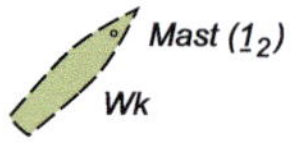 Mast (1_2) Wk	Wreck, covers and uncovers, on large scale charts, height above chart datum	 Hk		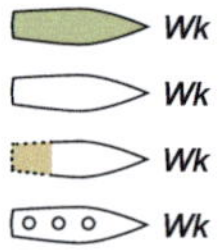 Wk Wk Wk Wk	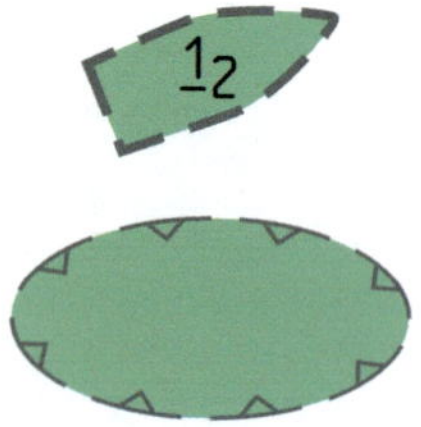 $\underline{1}_2$	Wreck, covers and uncovers Distributed remains of wreck

编号	国际海图	符号说明	美国国家海洋和大气管理局	美国国家地理空间情报局	其他地理空间情报局	电子海图		中国海图	补充说明
16	Co Co	水下珊瑚礁	Co 3₁ Reef line				深度不明的危险暗礁 障碍物（未注明深度） 深度小于安全等深线的孤立危险物 深于 20 m 的安全富余量 深于安全等深线的安全富余量 深于 20 m 的安全富余量		P46，13.4.7 水下珊瑚礁
17	19 Br 18	浪花	Breakers	Br	West Breaker PA		急流；旋涡；浪花（点状、线状、面状）	0.15–0.3 浪花 12 17 11	P46，13.4.8 多礁石地区，海浪冲击波涛汹涌
沉船和险恶地									
深度基准面→H									
20	Mast (1.2) Wk	船体露出水面的沉船（大比例尺图）	Hk		Hk	1.2 m	船体露出水面的沉船（数字表示标注高度）	桅 (1.2) 船	P46，13.5.1 船体露出水面的沉船，在平均大潮高潮面以上
21	Mast (1₂) Wk	干出沉船（大比例尺图）	Hk		Wk Wk Wk Wk	1₂	干出沉船 散布的沉船残骸	桅 0.6 (1₅) 船 1.5	P46，13.5.2 干出沉船

No.	INT	Description	NOAA	NGA	Other NGA	ECDIS	
22	5_2 Wk 6_5 Wk	Submerged wreck, depth known, on large scale charts			9 Wk	5_2 25 	Submerged wreck with depth of 20 meters or less Submerged wreck with depth greater than 20 meters Distributed remains of wreck
23	Wk	Submerged wreck, depth unknown, on large scale charts		Hk	Wk Wk Wk		Submerged wreck with depth less than the safety contour or depth unknown
24		Wreck showing any portion of hull or superstructure at level of chart datum			Wk Wk Wk Wk		Wreck showing any portion of hull or superstructure at level of chart datum
25	Masts	Wreck of which the mast(s) only are visible at chart datum	Masts	Mast (10ft) Funnel			
26	4_6 Wk 25 Wk	Wreck, least depth known by sounding only			(11)	5 25 	Underwater hazard with depth of 20 meters or less Underwater hazard with depth greater than 20 meters Isolated danger of depth less than the safety contour
27	4_6 Wk 25 Wk	Wreck, depth swept by wire drag or confirmed by diver	25 Wk			4_6 25 	Swept sounding for underwater hazard less than safety depth Swept sounding for underwater hazard greater than or equal to safety depth Isolated danger of depth less than the safety contour

编号	国际海图	符号说明	美国国家海洋和大气管理局	美国国家地理空间情报局	其他地理空间情报局	电子海图		中国海图	补充说明
22	5_2 Wk　　6_5 Wk	已知深度的水下沉船（大比例尺图）	（同国际海图）		9 Wk	5_2 25 	深度等于或小于20 m的水下沉船 深度大于20 m的水下沉船 散布的沉船残骸	0.25 船　　船	P46,13.5.3 已知深度的水下沉船
23	Wk	深度不明的水下沉船（大比例尺图）	（同国际海图）	Hk	Wk Wk Wk		深度小于安全等深线或深度不明的水下沉船	船	P46,13.5.4 深度不明的水下沉船
24		部分船体露出的沉船或船体上层结构处于海图基准面上	（同国际海图）		Wk Wk Wk Wk		部分船体露出的沉船或海图基准面上的部分	1.2 4.0 0.5	P46,13.5.5 部分船体露出的沉船
25	Masts	仅桅杆露出的沉船	Masts	Mast (10ft) Funnel				2.0 3.0 桅	P46,13.5.6 仅桅杆露出的沉船
26	4_6 Wk　　25 Wk	已知最浅深度的沉船（深度通过测深而非扫海获得）	（同国际海图）		(11)	5 25 	深度等于或小于20 m的水下危险物 深度大于20 m的水下危险物 深度小于安全等深线的孤立危险物	船　　船	P46,13.5.7 已知最浅深度的沉船
27	4_6 Wk　　25 Wk	经扫海或潜水员探测的沉船	25 Wk	（同国际海图）		4_6 25 	经扫海测深，深度小于安全深度的水下危险物 经扫海测深，深度大于或等于安全深度的水下危险物 深度小于安全等深线的孤立危险物	船　　船	P46,13.5.8 经扫海或潜水员探测的沉船

No.	INT	Description	NOAA	NGA	Other NGA	ECDIS	
28		Dangerous wreck, depth unknown					Dangerous wreck, depth unknown Isolated danger of depth less than the safety contour
29		Sunken wreck, not dangerous to surface navigation					Non-dangerous wreck, depth unknown
30	25 Wk	Wreck over which the exact depth is unknown, but which is estimated to have a safe clearance at the depth shown.			4 Wk	5 25	Underwater hazard with safe clearance of 20 meters or less Underwater hazard with safe clearance greater than 20 meters Isolated danger of depth less than the safety contour
31.1	#	Foul ground, not dangerous to surface navigation, but to be avoided by vessels anchoring, trawling, etc. (e.g. remains of wreck, cleared platform)				#	Foul area of seabed safe for navigation but not for anchoring
31.2	# # # #					#	Foul ground Distributed remains of wreck

Obstructions and Aquaculture

Plane of Reference for Depths → H   Kelp, Seaweed → J   Underwater Installations → L

No.	INT	Description	NOAA	NGA	Other NGA	ECDIS	
40	Obstn Obstn	Obstruction, depth unknown					Obstruction, depth not stated Isolated danger of depth less than the safety contour Safe clearance shoaler than safety contour

编号	国际海图	符号说明	美国国家海洋和大气管理局	美国国家地理空间情报局	其他地理空间情报局	电子海图		中国海图	补充说明
28		深度不明的危险沉船	（同国际海图）				深度不明的危险沉船 深度小于安全等深线的孤立危险物	2.0 3.0	P46,13.5.9 危险沉船
29		非危险沉船且对水面航行不构成危害	（同国际海图）				深度不明的非危险沉船	1.2 2.5	P46,13.5.11 非危险沉船
30	25 Wk	深度不明的沉船，但估计在所示深度处具有安全富余量	（同国际海图）		4 Wk	5 25	安全富余量等于或小于 20 m 的水下危险物 安全富余量大于 20 m 的水下危险物 深度小于安全等深线的孤立危险物		
31.1		碍锚地，不影响水面航行安全，但船舶须避免抛锚、拖网等（例如沉船残骸，已拆除的平台）	（同国际海图）				海底碍锚地，仅对船舶抛锚构成危害 碍锚地 散布的沉船残骸	2.0 0.8 2.0	P48,13.5.13 碍锚地
31.2									
障碍物和水产养殖设施									
深度基准面→H　海藻→J　水下设施→L									
40	Obstn　Obstn	深度不明的障碍物或危险物，性质未知	（同国际海图）				障碍物（未注明深度） 深度小于安全等深线的孤立危险物 浅于安全等深线的安全富余量	碍 0.25 3.0 碍	P48,13.6.1 深度不明的障碍物

No.	INT	Description	NOAA	NGA	Other NGA	ECDIS	
41	4₆ Obstn 16₈ Obstn	Obstruction, least depth known by sounding only				5	Underwater hazard with depth of 20 meters or less
						25	Underwater hazard with depth greater than 20 meters
							Isolated danger of depth less than the safety contour
42	4₆ Obstn 16₈ Obstn	Obstruction, depth swept by wire drag or confirmed by diver				4 (swept depth)	Less than or equal to safety depth
						21 (swept depth)	Greater than safety depth
						Method of depth measurement is obtained by cursor pick	
						5 (known by diver or other means)	Underwater hazard with depth of 20 meters or less
						25 (known by diver or other means)	Underwater hazard with depth greater than 20 meters
							Isolated danger of depth less than the safety contour
43.1	Obstn	Stumps of posts or piles, wholly submerged	Subm piles	Piles			Obstruction, depth not stated
						5	Underwater hazard with depth of 20 meters or less
43.2		Submerged pile, stake, snag, or stump (with exact position)	Subm piles, Stakes, Snags, Well, Deadhead, Stump				Isolated danger of depth less than the safety contour
44.1		Fishing stakes	Fsh stks				Fish stakes as a point
							Fish stakes as an area
44.2		Fish trap, Fish weir, Tunny nets	Fish trap				Fish trap, fish weir, tunny net as a point

编号	国际海图	符号说明	美国国家海洋和大气管理局	美国国家地理空间情报局	其他地理空间情报局	电子海图		中国海图	补充说明
41	4_6 Obstn　16_8 Obstn	已知深度的障碍物（深度通过测深而非扫海获得）	（同国际海图）			5 25	深度等于或小于 20 m 的水下危险物 深度大于 20 m 的水下危险物深度 小于安全等深线的孤立危险物	2 碍　17 碍	P48,13.6.2 已知最浅深度的障碍物
42	4_6 Obstn　16_8 Obstn	经扫海或潜水员探测的障碍物	（同国际海图）			4 21 扫海深度 测深方法通过光标选取 5 25 通过潜水员或其他方法测得	数字表示小于或等于安全深度 数字表示大于安全深度 深度等于或小于 20 m 的水下危险物 深度大于 20 m 的水下危险物 深度小于安全等深线的孤立危险物	6 碍　17 碍	P48,13.6.5 经扫海或潜水员探测的障碍物
43.1	Obstn	水下柱、桩	Subm piles	Piles		5	深度不明的障碍物 深度等于或小于 20 m 的水下危险物 深度小于安全等深线的孤立危险物	1.4 0.2　0.7	P48,13.6.6 水下柱、桩
43.2		水下柱、桩或隐树（位置明确）	Subm piles　Well Stakes　Deadhead Snags　Stump						
44.1		渔栅	Fsh stks				渔栅（点状） 渔栅区（面状）	0.6　0.6	P48,13.6.9 渔栅
44.2		渔网、渔堰、金枪鱼渔网	Fish trap	（同国际海图）			渔网、渔堰、金枪鱼渔网（点状）		P48,13.6.10 渔堰

No.	INT	Description	NOAA	NGA	Other NGA	ECDIS	
45	Fish traps / Tunny nets	Fish trap area, Tunny nets area					Fish trap, fish weir, tunny net as an area
46.1		Fish haven	Obstn Fish Haven	(actual shape)			Isolated danger of depth less than the safety contour Safe clearance shoaler than safety contour
46.2	2_4 / (2_4)	Fish haven with minimum depth	Obstn Fish Haven (auth min 42ft)			5 25 12_8 25_6	Underwater hazard with depth of 20 meters or less Underwater hazard with depth greater than 20 meters Isolated danger of depth less than the safety contour Safe clearance shoaler than safety contour Safe clearance deeper than safety contour Safe clearance deeper than 20 meters
47		Shellfish beds					Marine farm as a point
48.1		Marine farm (on large scale charts), area of marine farms		Marine Farm			
48.2		Marine farm (on small scale charts)		Obstn (Marine Farm) Marine Farm			Marine farm as an area
Supplementary National Symbols							
a		Rock which covers and uncovers, (height unknown)	*				

编号	国际海图	符号说明	美国国家海洋和大气管理局	美国国家地理空间情报局	其他地理空间情报局	电子海图		中国海图	补充说明
45	 Fish traps Tunny nets	渔网区、金枪鱼渔网区		（同国际海图）		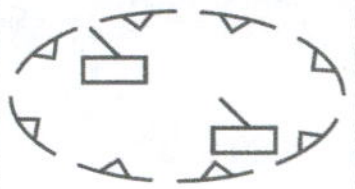	渔网区、渔堰区、金枪鱼渔网区（面状）	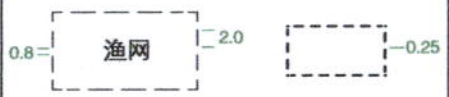 0.8 渔网 2.0 0.25	P48,13.6.11 渔网
46.1		鱼礁	Obstn Fish Haven （实际形状）				深度小于安全等深线的孤立危险物	1.2 4.0 0.25 3.0 5.0	P48,13.6.12 鱼礁
							浅于安全等深线的安全富余量		
46.2	2_4 (2_4)	已知最浅深度的鱼礁	Obstn Fish Haven (auth min 42ft)	（同国际海图）		5	深度等于或小于 20 m 的水下危险物	2_7 (2_7)	P48,13.6.13 已知最浅深度的鱼礁
						25	深度大于 20 m 的水下危险物		
							深度小于安全等深线的孤立危险物		
							浅于安全等深线的安全富余量		
						12_8	深于安全等深线的安全富余量		
						25_6	深于 20 m 的安全富余量		
47		贝类养殖区	（同国际海图）				海洋养殖场（点状）	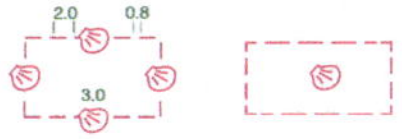 2.0 0.8 3.0	P48,13.6.15 贝类养殖场
48.1	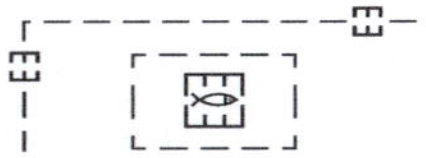	海洋养殖场(大比例尺图)、海洋养殖场（面状）	（同国际海图）	 Marine Farm		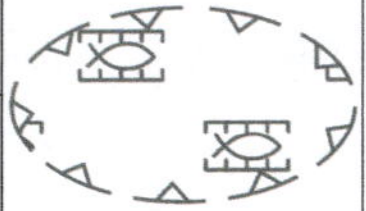	海洋养殖场（面状）	 0.8 2.0 2.0 4.0	P48. 13. 6. 16 海洋养殖场
48.2		海洋养殖场（小比例尺图）	（同国际海图）	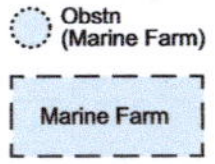 Obstn (Marine Farm) Marine Farm				4.0 2.0	P48. 13. 6. 17 海洋养殖场
补充的国家符号									
a		高度不明的干出礁	* ⊛						

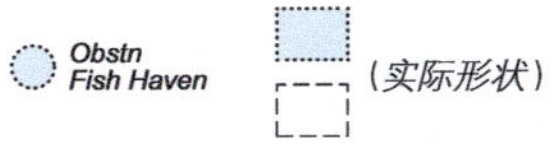

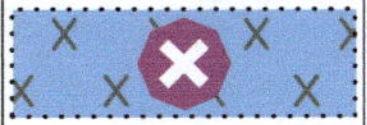

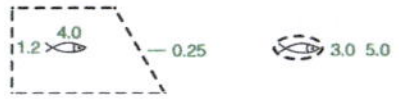

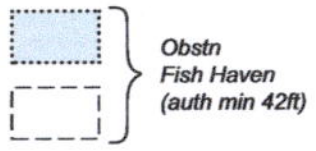

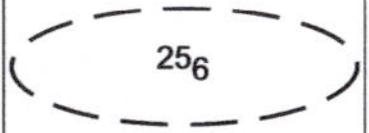

No.	INT	Description	NOAA	NGA	Other NGA	ECDIS	
b		Shoal sounding on isolated rock or rocks	5 Rk 21 Rks		9_R 2_r 2 P (8)		
c		Sunken wreck covered 20 to 30 meters					
d		Submarine volcano	Sub vol				
e		Discolored water	Discol water				
f		Sunken danger, least depth cleared by wire drag	21 Rk 4_6 35 Rk 4_6 Obstn				
g		Reef of unknown extent	Reef				
h		Coral reef, detached (uncovers at sounding datum)	Co	Co Coral Co Co			
i		Submerged crib	Subm Crib	Crib			
j		Crib, duck blind (above water)	Duck Blind Crib				
k		Submerged duck blind	Duck Blind				
l		Submerged platform	Subm platform	Platform			
m		Coral reef which covers and uncovers		Hay Reef 2_2			
n		Sinkers		Sinkers 13_4 14_6 15			
o		Foul area, foul with rocks or wreckage, dangerous to navigation	Foul Wks Wreckage				
p		Unexploded ordnance	Unexploded Ordnance	Unexploded Ordnance			
q		Float	Float				
r		Stumps of posts or piles, which cover and uncover	Subm piles				

编号	国际海图	符号说明	美国国家海洋和大气管理局	美国国家地理空间情报局	其他地理空间情报局	电子海图	中国海图	补充说明
b		在孤立礁石或群礁周围的浅水深度	5 Rk　21 Rks	（同国际海图）	9 R　2 r　2 P　(8)			
c		深度为20～30 m的沉船		（同国际海图）				
d		海底火山	Sub vol				3.0 火山	P48,13.6.8 海底火山
e		变色海水	Discol water				3.0 变色	P48,13.6.13 变色海水
f		经扫海探测了最浅深度的水下危险物	21 Rk　4_6　35 Rk　4_6 Obstn					
g		范围不明的暗礁	*Reef*					
h		独立珊瑚礁（在深度基准面以上露出）	Co	Co　Coral　Co　Co				
i		水下木笼	Subm Crib	Crib				
j		木笼、捕鸭器（水上）	Duck Blind　Crib					
k		水下捕鸭器	Duck Blind					
l		水下平台	Subm platform	Platform				
m		干出珊瑚礁	（同国际海图）	 Hay Reef 2_2				
n		沉锤	（同国际海图）	 Sinkers 13 14 15				
o		险恶地（堆积礁石或沉船并对航行构成危害）	Foul　Wks　Wreckage	（同国际海图）				
p		未爆炸弹药	Unexploded Ordnance	Unexploded Ordnance				
q		浮子	Float	（同国际海图）				
r		干出柱、桩	Subm piles	（同国际海图）				

编号	国际海图	符号说明	美国国家海洋和大气管理局	美国国家地理空间情报局	其他地理空间情报局	电子海图	中国海图	补充说明
C. a							 多船 | 2船	P46,13.5.10 沉船堆,两个或两个以上沉船的区域
C. b							 23 船	P46,13.5.12 未精测沉船,沉船最浅深度不明
C. c							 (3.5) (3.5)	P48,13.6.14 已知高度鱼礁
C. d							 3.0 钢管	P48,13.6.3 已知障碍物性质
C. e							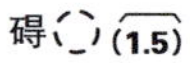 碍 (1.5)	P48,13.6.4 已知障碍物距海底高度

L 近海设施

L Offshore Installations

No.	INT	Description	NOAA	NGA	Other NGA	ECDIS
General						
Areas, Limits → N						
1	*Ekofisk Oilfield*	Name of oilfield or gasfield		CORRIB GAS FIELD Well 348 Well 346 Well 334 334 Well		Area to be navigated with caution, name is obtained by cursor pick
2	Z-44	Platform with designation/name		"Name"		Offshore platform, name is obtained by cursor pick
3		Limit of safety zone around offshore installation				Area where entry is prohibited or restricted or to be avoided, with other cautions
4		Limit of development area				Cautionary area, navigate with caution
5.1	18	Wind turbine, floating wind turbine, vertical clearance under blade			Fl.Y	Wind motor visually conspicuous
5.2		Offshore wind farm				Wind farm (offshore)
		Offshore wind farm (floating)				
6		Wave farm, Renewable energy device				Wave farm
Platforms and Moorings						
Mooring Buoys → Q						
10		Production platform, Platform, Oil derrick				Offshore platform
11	Fla	Flare stack (at sea)				Conspicuous flare stack on offshore platform

编号	国际海图	符号说明	美国国家海洋和大气管理局	美国国家地理空间情报局	其他地理空间情报局	电子海图		中国海图	补充说明
一般要素									
区域、界线→N									
1	*Ekofisk Oilfield*	油田或气田的名称	(同国际海图)	Well 346 CORRIB GAS FIELD Well 346 Well 334 334 Well			慎航区(名称通过光标选取)		
2	Z-44	有编号或名称的平台	(同国际海图)	"Name"			海上平台(名称通过光标选取)	1.8 青龙 0.5	P50,14.4.1 生产平台、平台、井架
3		近海设施周围安全区界		(同国际海图)			禁止或限制或避免进入的区域,标注其他警告内容	0.5 0.8 1.8 0.12	P50,14.1 近海设施周围安全区界,周围 500 m 范围内
4		开采区界线	(同国际海图)				警戒区(谨慎航行)	0.8 2.0 0.15	P50,14.2 开采区界线
5.1	18	风力涡轮机、浮式风力涡轮机、有净空高度的涡轮机	(同国际海图)		Fl.Y		风力涡轮机(视觉显著)	3.0 1.1 闪黄 20	P50,14.3.1 风力涡轮机
5.2		海上风电场	(同国际海图)				风电场(在海上)	5.0 0.8 2.0	P50,14.3.2 风力发电场
		海上风电场(浮式)	(同国际海图)					5.0 0.8 2.0	P50,14.3.2 浮式风力发电场
6		波浪发电场、可再生能源装置	(同国际海图)				波浪发电场	5.0 0.8 2.0 5.0	P50,14.3.3 波浪发电场
平台和系泊装置									
系船浮筒→Q									
10		生产平台、平台、井架					海上平台	1.8 青龙 0.5	P50,14.4.1 生产平台、平台、井架
11	Fla	火炬(在海上)	(同国际海图)				海上平台上的突出火炬	炬	P50,14.4.2 火炬(在海上)

No.	INT	Description	NOAA	NGA	Other NGA	ECDIS	
12	SPM	Single Point Mooring (SPM), including Single Anchor Leg Mooring (SALM), Articulated Loading Column (ALC)		"Name"			Offshore platform, name and status of disused is obtained by cursor pick
14	Ru Z-44 (ru)	Disused platform with superstructure removed			(disused)		
16		Single Buoy Mooring (SBM), Oil or gas installation buoy including Catenary Anchor Leg Mooring (CALM)					Installation buoy and mooring buoy, simplified Installation buoy, paper chart
17		Moored storage tanker, Accommodation vessel		Tanker			Offshore platform
18		Mooring ground tackle					Ground tackle
Underwater Installations						Supplementary national symbol: a	
Plane of Reference for Depths → H		Obstructions → K					
20	Well	Submerged production well	Well (cov 21ft) Well (cov 83ft)	Well	15 Prod Well Prod Well	5 25	Underwater hazard with depth of 20 meters or less Underwater hazard with depth greater than 20 meters Isolated danger of depth less than the safety contour
21.1	Well	Suspended well, depth over wellhead unknown	Pipe				Isolated danger of depth less than the safety contour
21.2	4_3 Well 15 Well	Suspended well, with depth over wellhead	Pipe (cov 24ft) Pipe (cov 92ft)			5 25	Underwater hazard with depth of 20 meters or less Underwater hazard with depth greater than 20 meters Isolated danger of depth less than the safety contour

编号	国际海图	符号说明	美国国家海洋和大气管理局	美国国家地理空间情报局	其他地理空间情报局	电子海图		中国海图	补充说明
12	SPM	单点系泊，包括单柱式单点系泊、铰接式输油链	（同国际海图）	"Name"			海上平台（名称和废弃的状态通过光标选取）	单点系泊	P50，14.4.3 系泊塔、铰接式输油平台、单柱式单点系泊
14	Ru　Z-44 (ru)	上层结构物已移除的废弃平台	（同国际海图）		(disused)			废	P50，14.4.4 废弃平台
16		单浮筒系泊、油或气装置浮筒，包括悬链锚腿系泊	（同国际海图）				装置浮筒和系泊浮筒（简化版） 装置浮筒（纸质海图版）	0.5　1.0　4.5	P50，14.4.5 油、气装置浮筒，单浮筒系泊
17		与海上生产相关的系泊船舶		Tanker			海上平台	1.2　4.0	P50，14.4.6 储油船
18		用于固定浮式结构物的锚泊器具	（同国际海图）				锚泊索具	0.12　0.6　1.7	P50，14.4.7 锚泊器具
水下装置						补充的国家符号：a			
深度基准面→H　　障碍物→K									
20	Well	已知深度的水下生产井	Well (cov 21ft) Well (cov 83ft)	Well	15 Prod Well Prod Well	5 25	深度等于或小于20 m的水下危险物 深度大于20 m的水下危险物 深度小于安全等深线的孤立危险物	1.0　0.4　2.0　生产井	P50，14.5.1 水下生产井
21.1	Well	停产井（距海底的井口和管道上深度不详）	Pipe	（同国际海图）			深度小于安全等深线的孤立危险物	井	P52，14.5.2 停产井，井口上深度不详
21.2	4_3 Well　15 Well	停产井（已知井口上深度）	Pipe (cov 24ft) Pipe (cov 92ft)	（同国际海图）		5 25	深度等于或小于20 m的水下危险物 深度大于20 m的水下危险物 深度小于安全等深线的孤立危险物	21 井	P52，14.5.2 已知井口上深度
								(5.3) 井	P52，14.5.2 停产井，已知井口距海底高度

No.	INT	Description	NOAA	NGA	Other NGA	ECDIS	
22	#	Site of cleared platform				#	Foul area of seabed safe for navigation but not for anchoring
23	Pipe; Pipe (1_8)	Above-water wellhead (lit or unlit)	Pipe		Pipe (2_4)		Obstruction in the water which is always above water level
24	Turbine; Fl(2) Underwater Turbine	Underwater turbine					Underwater turbine or subsurface ODAS
25	ODAS	Subsurface Ocean(ographic) Data Acquisition System (ODAS)					
Submarine Cables							
30.1		Submarine cable					Submarine cable
30.2		Submarine cable area	† Cable Area				Submarine cable area
31.1		Submarine power cable					
31.2		Submarine power cable area					
32		Disused submarine cable					Status of disused is obtained by cursor pick
Submarine Pipelines							
40.1	Oil; Gas (see Note); Chem; Water	Supply pipeline: unspecified, oil, gas, chemicals, water					Oil, gas pipeline, submerged or on land
40.2	Oil; Gas (see Note); Chem; Water	Supply pipeline area: unspecified, oil, gas, chemicals, water	† Pipeline Area				Submarine pipeline area with potentially dangerous contents

编号	国际海图	符号说明	美国国家海洋和大气管理局	美国国家地理空间情报局	其他地理空间情报局	电子海图		中国海图	补充说明
22	#	已拆除平台的位置	（同国际海图）			#	海底碍锚地（不影响航行安全，但有碍抛锚）		
23	Pipe　Pipe (1_8)	水面管口（发光和不发光），数字表示干出高度或自高程基准面起算的高度	Pipe	（同国际海图）	Pipe (2_4)		水中障碍物（通常露出水面）	(2)管　管 (1_8)	P52，14.5.3 水面管口
24	Turbine　Fl(2) Underwater Turbine	水下涡轮机	（同国际海图）			i	水下涡轮机或次表层 ODAS	涡轮机	P52，14.5.4 水下涡轮机
25	ODAS	海洋资料收集系统（ODAS）	（同国际海图）			i		海探	P52，14.5.5 海洋资料收集系统
海底电缆									
30.1		海底电缆	（同国际海图）				海底电缆	上海至长崎 0.8 1.3	P52，14.6.1 海底电缆
30.2		海底电缆区	Cable Area	（同国际海图）				0.12 0.5 1.8 0.8	P52，14.6.2 海底电缆区
31.1		海底电缆区	（同国际海图）				海底电缆区	2.0 1.8	P52，14.6.3 海底电力线
31.2		废海底电缆	（同国际海图）						P52，14.6.4 海底电力线区
32		废海底电缆	（同国际海图）				废弃的状态通过光标选取	4.0 1.5	P52，14.6.5 废海底电缆
海底管道									
40.1	Oil　Gas (see Note)　Chem　Water	供应管道：未指定、石油、气、化学品、水	（同国际海图）				海底或陆上的油、气管道	油 1.0　气 2.0 0.4	P54，14.7.1 油、气管道
40.2	Oil　Gas (see Note)　Chem　Water	供应管道区：未指定、石油、气、化学品、水	Pipeline Area	（同国际海图）		i	海底管道区（存在潜在危险物质）	油　气	P54，14.7.2 油、气管道区

No.	INT	Description	NOAA	NGA	Other NGA	ECDIS	
41.1	Water Sewer Outfall Intake	Outfall and intake: unspecified, water, sewer, outfall, intake					Water pipeline, sewer, etc.
41.2	Water Sewer Outfall Intake	Outfall and intake area: unspecified, water, sewer, outfall, intake	Pipeline Area				Submarine pipeline area with generally non-dangerous contents
42.1	Buried 1.6m	Buried pipeline/pipe (with nominal depth to which buried)					Nominal depth of buried pipeline is obtained by cursor pick
42.2		Pipeline tunnel					Pipeline tunnel
43	Obstn	Diffuser, Crib					Underwater hazard with depth of 20 meters or less Isolated danger of depth less than the safety contour
44		Disused pipeline/pipe					Status of disused is obtained by cursor pick
Supplementary National Symbols							
a		Submerged well (buoyed)	Well Well	Well			
b		Potable water intake	PWI Depth over Crib 17 ft	Crib			

编号	国际海图	符号说明	美国国家海洋和大气管理局	美国国家地理空间情报局	其他地理空间情报局	电子海图		中国海图	补充说明
41.1	Water Sewer Outfall Intake	排水管和上水管：未指定、水、污水、排水、上水	（同国际海图）				地下管道的标称埋入深度，通过光标选取	水 污水 排水 上水	P54,14.7.3 水管、污水管、排水管、上水管
41.2	Water Sewer Outfall Intake	排水管道区和上水管道域：未指定、水、污水、排水、上水	Pipeline Area	（同国际海图）			一般无危险物质的海底管道区	水 污水 排水 上水	P54,14.7.4 管道区
42.1	Buried 1.6m	地下管道（数字表示标称埋入深度）	（同国际海图）				地下管道的标称埋入深度，通过光标选取	地下1.8m	P54,14.7.5 地下管道
42.2		铺管隧道	（同国际海图）				水管、污水管等		
43	3_2 Obstn	扩散器、木笼	（同国际海图）			3_2	深度等于或小于20 m的水下危险物 深度小于安全等深线的孤立危险物		
44		废弃管道		（同国际海图）			废弃状态通过光标选取	4.0 4.0	P54,14.7.6 废弃管道
补充的国家符号									
a		水下井（浮标标示）	Well Well	Well					
b		饮用水上水管	PWI Depth over Crib 17 ft	Crib					

M 航道、航线

M Tracks，Routes

No.	INT	Description	NOAA	NGA	Other NGA	ECDIS
Tracks						Supplementary national symbols: a–c
Tracks Marked by Lights → P		Leading Beacons → Q				
1	270.5° 2 Bns ‡ 270.5°	Leading line (solid line is the track to be followed, ‡ means "in line")		Lights in line 090°		Leading line bearing a non-regulated, recommended track Direction not encoded 270 deg One-way 270 deg Two-way
2	270.5° Island open of Headland 270.5°	Transit (other than leading line), clearing line		Beacons in line 090°	Bns in line 270.5°	270 deg Clearing line; transit line
3	090.5°–270.5°	Recommended track based on a system of fixed marks		Lights in line 090°		Non-regulated, recommended track based on fixed marks Direction not encoded 90 deg One-way 270 deg Two-way
4	090.5°–270.5°	Recommended track not based on a system of fixed marks				Non-regulated, recommended track not based on fixed marks Direction not encoded 90 deg One-way 270 deg Two-way
5.1	DW (see Note)	One-way track and DW track based on a system of fixed marks				Based on fixed marks, one-way 90 deg Non-regulated recommended track DW Deep water route
5.2	270° DW	One-way track and DW track not based on a system of fixed marks				Not based on fixed marks, one-way 90 deg Non-regulated recommended track DW Deep water route centerline
6	7.0m 7.3m	Recommended track with maximum authorized (or recommended) draft stated		7 m 7_3 m		If encoded, the shoalest depth range value along the track is obtained by cursor pick

编号	国际海图	符号说明	美国国家海洋和大气管理局	美国国家地理空间情报局	其他地理空间情报局	电子海图	中国海图	补充说明
航道						补充的国家符号：a—c		
灯标标记的航道→P　导标→Q								
1	270.5° 2 Bns ≠ 270.5°	导航线（‡表示“成一条直线”，实线是船舶须遵循的航线）		Lights in line 090°		标识未规定推荐航道的导航线 方向未编码 270 deg 单向 270 deg 双向	0.1 270°30′ 0.15 0.5 0.8	P56,15.1.1 导航线
2	270.5° Island open of Headland 270.5°	叠标线（除了导航线）、安全界线	（同国际海图）	Beacons in line 090°	Bns in line 270.5°	270 deg 安全界线；叠标线	270°30′ 0.5 0.8	P56,15.1.2 叠标线、安全界线
3	090.5°–270.5°	有固定导航标志的推荐航道线		Lights in line 090°		有固定导航标志的非规定推荐航道线 方向未编码 90 deg 单向 270 deg 双向	270°30′ 0.15 2.0 1.8 0.5 2.0 0.15	P56,15.1.3 有固定导航标志的推荐航道线 P56,15.1.6 单向航线 P56,15.1.7 双向航线
4	090.5°–270.5°	没有固定导航标志的推荐航道线				没有固定导航标志的非规定推荐航道线 方向未编码 90 deg 单向 270 deg 双向	090°30′–270°30′ 0.15 0.8 2.0	P56,15.1.4 没有固定导航标志的推荐航道线
5.1	DW (see Note)	有固定导航标志的单向航线和深水航道				有固定导航标志、单向 90 deg 非规定推荐航道线 DW 深水航道	0.15 0.8 2.0	P56,15.1.5 航道边界安全界线
5.2	270° DW	无固定导航标志的单向航线和深水航道				无固定导航标志、单向 90 deg 非规定推荐航道线 DW 深水航道中心线	0.2 0.8 深水26m 2.0 深水26m 0.8 2.0	P56,15.1.9 深水航道
6	7.0m 7.3m	已知最大吃水深度的推荐航道线	（同国际海图）	7 m 7_3 m		如果已编码，航道内最浅深度范围值通过光标选取	6.5m 0.15 6.5m 2.0 0.5	P56,15.1.8 已知最大吃水深度的推荐航道线

No.	INT	Description	NOAA	NGA	Other NGA	ECDIS	
Routing Measures						Supplementary national symbols: d–e	
Basic Symbols							
10		Established (mandatory) direction of traffic flow					Traffic direction in a one-way lane of a traffic separation scheme
11	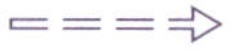	Recommended direction of traffic flow					Single traffic direction in a two-way route part of a traffic-separation scheme
12	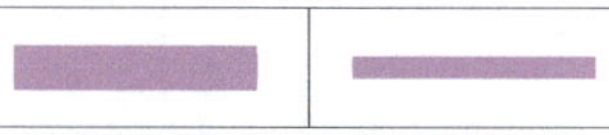	Separation line (large scale, small scale)					Traffic separation line
13		Separation zone					Traffic separation zone
14		Limit of restricted routing measure (e.g. Inshore Traffic Zone (ITZ), Area to be Avoided (ATBA))	 *RESTRICTED AREA*				
15		Limit of routing measure					Traffic separation scheme boundary
16	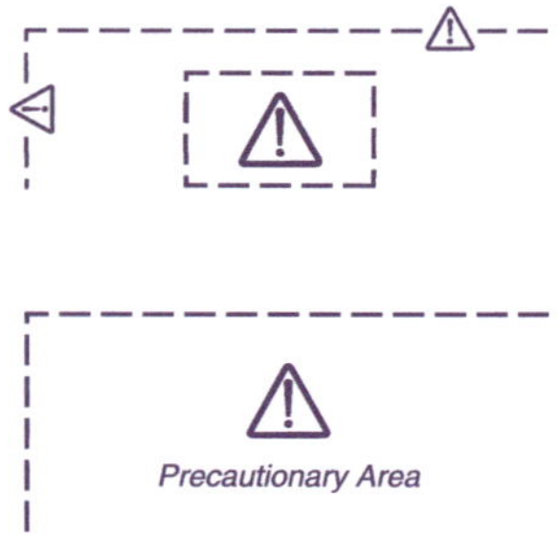 *Precautionary Area*	Precautionary area					Traffic precautionary area as a point Traffic precautionary area as an area
17	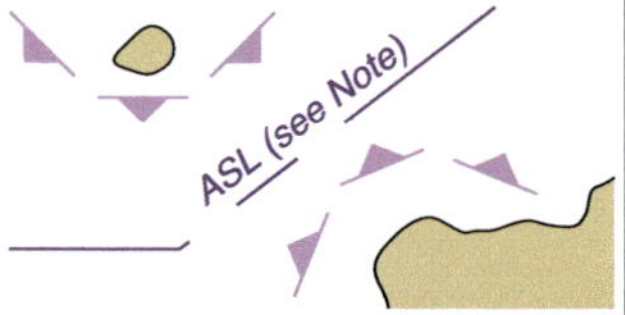 *ASL (see Note)*	Archipelagic Sea Lane (ASL); axis line and limit beyond which vessels shall not navigate				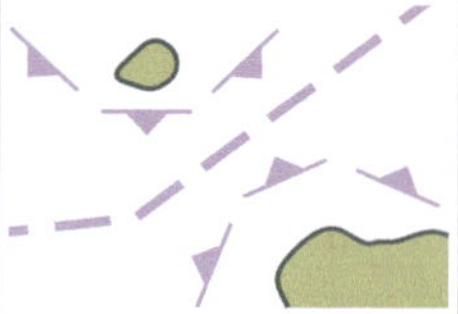	Axis and boundary of archipelagic sea lane
18	 *FAIRWAY 7.3m* *FAIRWAY <7.3m>*	Fairway designated by regulatory authority: with minimum depth with maximum authorized draft (may be highlighted by gray tint)	 *SAFETY FAIRWAY 166.200 (see note A)*			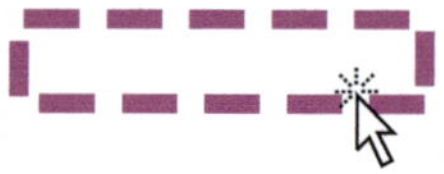	Fairway, depth is obtained by cursor pick

编号	国际海图	符号说明	美国国家海洋和大气管理局	美国国家地理空间情报局	其他地理空间情报局	电子海图		中国海图	补充说明
定线制						补充的国家符号：d—e			
基本符号									
10		规定的航向	（同国际海图）				分道航行制单向航道中的方向	0.8 2.0 2.0	P56，15.2.1 规定的航向
11		推荐的航向	（同国际海图）				分道航行制双向航道中的单一方向	1.0 2.5	P56，15.2.2 推荐的航向
12		分隔线（大比例尺、小比例尺图）	（同国际海图）				分隔线	3.0	P56，15.2.3 分隔线
13		分隔带	（同国际海图）				分隔带		P56，15.2.4 分隔带
14		限制分道通航航道边界线（例如沿岸通航带、避航区）	RESTRICTED AREA					0.2 2.5 1.0	P56，15.2.5 分道通航航道边界线及警戒区范围线
15		分道通航航道边界线					分道航行边界		
16	Precautionary Area	警戒区	（同国际海图）				警戒区（点状） 警戒区（面状）	5.5 0.3 警戒区	P56，15.2.6 警戒区
17	ASL (see Note)	群岛海道：船舶须沿轴线和界线航行	（同国际海图）				群岛海道的轴线和边界		P58，15.2.7 群岛海道中心线、边界线
18	FAIRWAY 7.3m FAIRWAY <7.3m>	监管机构指定的航道：数字表示最浅深度数字表示最大吃水深度（可用灰色强调）	SAFETY FAIRWAY 166.200 (see note A)				航道（深度通过光标选取）		

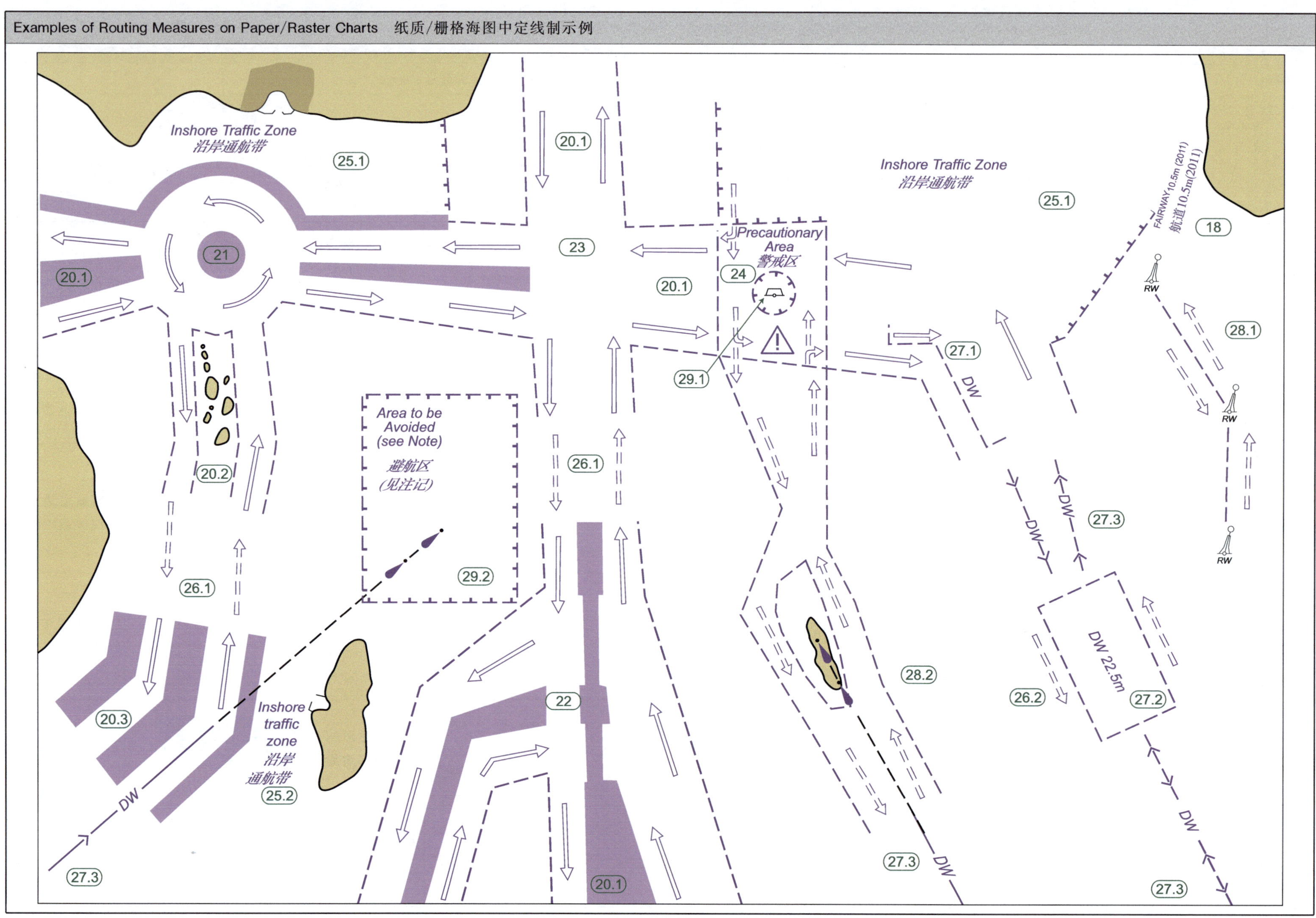

Inshore Traffic Zone
沿岸通航带
25.1
20.1
Inshore Traffic Zone
沿岸通航带
25.1
FAIRWAY 10.5m (2011)
航道10.5m(2011)
18
21
23
20.1
Precautionary Area
警戒区
24
20.1
28.1
27.1
29.1
DW
Area to be Avoided (see Note)
避航区
(见注记)
20.2
26.1
27.3
26.1
29.2
28.2
26.2
DW 22.5m
27.2
20.3
Inshore traffic zone
沿岸通航带
25.2
22
DW
27.3
20.1
27.3
27.3
RW

No.	
Examples of Routing Measures	
18	Safety fairway
20.1	Traffic Separation Scheme (TSS), traffic separated by separation zone
20.2	Traffic Separation Scheme, traffic separated by natural obstructions
20.3	Traffic Separation Scheme, with outer separation zone separating traffic using scheme from traffic not using it
21	Traffic Separation Scheme, roundabout with separation zone
22	Traffic Separation Scheme, with "crossing gates"
23	Traffic Separation Scheme crossing, without designated precautionary area
24	Precautionary area
25.1	Inshore Traffic Zone (ITZ), with defined end limits
25.2	Inshore Traffic Zone, without defined end limits
26.1	Recommended direction of traffic flow, between traffic separation schemes
26.2	Recommended direction of traffic flow, for ships not needing a deep water route
27.1	Deep water route (DW), as part of one-way traffic lane
27.2	Two-way deep water route, with minimum depth stated
27.3	Deep water route, centerline as recommended one-way or two-way track
28.1	Recommended route, one-way and two-way (often marked by centerline buoys)
28.2	Two-way route, with one-way sections
29.1	Area to be Avoided (ATBA), around navigational aid
29.2	Area to be Avoided, e.g. because of danger of stranding

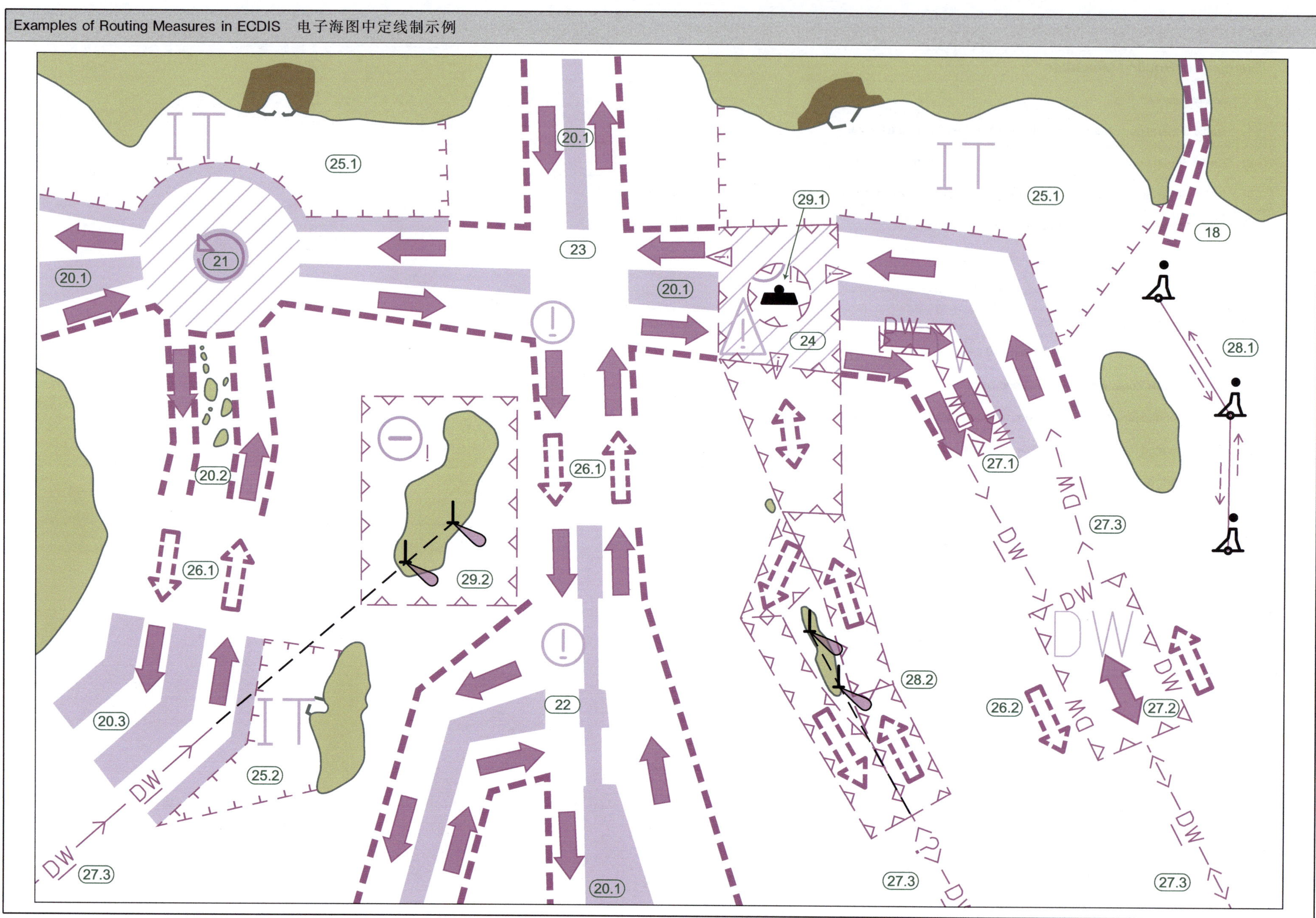
IT
25.1
20.1
29.1
18
21
23
24
DW
28.1
20.2
26.1
27.1
27.3
29.2
22
20.3
25.2
28.2
26.2
27.2
?

编号	
定线制示例	
18	安全航道
20.1	由分隔带隔开的分道通航(TSS)
20.2	由自然障碍物隔开的分道通航
20.3	分道通航制,设有外分隔带,用来分隔使用分道通航的船舶与不使用分道通航的船舶
21	分道通航制,环形道
22	设有“交叉口栅门”的分道通航
23	未指定警戒区的分道通航制交汇处
24	警戒区
25.1	划定界限的沿岸通航带(ITZ)
25.2	未划定界限的沿岸通航带
26.1	分道通航中间的推荐航向
26.2	供不需要深水航线的船舶使用的推荐航向
27.1	深水航道(DW),作为单向航道的一部分
27.2	注有最浅水深的双向深水航道
27.3	深水航道,中心线作为推荐的单向或双向航道
28.1	推荐航道(通常用中心线浮标标记)
28.2	有部分单向航线的双向航道
29.1	助航标志附近的避航区(ATBA)
29.2	避航区(有搁浅风险)

No.	INT	Description	NOAA	NGA	Other NGA	ECDIS	
Radar Surveillance Systems							
30	Radar Surveillance Station	Radar surveillance station	Ra				Radar station
31	Ra Cuxhaven	Radar range					Radar range
32.1	Ra	Radar reference line			—Ra——Ra—	270 deg	Radar line
						Non-regulated recommended track based on fixed marks	
							Direction not encoded
						90 deg	One-way
32.2	Ra 090°–270°	Radar reference line coinciding with a leading line				270 deg	Two-way
Radio Reporting Points							
40.1	B 7 VHF 80	Radio reporting (calling-in or way) points showing direction(s) of vessel movement with designation (if any) and VHF-channel				Nr 13 ch 74	Radio calling-in point for traffic in one direction only
						Nr 13 ch 74	Radio calling-in point for traffic in both directions
						? ? Nr 13 ch 74	Radio calling-in point, direction not encoded
40.2		Radio reporting line				Nr 13 ch 74	Radio calling-in point for traffic in one direction only
						Nr 13 ch 74	Radio calling-in point for traffic in both directions
						? ? Nr 13 ch 74	Radio calling-in point, direction not encoded

编号	国际海图	符号说明	美国国家海洋和大气管理局	美国国家地理空间情报局	其他地理空间情报局	电子海图	中国海图	补充说明
雷达监视系统								
30	Radar Surveillance Station	雷达监视站	Ra	（同国际海图）			1.2 ⊙ 雷达监视站	P58，15.3 雷达监视站
31	Ra Cuxhaven	雷达范围	（同国际海图）					
32.1	Ra	雷达参照线	（同国际海图）		—Ra——Ra—	270 deg 雷达警戒线 有固定导航标志的非规定推荐航道线 方向未编码 90 deg 单向 270 deg 双向		
32.2	Ra 090°–270°	与导航线重合的雷达参照线						
无线电报告点								
40.1	⑦ VHF 80 Ⓑ	无线电报告（呼叫或航程）点、使用编号（如有）和甚高频（VHF）信道报告船舶的方向动态	（同国际海图）			Nr 13 ch 74 用于单向航行的无线电呼叫点 Nr 13 ch 74 用于双向航行的无线电呼叫点 Nr 13 ch 74 无线电呼叫点（方向未编码）	4.0 2.5 0.2 3.5 ③	P58，15.4 无线电报告点
40.2		无线电报告线，编号（如果有），表示船舶的方向动态	（同国际海图）			Nr 13 ch 74 用于单向航行的无线电呼叫点 Nr 13 ch 74 用于双向航行的无线电呼叫点 Nr 13 ch 74 无线电呼叫点（方向未编码）	1.05 0.8 2.0 0.12	P58，15.5 VTS 报告线

No.	INT	Description	NOAA	NGA	Other NGA	ECDIS
Ferries						
50		Ferry	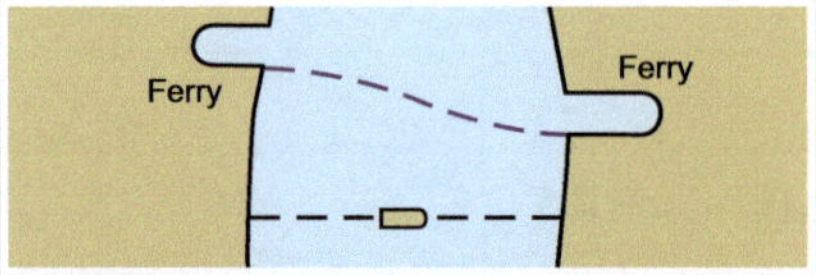 Ferry Ferry			Ferry route
51	Cable Ferry	Cable Ferry	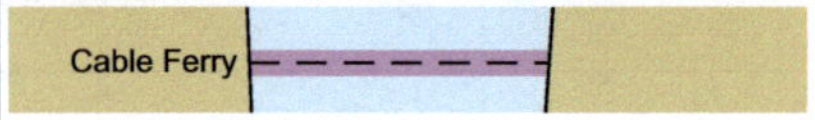 Cable Ferry			Cable ferry route
Supplementary National Symbols						
a		Recommended track for deep draft vessels (track not defined by fixed marks)	 DW			
b		Depth is shown where it has been obtained by the cognizant authority	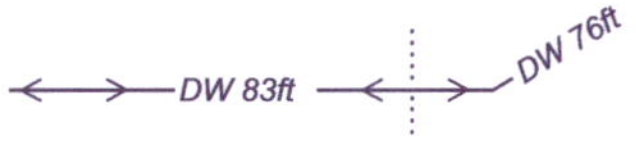 DW 83ft DW 76ft			
c		Alternate course				

编号	国际海图	符号说明	美国国家海洋和大气管理局	美国国家地理空间情报局	其他地理空间情报局	电子海图	中国海图	补充说明
渡口/轮渡								
50		渡口	Ferry Ferry			轮渡航线	0.7 2.0 0.6 1.7 0.12	P58,15.6 渡口
51	Cable Ferry	缆线渡口	Cable Ferry			缆线轮渡航线		
补充的国家符号								
a		用于深吃水船舶的推荐航道(无固定导航标志)	DW	(同国际海图)				
b		深度由主管机关获取	DW 83ft DW 76ft					
c		备用航线		(同国际海图)				
C. a							010° 005° 0° 355° 350° 视成山角灯塔 045° 视山顶 0.2	P58,15.8 方位引示线

N 区域、界线
N Areas, Limits

No.	INT	Description	NOAA	NGA	Other NGA	ECDIS	
General *							
Dredged and Swept Areas → I		Submarine Cables, Submarine Pipelines → L		Tracks, Routes → M			
On multi-colored charts, symbols in Section N may be in green when associated with environmental areas.							
	Tint band may vary in width between 1–5 mm	Maritime limit in general					
1.1		usually implying permanent physical obstructions (tint band for emphasis)					Caution area, a specific caution note applies
1.2		usually implying no permanent physical obstructions (tint band for emphasis)					
2.1		Limit of restricted area (tint band for emphasis)	RESTRICTED AREA				Area where entry is prohibited or restricted or to be avoided
2.2	Entry Prohibited	Limit of area into which entry is prohibited	PROHIBITED AREA PROHIBITED AREA				Area where entry is prohibited or restricted or to be avoided, with other cautions Area where entry is prohibited or restricted or to be avoided, with other information
Anchorages, Anchorage Areas							
10		Reported anchorage (no defined limits)					Anchorage area as a point at small scale, or anchor points of mooring trot at large scale
11.1	A E 53 14	Anchor berths	14		6 No 1	Nr 6	Anchor berth
11.2	A E 53 14	Anchor berths with swinging circle	D-17	D17			Radius of swing circle is obtained by cursor pick

* ECDIS represents many types of area limits with just a few different symbols. Information about the type of area and its associated restrictions or prohibitions may be obtained by cursor pick.

编号	国际海图	符号说明	美国国家海洋和大气管理局	美国国家地理空间情报局	其他地理空间情报局	电子海图		中国海图	补充说明
一般要素*									
疏浚区、扫海区→I　海底电缆、海底管道→L　航线→M									
在彩色海图上，当与环境有关时，N部分中的符号可能呈现为绿色。									
1.1	色带的宽度可能在1～5 mm变化	一般海区界线 通常表示永久性的实际障碍物（色带用于强调）	（同国际海图）				警戒区（附有特别的警告注意事项）		
1.2		通常表示无永久性的实际障碍物（色带用于强调）							
2.1		限制区界线（色带用于强调）	RESTRICTED AREA				禁止进入区或限制进入区或避航区	0.12　0.8　1.8　0.5	P62，16.1 限制区界线
2.2	Entry Prohibited	禁止进入区界线	PROHIBITED AREA PROHIBITED AREA				禁止进入区或限制进入区或避航区（附有其他警告事项） 禁止进入区或限制进入区或避航区（附有其他信息）	0.8　2.0　1.8	P62，16.2 禁区界线
锚地　　补充的国家符号：C. a									
10		据报锚地（未划定界线）	（同国际海图）				锚地（小比例海图中表示为点状，大比例海图中表示为系泊锚点）		
11.1	A　E 53　14	锚位	14		6　No 1	Nr 6	锚位		P62，16.3.2 锚位及编号
11.2	A　E 53　14	锚位及旋转区	D-17	D17			旋转区的半径通过光标选取		P62，16.3.3 锚位及旋转区

* ECDIS仅用几个不同的符号表示许多类型的区域界线。有关区域类型及其相关限制或禁止的信息可以通过光标选取。

No.	INT	Description	NOAA	NGA	Other NGA	ECDIS	
12.1		Anchorage area in general		Anchorage			Type of anchorage area is obtained by cursor pick
12.2	No 1	Numbered anchorage area	ANCH NO 1 110.000 (see note A)	Anchorage No. 1			
12.3	Name	Named anchorage area	SOUTH ANCH 110.000 (see note A)	Neufeld Anchorage			
12.4	DW	Deep water anchorage area, Anchorage area for deep draft vessels		DW Anchorage			
12.5	Tanker	Tanker anchorage area		Tanker Anchorage			
12.6	24 h	Anchorage area for periods up to 24 hours					
12.7		Dangerous cargo anchorage area	EXPLOSIVES ANCHORAGE				
12.8		Quarantine anchorage area	QUAR ANCH QUARANTINE ANCHORAGE	Quarantine Anchorage			
12.9	Reserved (see Note)	Reserved anchorage area					
Note: Anchors as part of the limit symbol are not shown for small areas. Other types of anchorage areas may be shown.							
13		Seaplane operating area	SEAPLANE LANDING AREA				Seaplane landing area
14		Anchorage for seaplanes					Type of anchorage area is obtained by cursor pick

编号	国际海图		符号说明	美国国家海洋和大气管理局	美国国家地理空间情报局	其他地理空间情报局	电子海图		中国海图	补充说明
12.1			一般锚地在小比例尺海图上，界线可以省略		Anchorage			锚地的类型通过光标选取	0.8 2.0	P62，16.3.4 一般锚地
12.2	No 1		有编号锚地	ANCH NO 1 110.000 (see note A)	Anchorage No. 1				南山锚地 No1	P62，16.3.5 有编号、名称锚地
12.3	Name		有名称锚地	SOUTH ANCH 110.000 (see note A)	Neufeld Anchorage					
12.4	DW		深水锚地、深吃水船舶的锚地	（同国际海图）	DW Anchorage				深水 深水	P62，16.3.9 深水锚地
12.5	Tanker		油轮锚地	（同国际海图）	Tanker Anchorage					
12.6	24 h		当日锚地	（同国际海图）						
12.7			危险品锚地	EXPLOSIVES ANCHORAGE					1.5 3.0 0.5	P62，16.3.6 爆炸物锚地
12.8			检疫锚地	QUAR ANCH QUARANTINE ANCHORAGE	Quarantine Anchorage				3.5	P62，16.3.7 检疫锚地 P62，16.3.8 引航检疫锚地
12.9	Reserved (see Note)		备用锚地	（同国际海图）						
注：对于小区域，不显示作为界线符号一部分的锚。可以显示其他类型的锚地。										
13			水上飞机作业区	SEAPLANE LANDING AREA				水上机场	2.0 2.0 0.8	P64，16.3.10 水上机场
14			水上飞机锚地	（同国际海图）				锚地的类型通过光标选取	3.0 2.0	P64，16.3.11 水上飞机锚地

No.	INT	Description	NOAA	NGA	Other NGA	ECDIS	
Restricted Areas						Supplementary national symbols: d, e, g	
On multi-colored charts, the magenta symbols may be in green when associated with environmental areas.							
20	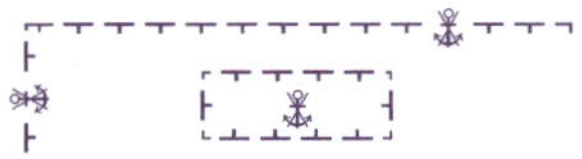	Anchoring prohibited	*ANCH PROHIBITED* 	ANCH PROHIB 			Area where anchoring is prohibited or restricted
							Area where anchoring is prohibited or restricted, with other cautions
							Area where anchoring is prohibited or restricted, with other information
21.1	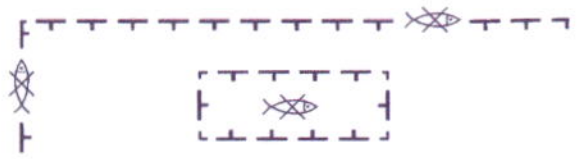	Fishing prohibited	*FISH PROHIBITED*	*FISH PROHIB* 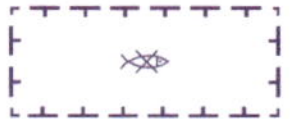		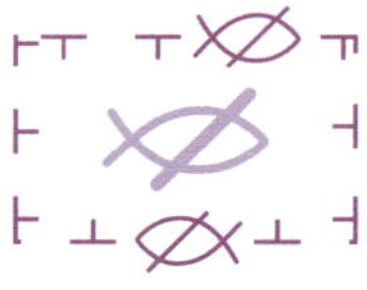	Area where fishing or trawling is prohibited or restricted
						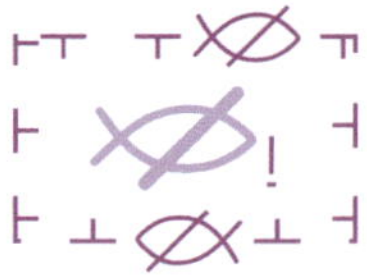	Area where fishing or trawling is prohibited or restricted, with other cautions
						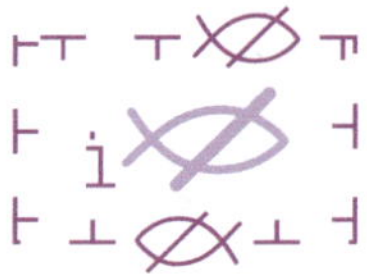	Area where fishing or trawling is prohibited or restricted, with other information

编号	国际海图	符号说明	美国国家海洋和大气管理局	美国国家地理空间情报局	其他地理空间情报局	电子海图		中国海图	补充说明
限制区						补充的国家符号：d,e,g,C.b—C.d			
在彩色海图上，当与环境有关时，品红色符号可能变为绿色。									
20		禁止抛锚	ANCH PROHIBITED	ANCH PROHIB			禁止抛锚区或限制抛锚区 禁止抛锚区或限制抛锚区（附有其他警告事项） 禁止抛锚区或限制抛锚区（附有其他信息）		P64,16.4.1 禁止抛锚区
21.1		禁止捕捞	FISH PROHIBITED	FISH PROHIB			禁止捕捞及拖网区，或限制捕捞及拖网区 禁止捕捞及拖网区，或限制捕捞及拖网区（附有其他警告事项） 禁止捕捞及拖网区，或限制捕捞及拖网区（附有其他信息）		P64,16.4.2 禁止捕捞区

No.	INT	Description	NOAA	NGA	Other NGA	ECDIS	
21.2		Diving prohibited					Area where diving is prohibited
22	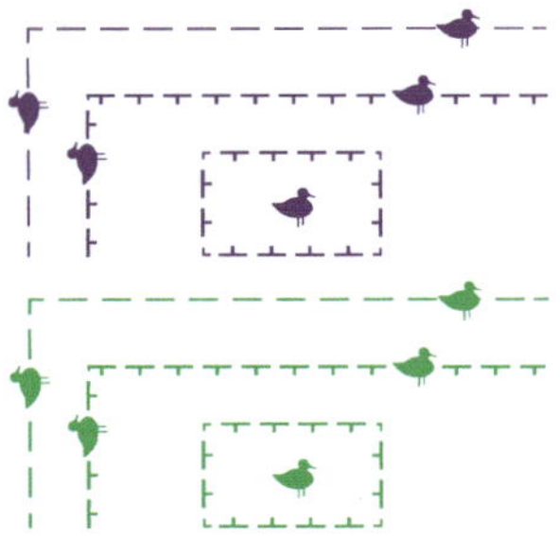	Environmentally Sensitive Sea Areas Bird sanctuary				 ESSA	Environmentally Sensitive Sea Area (ESSA)
	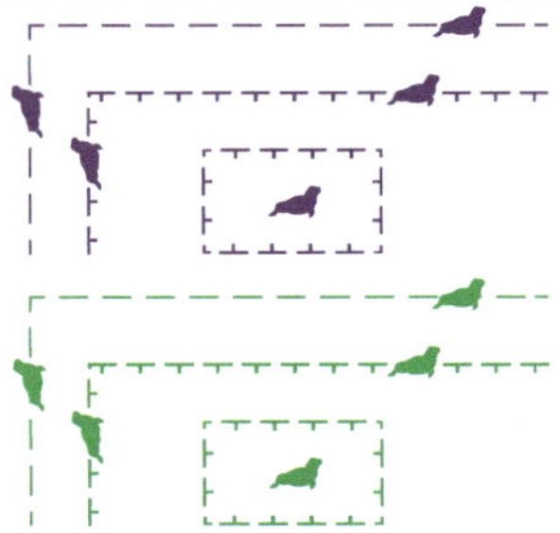	Seal sanctuary					
	Note: Other animal silhouettes (e.g. seahorses, penguin, petrel) may be used, as appropriate.						Area with minor restrictions or information notices
	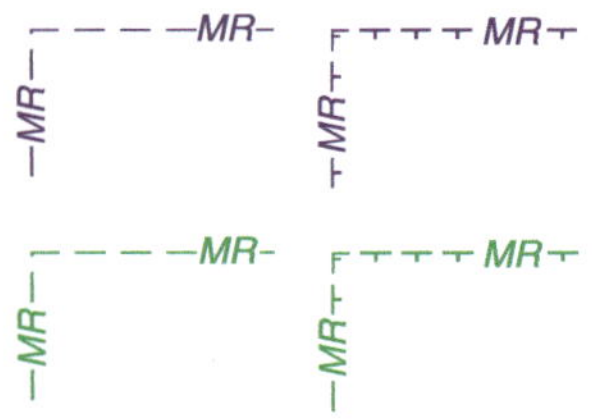 MR MR MR MR MR MR MR MR	Non-specific nature reserve, National parks, Marine Reserves (MR)		 MR MR			
	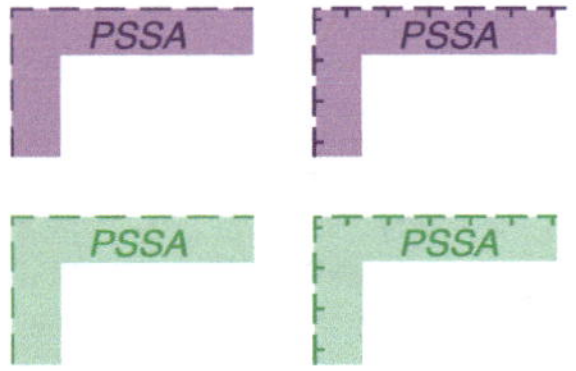 PSSA PSSA PSSA PSSA Tint band may vary in width between 1–5 mm	Particularly Sensitive Sea Area (PSSA)		 PSSA		 PSSA	PSSA

编号	国际海图	符号说明	美国国家海洋和大气管理局	美国国家地理空间情报局	其他地理空间情报局	电子海图		中国海图	补充说明
21.2		禁止潜水	（同国际海图）				禁止潜水区		P64,16.4.5 禁止潜水区
22		环境敏感海域 鸟类保护区					环境敏感海域（ESSA） 附有较少限制或信息公告的区域		P64，16.4.4 自然保护区
		海豹保护区							
	注：可以酌情使用其他动物轮廓（例如海马、企鹅、海燕）。								
		非特定自然保护区，国家公园，海洋保护区（MR）							
	色带的宽度可能在1～5 mm 变化	特别敏感海域（PSSA）	（同国际海图）				PSSA		P64，16.4.6 特别敏感区

No.	INT	Description	NOAA	NGA	Other NGA	ECDIS	
23.1	Explosives Dumping Ground	Explosives dumping ground, individual mine or explosive	EXPLOSIVES DUMPING AREA				Explosives or chemical dumping ground as a point
23.2	Explosives Dumping Ground (disused)	Explosives dumping ground (disused), Foul (explosives)	EXPLOSIVES DUMPING AREA DISUSED				Explosives or chemical dumping ground as an area
24	Dumping Ground for Chemicals	Dumping ground for chemical waste	Dump Site	Dumping Ground			
25	Degaussing Range	Degaussing range (DG range)	DEGAUSSING RANGE	DEGAUSSING RANGE			Degaussing area
27	5kn	Maximum speed					If a speed restriction exists, the speed limit is obtained by cursor pick
Military Practice Areas							
30		Firing practice area					Restricted area
31	Entry Prohibited	Military restricted area, entry prohibited	PROHIBITED AREA	Prohibited Area			Area where entry is prohibited or restricted or to be avoided, with other cautions
32		Mine-laying (and counter-measures) practice area					Restricted area
33		Submarine transit lane and exercise area			SUBMARINE EXERCISE AREA		
34	Minefield (see note)	Minefield					Minefield
International Boundaries and National Limits						Supplementary national symbols: a, f, h	
40	CANADA UNITED STATES	International boundary on land					Jurisdiction boundary

编号	国际海图	符号说明	美国国家海洋和大气管理局	美国国家地理空间情报局	其他地理空间情报局	电子海图		中国海图	补充说明
23.1	Explosives Dumping Ground	爆炸物倾倒区、单个雷区或爆炸物区	EXPLOSIVES DUMPING AREA	（同国际海图）			爆炸物或化学物品倾倒区（点状）	爆炸物倾倒区	P64,16.4.7 爆炸物倾倒区
23.2	Explosives Dumping Ground (disused)	爆炸物倾倒区（废弃）	EXPLOSIVES DUMPING AREA DISUSED	（同国际海图）			爆炸物或化学物品倾倒区（面状）	化学废品倾倒区	P64,16.4.8 化学废品倾倒区
24	Dumping Ground for Chemicals	化学废品倾倒区	Dump Site	Dumping Ground					
25	Degaussing Range	消磁观测场	DEGAUSSING RANGE	DEGAUSSING RANGE			消磁观测场	消磁观测场	P64,16.4.9 消磁观测场
27	5kn	最大航速	（同国际海图）				如果存在航速限制，可通过光标选取		
军事训练区									
30		射击训练区	（同国际海图）				限制区	2.0 1.0 3.0 1.5 0.5	P64,16.5.1 射击危险区
31	Entry Prohibited	军事限制区（禁止进入）	PROHIBITED AREA	Prohibited Area			禁止区、限制区或避航区（附有其他警告事项）	军事训练区	P64,16.5.2 军事训练区
32		布雷（对抗）训练区	（同国际海图）				限制区	1.0 1.0 0.15 3.0	P66,16.5.3 布雷训练区
33		潜艇专用通道和训练区	（同国际海图）		SUBMARINE EXERCISE AREA			2.0 10.0 潜艇训练区	P66,16.5.4 潜艇训练区
34	Minefield (see note)	雷区	（同国际海图）				雷区	雷区	P64,16.4.11 雷区
国际界限与国家边界						补充的国家符号：a,f,h			
40	CANADA UNITED STATES	陆地国界	（同国际海图）				管辖边界	1.2 2.5 2.0 0.5	P66,16.6.1,16.6.2 国界,未定国际

No.	INT	Description	NOAA	NGA	Other NGA	ECDIS
41	CANADA UNITED STATES	International maritime boundary				Jurisdiction boundary
42		Straight territorial sea baseline with base point				Straight territorial sea baseline
43		Seaward limit of territorial sea			TERRITORIAL SEA	Territorial sea
44		Seaward limit of contiguous zone				Contiguous zone
45		Limits of fishery zones				Limits of fishery zone
46	*Continental Shelf*	Limit of continental shelf				Continental shelf area
47	*EEZ*	Limit of Exclusive Economic Zone (EEZ)				Exclusive economic zone
48		Customs limit				Custom regulations zone
49	*Harbor Limit*	Harbor limit		*Harbor Limit*		Harbor area, symbolized

Various Limits						Supplementary national symbols: a, b
60.1	(2012)	Limit of fast ice, Ice front (with date)				Continuous pattern for an ice area (glacier, etc.)
60.2	(2012)	Limit of sea ice (pack ice) seasonal (with date)				
62.1	*Spoil Ground*	Spoil ground	*Spoil Area*			HO information note
62.2	*Spoil Ground (disused)*	Spoil ground (disused)	*Spoil Area Discontinued*			
63	*Extraction Area*	Extraction (dredging) area				Dredging area
64	*Cargo Transhipment Area*	Cargo transhipment area				HO information note
65	† *Incineration Area*	Incineration area				

编号	国际海图	符号说明	美国国家海洋和大气管理局	美国国家地理空间情报局	其他地理空间情报局	电子海图		中国海图	补充说明
41	CANADA UNITED STATES	海上国界	（同国际海图）				管辖边界		未定国界
42		领海基线及领海基点					领海基线		P66,16.6.7 领海基点、领海基线
43		领海线		（同国际海图）	TERRITORIAL SEA		领海		P66,16.6.8 领海线
44		毗连区界线		（同国际海图）			毗邻区		P66,16.6.9 毗连区界线
45		国家捕鱼区界线		（同国际海图）			捕鱼区界线		P66,16.6.10 捕鱼区界线
46	Continental Shelf	大陆架界线	（同国际海图）				大陆架区域		
47	EEZ	专属经济区（EEZ）界线		（同国际海图）			专属经济区	专属经济区界	P66,16.6.11 专属经济区界线
48		海关界线	（同国际海图）				海关监管区		P66,16.6.13 海关界线
49	Harbor Limit	港界线	（同国际海图）	Harbor Limit			符号化港区		
其他界线						补充的国家符号：a,b			
60.1	(2012)	固定冰、冰峰界线（附有标注日期）					冰区的连续性图案（冰川等）		P68,16.6.15 固定冰界线
60.2	(2012)	季节性浮冰界线（有日期）							P68,16.6.16 浮冰界线
62.1	Spoil Ground	垃圾倾倒区	Spoil Area				HO 信息公告	垃 圾 倾 倒 区	P68,16.6.18 垃圾倾倒区
62.2	Spoil Ground (disused)	垃圾倾倒区（废弃）	Spoil Area Discontinued						
63	Extraction Area	疏浚区	（同国际海图）				疏浚区		
64	Cargo Transhipment Area	货物转运区	（同国际海图）				HO 信息公告	垃 圾 倾 倒 区	P68,16.6.18 垃圾倾倒区
65	Incineration Area	焚烧区	（同国际海图）					焚 烧 区	P68,16.6.20 焚烧区

No.	INT	Description	NOAA	NGA	Other NGA	ECDIS
Supplementary National Symbols						
a		COLREGS demarcation line				
b		Limit of fishing area (fish trap areas)				
c		Dumping ground	*Dumping Ground*			
d		Dumping area (Dump site)	*Disposal Area* 92 *Depths from survey of 2010* 85			
f		Reservation line (Options)				
g		Dump site	*Dump Site*			
h		Three Nautical Mile Line	*THREE NAUTICAL MILE LINE*			
i		No Discharge Zone	*NO-DISCHARGE ZONE*			

编号	国际海图	符号说明	美国国家海洋和大气管理局	美国国家地理空间情报局	其他地理空间情报局	电子海图		中国海图	补充说明
补充的国家符号									
a		国际海上避碰规则分界线		（同国际海图）					
b		捕捞区界线（渔网）		（同国际海图）					
c		倾倒区	Dumping Ground	（同国际海图）					
d		倾倒区（倾倒位置）	Disposal Area 92 Depths from survey of 2010 85						
f		备用界线（选择）							
g		倾倒区	Dump Site						
h		三海里领海界线	THREE NAUTICAL MILE LINE						
i		非排放区	NO-DISCHARGE ZONE						
C. a								2.5 2.0 −0.6	P62,16.3.1 推荐锚地
C. b									P64,16.4.3 禁止抛锚及捕捞区
C. c								历史沉船	P64,16.4.10 历史沉船及限制区
C. d								机轮底拖网渔轮禁渔区线 0.15	P66,16.6.12 渔业禁渔区界线
C. e								0.2 1.5 1.5	P66,16.6.3 临时军事分界线
C. f								国际日期变更线 4.0 0.25 2.0	P66,16.6.4 国际日期变更线
C. g								4.0 1.0 1.0 0.3	P66,16.6.5 特别行政区界
C. h								1.0 2.5 0.3	P66,16.6.6 特殊地区界
C. i								13179	P68,16.6.21 图幅范围线

P 灯标

P Lights

No.	INT	Description	NOAA	NGA	Other NGA	ECDIS
Light Structures and Major Floating Lights						
Minor Light Floats → Q30, 31						
1.1	Lt LtHo	Position of navigation light (size and style of "star" may vary) light, lighthouse				Light, lighthouse, paper chart
1.2		Light on standard charts				
1.3		Significant all-round light, generally for offshore navigation on multicolored charts				
2.1		Lighted offshore platform on standard charts	PLATFORM (lighted)			Lighted offshore platform, paper chart
2.2		Lighted offshore platform on multicolored charts				
3	BY BnTr	Lighted beacon tower	Marker (lighted)			Lighted beacon tower, paper chart
4	R BRB Bn	Lighted beacon				Lighted beacon, paper chart
5	R Bn	Articulated light, buoyant beacon, resilient beacon	Art			
Note: Minor lights, fixed and floating, usually conform to IALA Maritime Buoyage System characteristics.						
7		Navigational lights on landmarks or other structures				
8	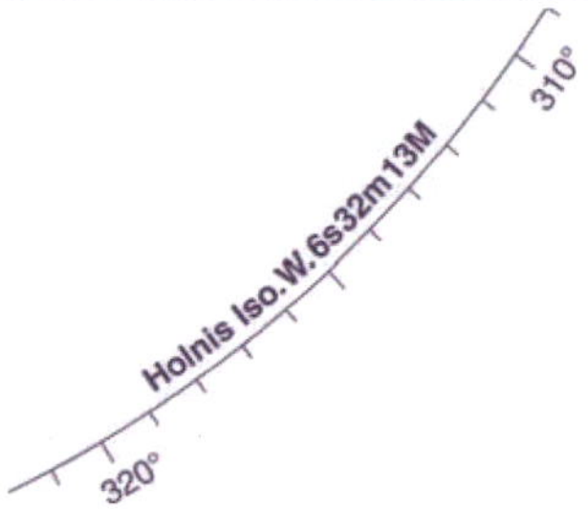 Holnis Iso.W.6s32m13M 310° 320°	Important light off chart limits				

编号	国际海图		符号说明	美国国家海洋和大气管理局	美国国家地理空间情报局	其他地理空间情报局	电子海图		中国海图	补充说明
灯标和主要浮动灯标										
辅助灯浮标→Q30、31										
1.1	☆ ★	Lt LtHo	航行灯、灯标、灯塔的位置（“星”的大小和样式可变化）					灯标、灯塔，纸图符号	1.5 1.2	P70，17.1.1 灯标、灯塔
1.2			标准海图中的灯标							
1.3			大型环照灯，通常用于彩色海图近海航行	（同国际海图）						
2.1			标准海图中的设灯海上平台	PLATFORM (lighted)	（同国际海图）			设灯的海上平台，纸图符号	1.8 0.5	P70，17.1.2 设灯的平台
2.2			彩色海图中的设灯海上平台	（同国际海图）						
3	BY	BnTr	塔形灯桩	Marker (lighted)				塔形灯桩，纸图符号	黑黄 塔形	P70，17.1.3 塔形灯桩
4	R BRB	Bn	灯桩					灯桩，纸图符号		
5	R	Bn	铰接式灯标、浮标灯桩、活节式灯桩	Art					1.4 红 黑红黑 标	P70，17.1.4 装顶标的灯桩、活节式灯桩
注：固定式和浮式的辅助灯标通常符合 IALA 海上浮标系统的特征。										
7			在陆标或其他建筑物上的航标	（同国际海图）						
8	Holnis Iso.W.6s32m13M 310° 320°		重要的禁光海图界线	（同国际海图）						

No.	Abbreviaton INT	Abbreviaton NOAA	Class of Light	Illustration / Period Shown	Demonstration	ECDIS
Light Characters						
Light Characters on Light Buoys → Q						
10.1	F	F	Fixed		 F	
	Occulting (total duration of light longer than total duration of darkness)					
10.2	Oc	Oc	Single-occulting		 Oc	
	Oc(2) Example	Oc (2)	Group-occulting		 Oc (2)	
	Oc(2+3) Example	Oc (2+3)	Composite group-occulting		 Oc (2+3)	
10.3	Isophase (duration of light and darkness equal)					
	Iso	Iso	Isophase		 Iso	
	Flashing (total duration of light shorter than total duration of darkness)					
10.4	Fl	Fl	Single-flashing		 Fl	When text for lights is displayed, ECDIS uses INT abbreviations.
	Fl(3) Example	Fl (3)	Group-flashing		 Fl (3)	
	Fl(2+1) Example	Fl (2+1)	Composite group-flashing		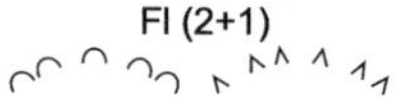 Fl (2+1)	
10.5	LFl	L Fl	Long-flashing (flash 2s or longer)		 L FL	
	Quick (repetition rate of 50 to 79 - usually either 50 or 60 - flashes per minute)					
10.6	Q	Q	Continuous quick		 Q	
	Q(3) Example	Q (3)	Group quick		 Q(3)	
	IQ	IQ	Interrupted quick		 IQ	

编号	缩写		灯光分类	图解（周期）	示意图	电子海图	中国海图	补充说明
	国际海图	美国国家海洋和大气管理局						
灯质								
灯浮标的灯质→Q								
10.1	F	F	定光		 F	当显示灯标注记时，ECDIS 使用国际海图(INT)缩写	定　F	P70，17.2.1 颜色和亮度不变，长明不断
	明暗光(灯光明的总持续时间长于暗的总持续时间)							
10.2	Oc	Oc	明暗光		 Oc		明暗　Oc	P70，17.2.2
	Oc(2) 示例	Oc(2) 示例	联明暗光		 Oc (2)		明暗(2)　Oc(2)	P70，17.2.2 连续熄灭两次或两次以上
	Oc(2+3) 示例	Oc(2+3) 示例	混合联明暗光		 Oc (2+3)		明暗(2+3)　Oc(2+3)	P70，17.2.2 相继出现几个不同熄灭次数的联明暗光
10.3	等明暗光(灯光明和暗的持续时间相等)							
	Iso	Iso	等明暗光		 Iso		等明暗　Iso	P70，17.2.3 明暗交替且时间相等
	闪光(灯光明的总持续时间小于暗的总持续时间)							
10.4	Fl	Fl	单闪光		 Fl		闪　Fl	P70，17.2.4 一个周期中只显单次闪光
	Fl(3) 示例	Fl(3)	联闪光		 Fl (3)		闪(3)　Fl(3)	P70，17.2.4 以两次或两次以上的闪光组成一个组，并有规则地重复
	Fl(2+1) 示例	Fl(2+1)	混合联闪光		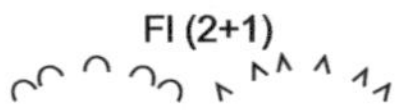 Fl (2+1)		闪(2+1)　Fl(2+1)	P70，17.2.4 相继出现几个不同闪光次数的闪光组
10.5	LFl	LFl	长闪光 (闪 2 s 或更长)		 L FL		长闪　LFl	P70，17.2.5 我国规定长闪光的持续时间为 2 s
	快闪光(重复频率为 50～79 次——通常每分钟闪烁 50 或 60 次)							
10.6	Q	Q	连续快闪光		 Q		快　Q	P72，17.2.6 我国规定每分钟 60 次
	Q(3) 示例	Q(3)	联快闪光		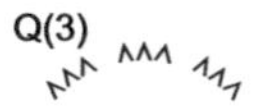 Q(3)		快(3)　Q(3)	P72，17.2.6 以两次或两次以上的快闪光组成一组并有规则地重复
	IQ	IQ	间断快闪光		 IQ		断快　IQ	P72，17.2.6 有间断的快闪光

No.	Abbreviaton INT	Abbreviaton NOAA	Class of Light	Illustration / Period Shown	Demonstration	ECDIS
	Very quick (repetition rate of 80 to 159 - usually either 100 or 120 - flashes per minute)					When text for lights is displayed, ECDIS uses INT abbreviations.
10.7	VQ	VQ	Continuous very quick		VQ	
	VQ(3) Example	VQ (3)	Group very quick		VQ(3)	
	IVQ	IVQ	Interrupted very quick			
	Ultra quick (repetition rate of 160 or more - usually 240 to 300 - flashes per minute)					
10.8	UQ	UQ	Continuous ultra quick			
	IUQ	IUQ	Interrupted ultra quick			
10.9	Mo(K) Example	Mo (K)	Morse code		Mo (K)	
10.10	FFl	F Fl	Fixed and flashing		F Fl	
10.11	Al.WR	AlWR	Alternating	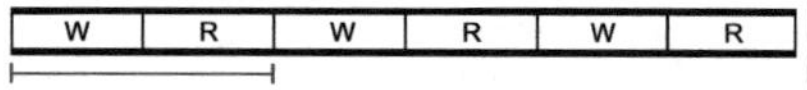 W R W R W R	Al WR	

编号	缩写		灯光分类	图解 / 周期	示意图	电子海图	中国海图	补充说明
	国际海图	美国国家海洋和大气管理局						
	甚快闪光(重复频率为 80～159 次——通常每分钟闪烁 100 或 120 次)					当显示灯标注记时，ECDIS 使用国际海图(INT)缩写		
10.7	VQ	VQ	连续甚快闪光		 VQ		甚快　VQ	P72,17.2.7 我国规定甚快闪光为每分钟 120 次
	VQ(3) 示例	VQ(3)	联甚快闪光		 VQ(3)		甚快(3)　VQ(3)	P72,17.2.7 联甚快闪三次
	IVQ	IntVQkFl	间断联明暗光				断甚快　IVQ	P72,17.2.7 间断的甚快闪光
	超快闪光(重复频率为 160 次或更多——通常每分钟闪烁 240 或 300 次)							
10.8	UQ	UQ	连续超快闪光				超快　UQ	P72,17.2.8 一般为 240～300 次
	IUQ	IUQ	间断超快闪光				断超快　IUQ	P72,17.2.8 有间断的超快闪光
10.9	Mo(K) 示例	Mo(K)	莫尔斯灯光		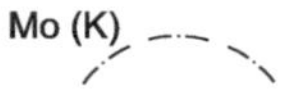 Mo (K)		莫(A)　Mo(A)	P72,17.2.9 莫尔斯灯光“点”与“划”混合时长比为 1∶3
10.10	FFl	FFl	定闪光		 F Fl		定闪　FFl	P72,17.2.10 每隔一定时间加发一次更亮闪光的定光灯
10.11	Al. WR 示例	AlWR	互光	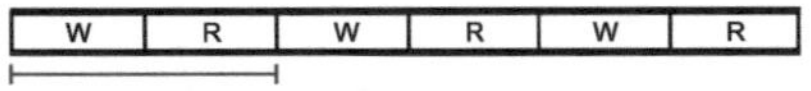 W R W R W R	 Al WR		互　Al	P72,17.2.11 两种不同颜色的灯光连续交替发光
			互闪光				互闪　AlFl	P72,17.2.11 两种不同颜色的闪光，每隔一定时间交替发光一次
			互联闪光				互闪(3)　AlFl(3)	P72,17.2.11 每隔一定时间连续发两次或两次以上颜色不同的闪光
			互明暗光				互明暗　AlOc	P72,17.2.11 两种不同颜色的灯光互相交替，每隔一定时间熄灭一次

No.	INT	Description	NOAA	NGA	Other NGA	ECDIS
Colors of Lights						
11.1	W	White (for lights, only on sector and alternating lights)	Colors of lights shown on standard charts			 Default light symbol if no color is encoded or color is other than red, green, white, yellow, amber, or orange
11.2	R	Red				
11.3	G	Green				
11.4	Bu	Blue	on multicolored charts			Red
11.5	Vi	Violet				Green
11.6	Y	Yellow	on multicolored charts at sector lights			 White, yellow, amber or orange
11.7	Y Or	Orange				Sector lights
11.8	Y Am	Amber				
Period						When text for lights is displayed, ECDIS uses INT abbreviations.
12	2.5s 90s	Period in seconds and tenths of a second				
Elevation						
Plane of reference for Heights → H		Tidal Levels → H				
13	12m	Elevation of light given in meters or feet	36ft			
Range						
14	15M	Light with single range				
	15/10M	Light with two different ranges	10M *only lesser of two ranges is charted*		15/10M	
	15-7M	Light with three or more ranges	7M *only least of three ranges is charted*			
Note: Charted ranges are nominal ranges given in Nautical Miles.						
Disposition						
15	(hor)	Horizontally disposed				Disposition of light is obtained by cursor pick
	(vert)	Vertically disposed				
	(△) (▽)	3 lights disposed in the shape of a triangle				

编号	国际海图	符号说明	美国国家海洋和大气管理局	美国国家地理空间情报局	其他地理空间情报局	电子海图	中国海图	补充说明
灯色								
11.1	W	白色(仅用于扇形灯和互闪灯)	在标准海图上显示的灯色 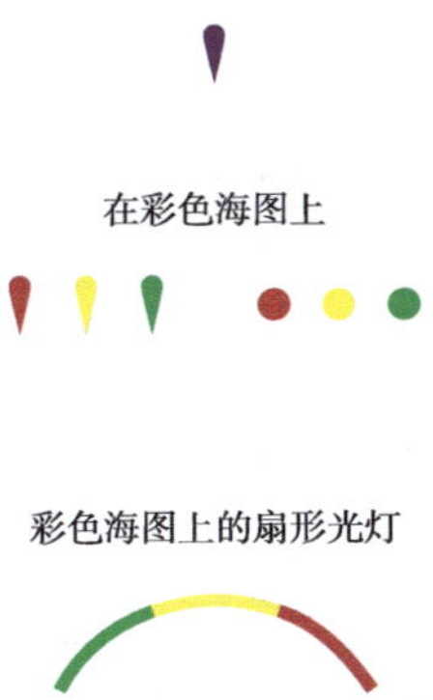 在彩色海图上 彩色海图上的扇形光灯			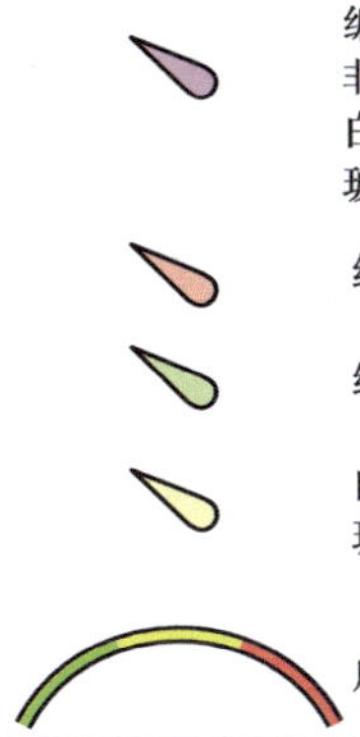 默认灯光符号（如没有颜色编码或光色并非红色、绿色、白色、黄色、琥珀色或橙色） 红色 绿色 白色、黄色、琥珀色或橙色 扇形灯	白 W	P72,17.3.1
11.2	R	红色					红 R	P72,17.3.2
11.3	G	绿色					绿 G	P72,17.3.3
11.4	Bu	蓝色					蓝 Bu	P72,17.3.4
11.5	Vi	紫色					紫 Vi	P72,17.3.5
11.6	Y	黄色					黄 Y	P72,17.3.6
11.7	Y Or	橙色					黄/橙 Y/Or	P72,17.3.7
11.8	Y Am	琥珀色					黄/琥珀 Y/Am	P72,17.3.8
周期								
12	2.5s 90s 示例	以秒和十分之一秒为单位的周期	(同国际海图)			当显示灯标注记时，ECDIS使用国际海图(INT)缩写	2.5s	P74,17.4 周期小于3 s的精确至0.5 s，大于3 s的精确至整秒
灯高								
高度参数面→H		潮面→H						
13	12m 示例	以米或英尺为单位的灯高	36ft	(同国际海图)			8.6m	P74,17.5 我国指平均大潮高潮面至灯光中心的高度
射程								
14	15M	灯光射程	(同国际海图)				9.4M	P74,17.6 在晴天黑夜条件下，航海者的眼高在海面上5 m处所能见到航标灯光的距离
	15/10M	两种射程	10M 仅对两种射程中较小的进行了绘图	(同国际海图)	15/10M		16/12M	
	15-7M	三种以上射程	7M 仅对三种射程中最小的进行了绘图	(同国际海图)			16–8M	
注：图上射程为标称值，以海里为单位。								
排列								
15	(hor)	水平排列灯	(同国际海图)			 灯标的排列方式可通过光标选取	(平排) (hor)	P74,17.7 水平排列灯
	(vert)	竖直排列灯	(同国际海图)				(直排) (vert)	P74,17.7 竖直排列灯
	(△) (▽)	以三角形形状排列的3个灯标	(同国际海图)				(△) (▽)	P74,17.7 正三角、倒三角排列灯

No.	INT	Description	NOAA	NGA	Other NGA	ECDIS
Example of a Full Light Description						
16	INT Example Name Fl(3)WRG.15s 21m15-11M		NOAA Example Name Fl (3) WRG 15s 21ft 11M	NGA Example Name Fl (3) WRG 15s 21m 15-11M		FlR15s21m11M

INT	Description	NOAA	Description	ECDIS
Fl(3)	Class of light: group flashing repeating a group of three flashes	Fl(3)	Class of light: group flashing repeating a group of three flashes	The descriptions of non-sector lights are shown in ECDIS when the display of text is turned on, as shown above. (The aid to navigation or other structure that is always shown attached to a light flare in ECDIS is not depicted here.) Sector lights (as described in the INT, NOAA and NGA examples at left) are depicted graphically in ECDIS, as shown below and in P40. The description of a sector light or any other type of light may always be obtained by cursor pick. 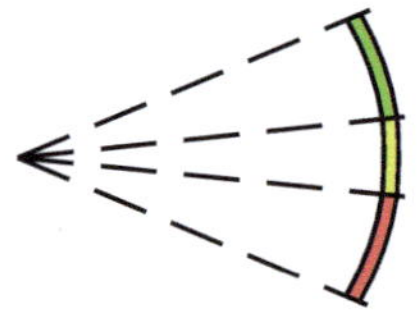
WRG	Colors: white, red, green, exhibiting the different colors in defined sections	WRG	Colors: white, red, green, exhibiting the different colors in defined sections	
15s	Period: the time taken to exhibit one full sequence of three flashes and eclipses: 15 seconds	15s	Period: the time taken to exhibit one full sequence of three flashes and eclipses: 15 seconds	
21m	Elevation of focal plane above datum: 21 meters	21ft 21m	Elevation of light: 21 feet 21 meters	
15-11M	Nominal range: white 15M, green 11M, red between 15 and 11M	11M 15-11M	Nominal range: shortest range of all the lights is 11M white 15M, green 11M, red between 15 and 11M	

Lights Marking Fairways

Leading Lights and Lights in Line

No.	INT	Description	NOAA	NGA	Other NGA	ECDIS
20.1	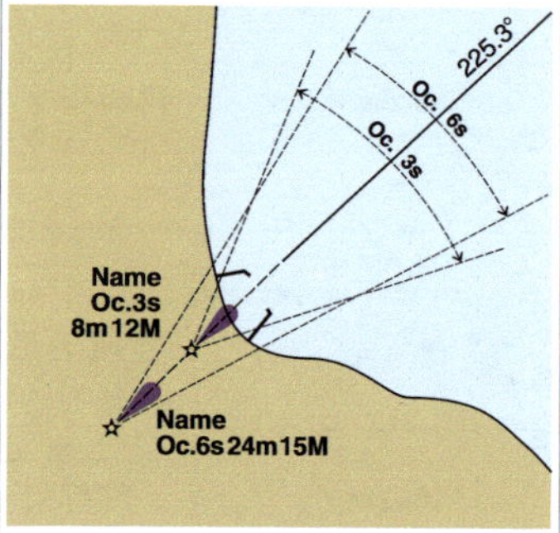 Name Oc.3s 8m12M Name Oc.6s 24m15M Oc.6s Oc.3s 225.3°	Leading lights with leading line (solid line is the track to be followed) and arcs of visibility on standard charts Bearing given in degrees and tenths of a degree	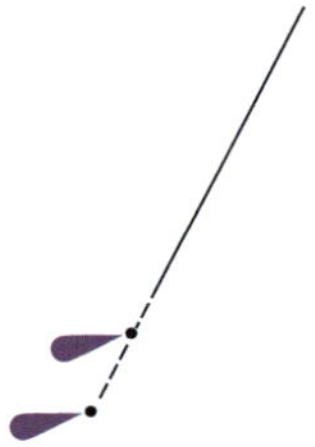	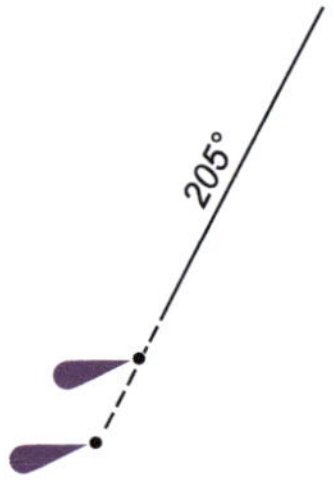 205°		Leading lights with sectors 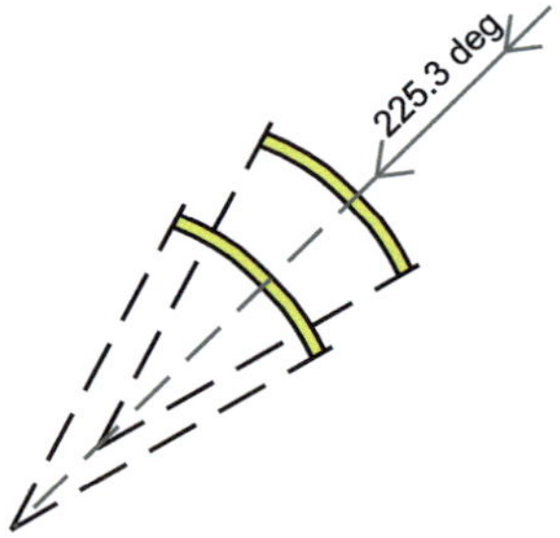 225.3 deg

编号	国际海图	符号说明	美国国家海洋和大气管理局	美国国家地理空间情报局	其他地理空间情报局	电子海图	中国海图	补充说明
完整灯质说明的示例								
16	INT 示例  Name Fl(3)WRG.15s 21m 15-11M		NOAA 示例  Name Fl (3) WRG 15s 21ft 11M	NGA 示例  Name Fl (3) WRG 15s 21m 15-11M 		FlR15s21m11M		
	Fl(3)　灯光类别：联闪光，每三次闪烁为一组，重复此组 WRG　颜色：白色、红色、绿色，在一定的光弧范围内显示不同的颜色 15 s　周期：指三次从明到暗的完整步骤所花费的时间为 15 s 21 m　高程基准面至灯光中心的高度：21 m 15-11M　标称射程：白色为 15 海里、绿色为 11 海里、红色为 11～15 海里		Fl(3)　灯光类别：联闪光，每三次闪烁为一组，重复此组 WRG　颜色：白色、红色、绿色，在一定的光弧范围内显示不同的颜色 15 s　周期：显示三次闪烁和暗淡的完整序列所花费的时间为 15 s 21 ft　灯高：21 英寸 21 m　21 m 11M　标称射程：所有灯标最短射程是 11 海里 15-11M　白色为 15 海里、绿色为 11 海里、红色为 11～15 海里			如上所示，当打开文本显示时，ECDIS 中会显示非扇形灯的说明(对于在 ECDIS 中始终显示为发光的助航标志或其他结构物不在此次进行说明) 扇形灯(如左边 INT、NOAA 和 NGA 示例中所述)在 ECDIS 中以图形方式描绘，如下图和 P40 所示  扇形灯光或任何其他类型灯光的说明始终可以通过光标选取 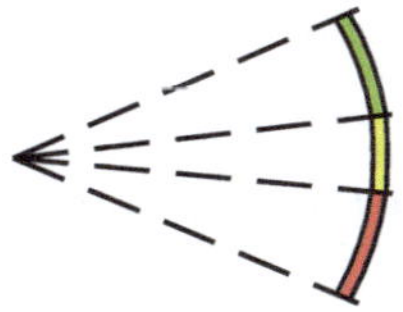		
标示航道的灯标								
导灯和区界灯								
20.1	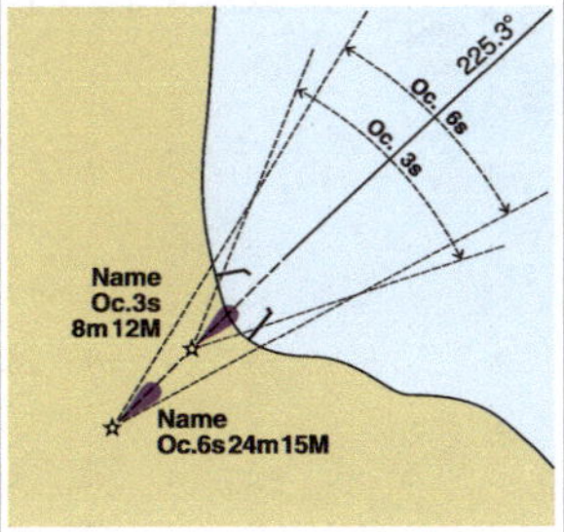 Name Oc.3s 8m 12M Name Oc.6s 24m 15M Oc.3s Oc.6s 225.3°	构成导航线的导灯(实线是要遵循的航线)和标准海图中可见光弧，方位以度和 1/10 度为单位	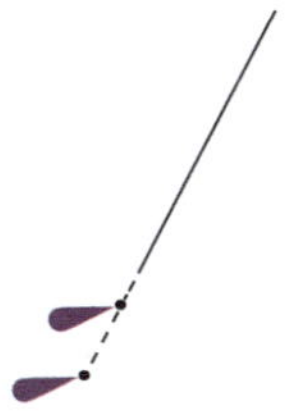	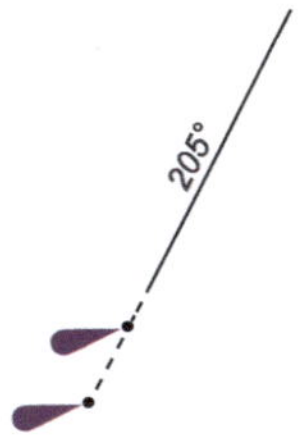 205°		225.3 deg 导灯及光弧	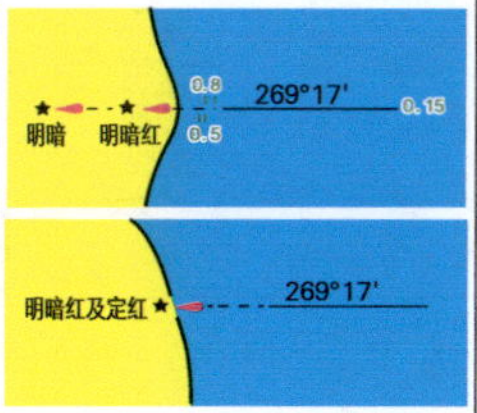 明暗　明暗红　0.8　0.5　269°17'　0.15 明暗红及定红　269°17'	P74,17.8.1 导灯，两个或两个以上前后重叠构成导航线的灯

No.	INT	Description	NOAA	NGA	Other NGA	ECDIS
20.2		Leading lights with leading line (solid line is the track to be followed) and arcs of visibility on multi-colored charts Bearing given in degrees and tenths of a degree				
20.3		Leading lights (≠ means lights in line) on standard charts Bearing given in degrees and tenths of a degree				Leading lights
20.4		Leading lights (≠ means lights in line) on multi-colored charts Bearing given in degrees and tenths of a degree				
20.5		Leading lights on small scale standard charts				
20.6		Leading lights on small scale multi-colored charts				
21.1		Lights in line, marking the sides of a channel on standard charts				Lights in line, marking the sides of a channel
21.2		Lights in line, marking the sides of a channel on multi-colored charts				
22	Rear Lt or Upper Lt	Rear or upper light				
23	Front Lt or Lower Lt	Front or lower light				

编号	国际海图	符号说明	美国国家海洋和大气管理局	美国国家地理空间情报局	其他地理空间情报局	电子海图	中国海图	补充说明
20.2	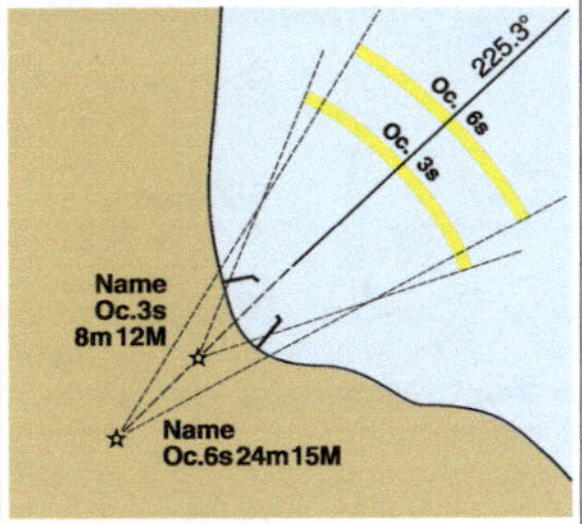 Name Oc.3s 8m12M; Name Oc.6s24m15M; Oc. 3s; Oc. 6s; 225.3°	构成导航线的导灯（实线是要遵循的航线）和标准海图中可见光弧，方位以度和1/10度为单位	（同国际海图）					
20.3	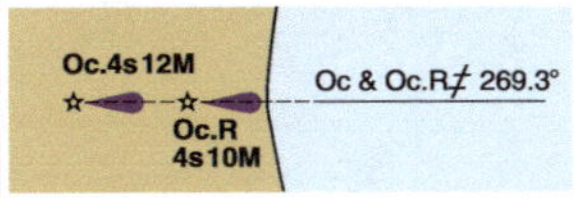 Oc.4s12M; Oc.R 4s10M; Oc & Oc.R ≠ 269.3°	标准海图中导灯（≠表示区界灯），方位以度和1/10度为单位	（同国际海图）			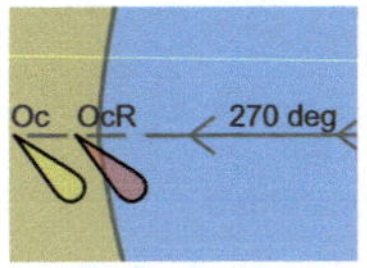 Oc OcR 270 deg 导灯		
20.4	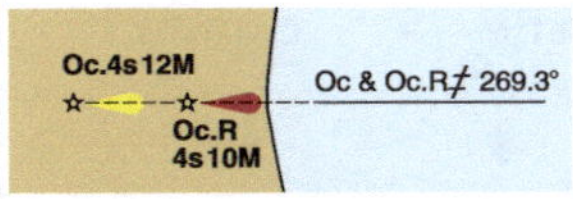 Oc.4s12M; Oc.R 4s10M; Oc & Oc.R ≠ 269.3°	彩色海图上的导灯（≠表示区界灯），方位以度和1/10度为单位	（同国际海图）					
20.5	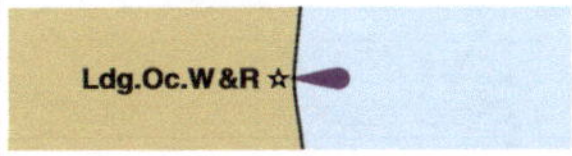 Ldg.Oc.W&R	在小比例尺标准海图中的导灯	（同国际海图）					
20.6	 Ldg.Oc.W&R	在小比例尺彩色海图中的导灯	（同国际海图）					
21.1	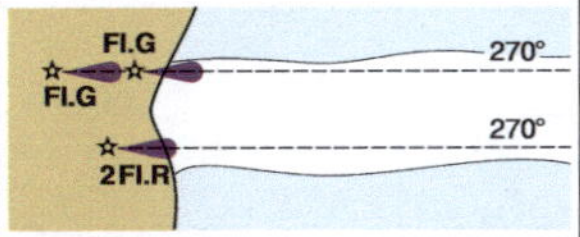 Fl.G; Fl.G; 2Fl.R; 270°; 270°	区界灯（在标准海图上标记航道的边界）	（同国际海图）			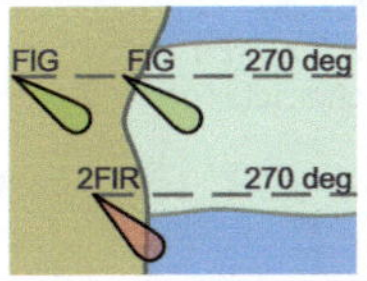 FIG FIG 270 deg; 2FIR 270 deg 区界灯（标记航道的边界）	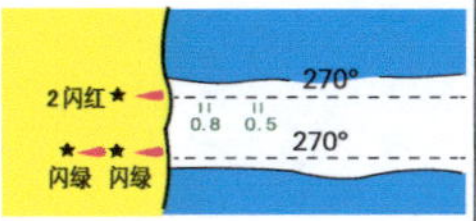 2闪红; 闪绿 闪绿; 270°; 270°; 0.8 0.5	P74,17.8.2 区界灯，用两灯成一线的方法表示危险物或某一种界线
21.2	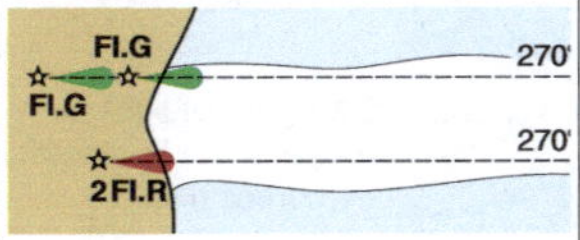 Fl.G; Fl.G; 2Fl.R; 270°; 270°	区界灯（在彩色海图上标记航道的边界）	（同国际海图）					
22	RearLtorUpperLt	后灯	（同国际海图）				后灯	P74,17.8.3
23	FrontLtorLowerLt	前灯	（同国际海图）				前灯	P74,17.8.4

No.	INT	Description	NOAA	NGA	Other NGA	ECDIS	
Direction Lights							
30.1	Fl(2)5s10m11M Dir 269°	Direction light with narrow sector and course to be followed, flanked by darkness or unintensified light				Directional light with sector 269 deg	
30.2	Oc.12s6M Dir 299° Dir 255.5° Fl(2)5s11M	Direction light on standard charts with course to be followed, sector(s) uncharted				Directional light without sector 209 deg 165.5 deg Fl(2)5s11M Oc12s6M	
30.3	Dir WRG. 15-5M F.G Al.WG F.W.4s Al.WR F.R	Direction light with narrow fairway sector flanked by light sectors of different character on standard charts					Light, directional
30.4	Dir WRG. 15-5M F.G Al.WG Oc.W.4s Al.WR F.R	Direction light with narrow fairway sector flanked by light sectors of different character on multicolored charts					
31	Dir 295°	Moiré effect light (day and night), arrows show when course alteration needed			Dir 295°	FY 270 deg	Category of light as moiré effect is obtained by cursor pick
Quoted bearings are always from seaward.							

编号	国际海图	符号说明	美国国家海洋和大气管理局	美国国家地理空间情报局	其他地理空间情报局	电子海图	中国海图	补充说明
定向灯								
30.1	 Fl(2)5s10m11M Dir 269°	定向灯（有狭窄的光弧和须遵循的航线，两侧不发光或为非强光灯）	（同国际海图）			扇形光定向灯 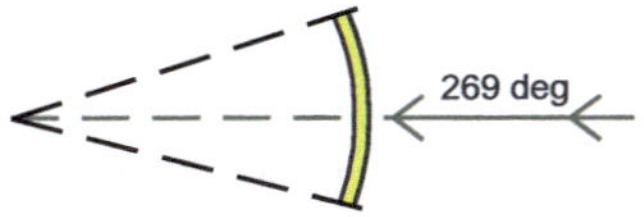 269 deg	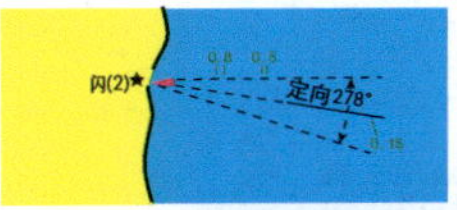 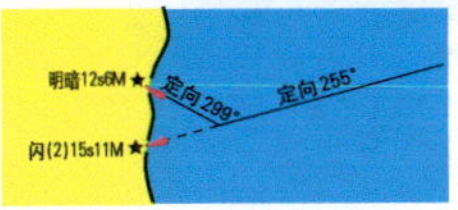 闪(2) 定向278°	P74,17.9.1 单色光定向灯
30.2	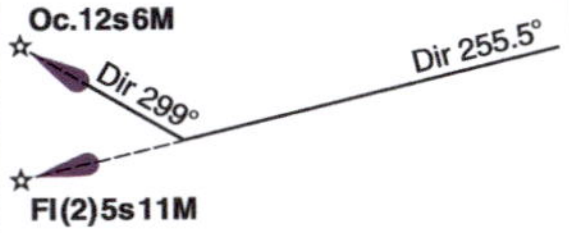 Oc.12s6M Dir 299° Dir 255.5° Fl(2)5s11M	标准海图中的定向灯（有须遵循的航线，光弧未绘制）	（同国际海图）			无扇形光定向灯 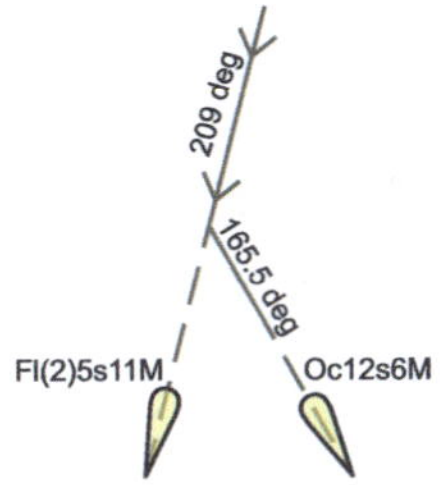 209 deg 165.5 deg Fl(2)5s11M Oc12s6M	明暗12s6M 闪(2)15s11M 定向299° 定向255°	
30.3	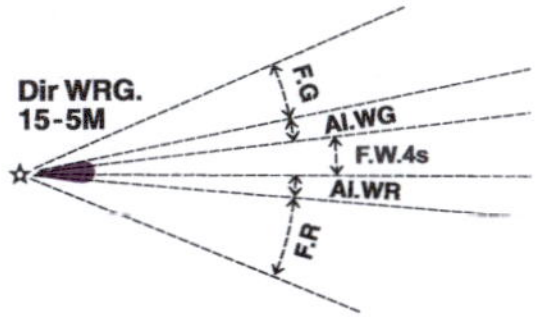 Dir WRG. 15-5M F.G Al.WG F.W.4s Al.WR F.R	标准航海图上具有狭窄航道扇形光的定向灯（扇形光两侧是不同灯质的光弧）	（同国际海图）			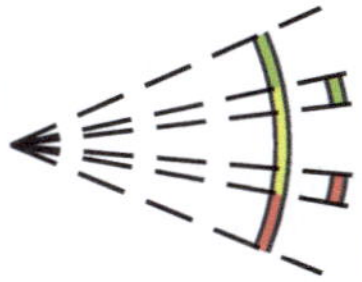 灯标（定向）	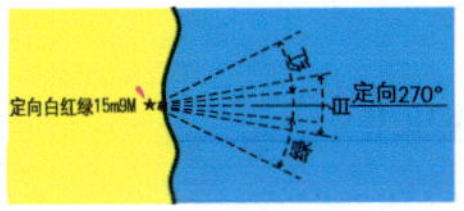 定向白红绿15s6M 定向270°	P74,17.9.2 三色光定向灯
30.4	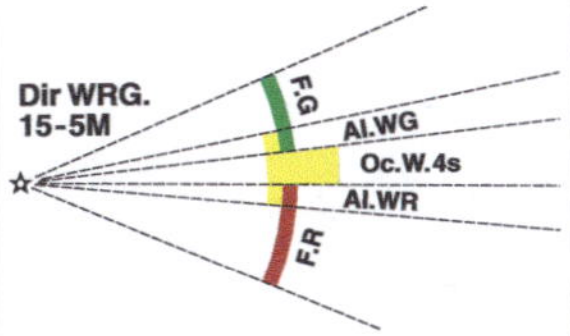 Dir WRG. 15-5M F.G Al.WG Oc.W.4s Al.WR F.R	彩色航海图上具有狭窄航道扇形光的定向灯（扇形光两侧是不同灯质的光弧）	（同国际海图）					
31	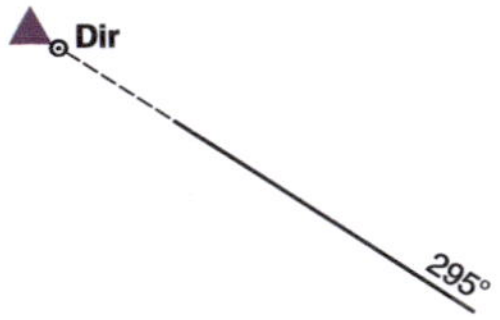 Dir 295°	波光灯（白天和夜晚），需要更改航线时会显示箭头	（同国际海图）	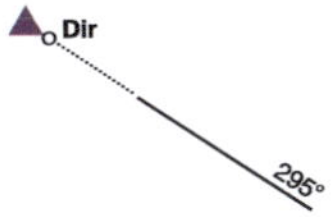	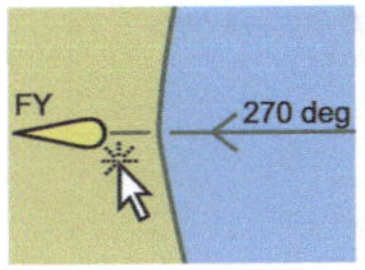 Dir 295°	FY 270 deg 波光等类别可通过光标选取		

No.	INT	Description	NOAA	NGA	Other NGA	ECDIS	
Sector Lights							
40.1	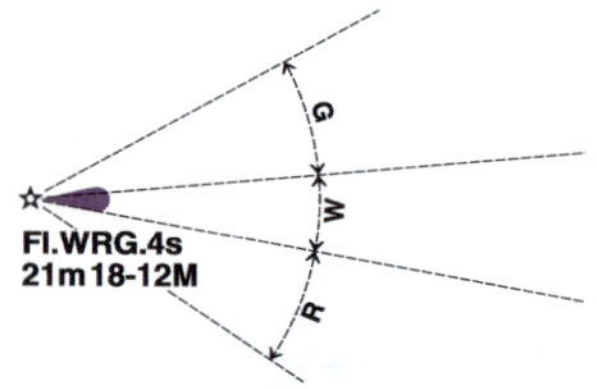 Fl.WRG.4s 21m18-12M (G W R)	Sector light on standard charts				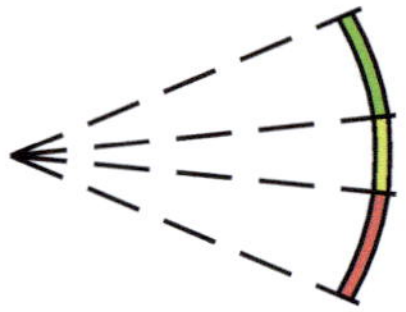	Light, sector
40.2	 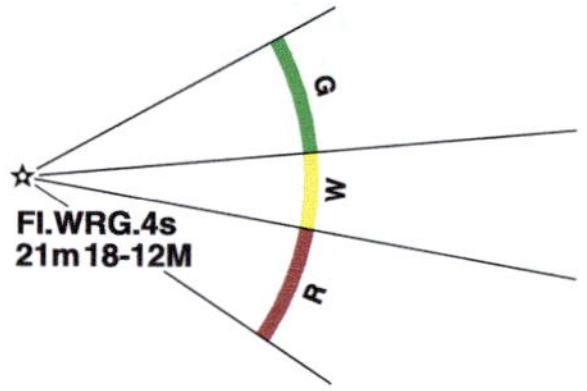 Fl.WRG.4s 21m18-12M Fl.WRG.4s 21m18-12M (G W R)	Sector light on multicolored charts					
40.3	 Fl.WRG.4s 21m18-12M	Sector light on standard charts. Sectors not charted					
40.4	 Fl.WRG.4s 21m18-12M	Sector lights on multicolored charts. Sectors not charted					
41.1	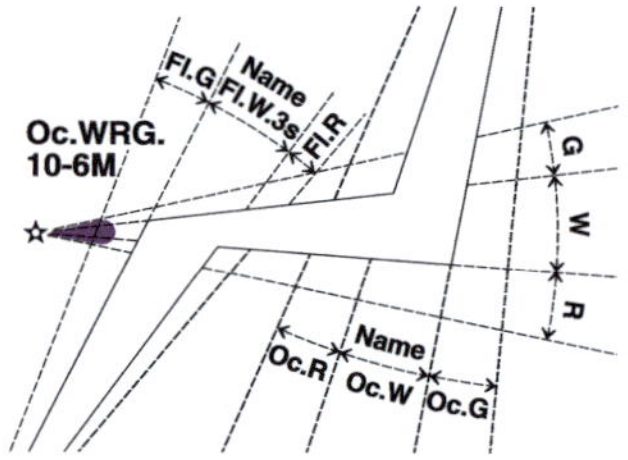 Oc.WRG. 10-6M; Fl.G Name Fl.W.3s Fl.R; G W R; Name Oc.R Oc.W Oc.G	Sector lights on standard charts, the white sector limits marking the sides of the fairway					
41.2	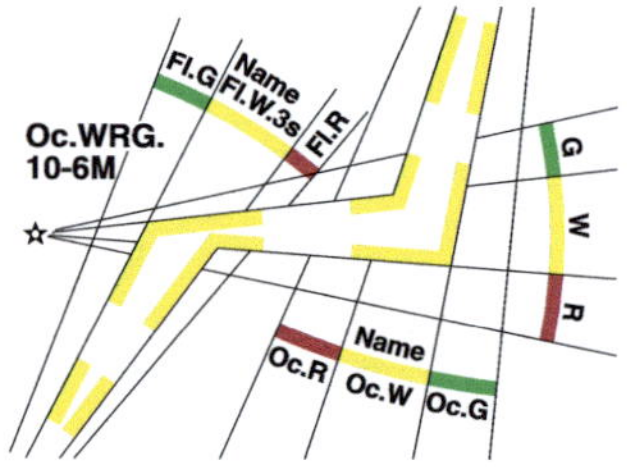 Oc.WRG. 10-6M; Fl.G Name Fl.W.3s Fl.R; G W R; Name Oc.R Oc.W Oc.G	Sector lights on multicolored charts, the white sector limits marking the sides of the fairway					

编号	国际海图	符号说明	美国国家海洋和大气管理局	美国国家地理空间情报局	其他地理空间情报局	电子海图		中国海图	补充说明
扇形灯									
40.1	Fl.WRG.4s 21m18-12M G W R	标准海图中的扇形灯	（同国际海图）				灯标（扇形光）		P76,17.10.1 扇形光灯
40.2	Fl.WRG.4s 21m18-12M Fl.WRG.4s 21m18-12M G W R	彩色海图中的扇形灯光	（同国际海图）						
40.3	Fl.WRG.4s 21m18-12M	标准海图中的扇形灯（光弧未绘制）	（同国际海图）						P76,17.10.1 扇形光灯
40.4	Fl.WRG.4s 21m18-12M	彩色海图中的扇形灯（光弧未绘制）	（同国际海图）						
41.1	Oc.WRG. 10-6M Fl.G Name Fl.W.3s Fl.R G W R Name Oc.R Oc.W Oc.G	标准海图中的扇形灯（白色光弧界线标记航道的两侧）	（同国际海图）						P76,17.10.1 扇形光灯
41.2	Oc.WRG. 10-6M Fl.G Name Fl.W.3s Fl.R G W R Name Oc.R Oc.W Oc.G	彩色海图中的扇形灯（白色光弧界线标记航道的两侧）	（同国际海图）						

No.	INT	Description	NOAA	NGA	Other NGA	ECDIS
42.1	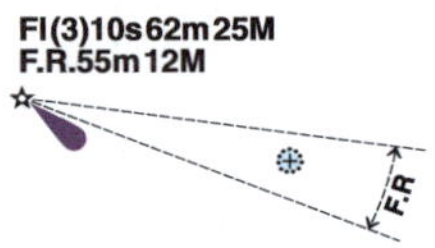 Fl(3)10s62m25M F.R.55m12M F.R	Main light visible all-round with red subsidiary light seen over danger	 RED			Light, danger 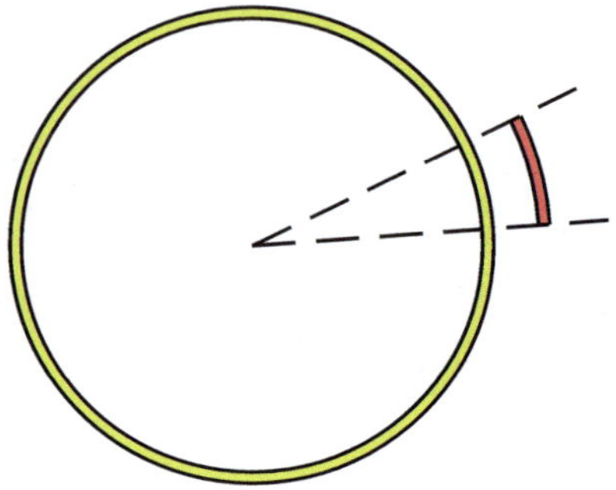
43.1	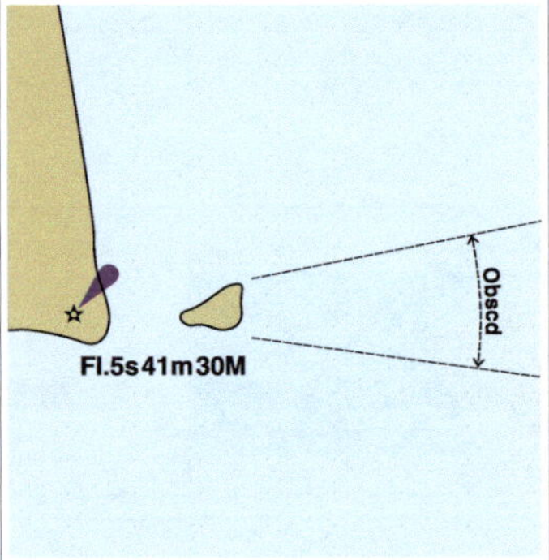 Fl.5s41m30M Obscd	All-round light with obscured sector	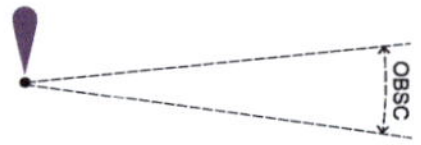 OBSC			Light, obscured 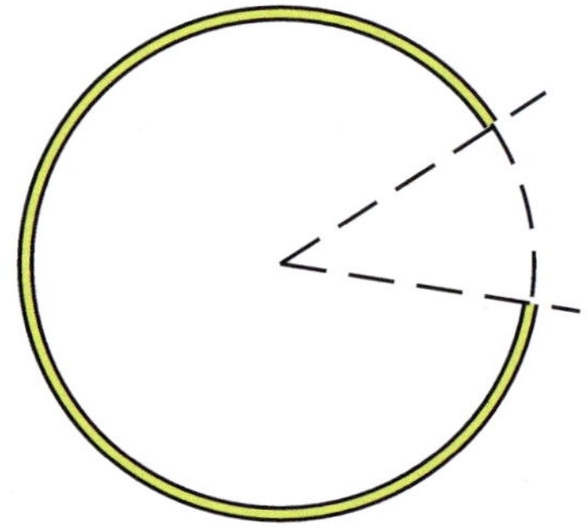
44.1	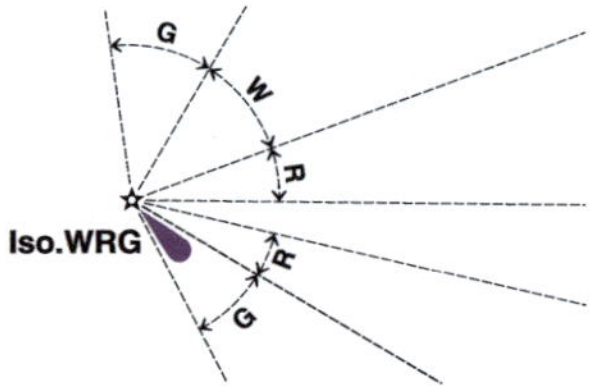 Iso.WRG G W R R G	Light with arc of visibility deliberately restricted				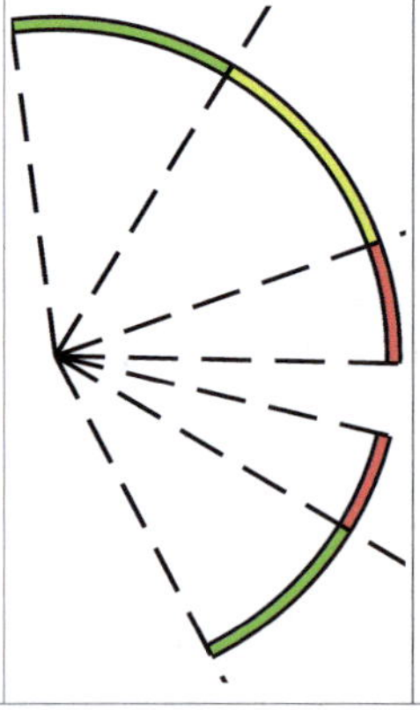 Light, restricted

编号	国际海图	符号说明	美国国家海洋和大气管理局	美国国家地理空间情报局	其他地理空间情报局	电子海图		中国海图	补充说明
42.1	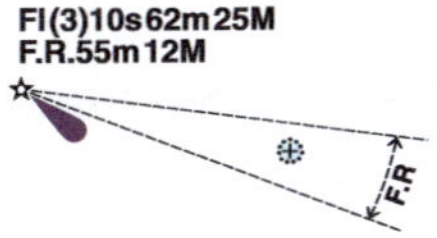 Fl(3)10s62m25M; F.R.55m12M; F.R	标准海图中的全方位可见主灯及标示危险物的红色辅助灯	 RED	(同国际海图)		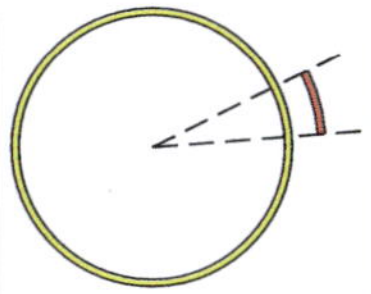	灯光(危险物)	 闪(3)10s31m23M; 定红20m11M; 定红	P76,17.10.2 主灯和辅助灯
43.1	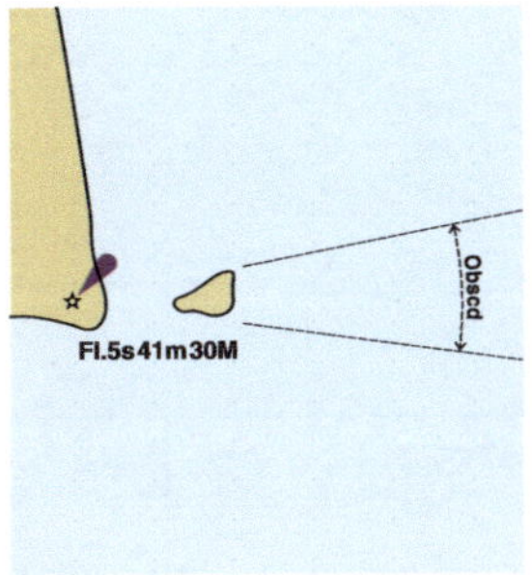 Fl.5s41m30M; Obscd	标准海图中的灯光遮蔽	 OBSC	(同国际海图)		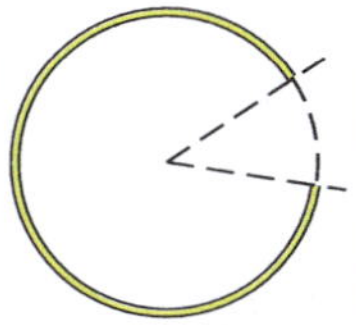	灯光(遮蔽)	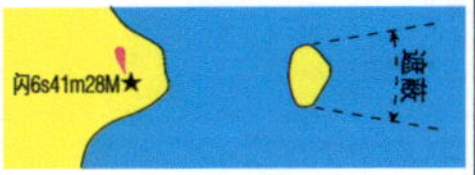 闪6s41m28M; 遮蔽	P76,17.10.3 灯光遮蔽
44.1	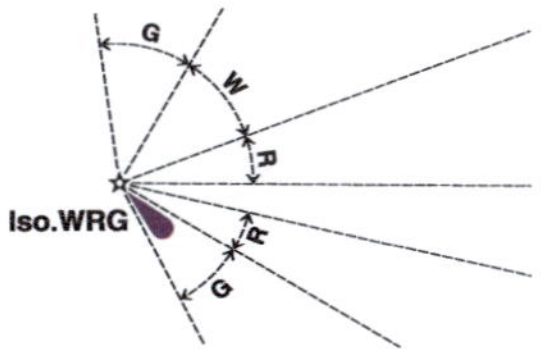 Iso.WRG; G; W; R; R; G	标准海图中故意限制光弧可见度的灯标	(同国际海图)			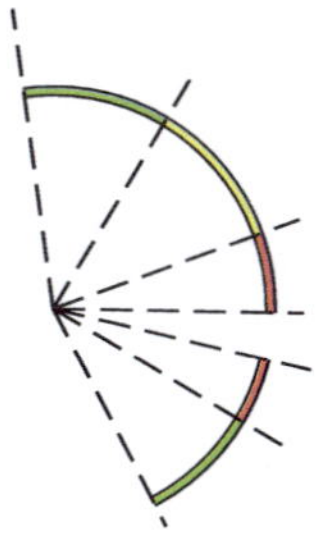	灯光(限制光弧)		

No.	INT	Description	NOAA	NGA	Other NGA	ECDIS	
45.1	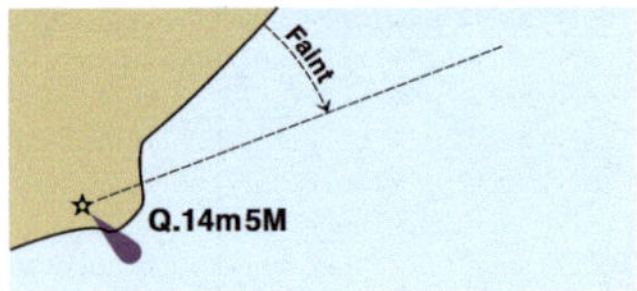 Faint Q.14m5M	Light with faint sector					 Light, faint
46.1	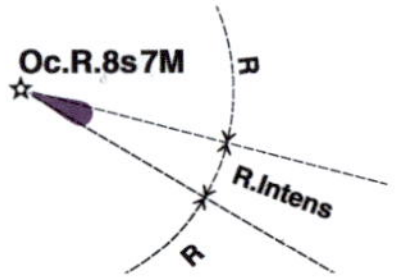 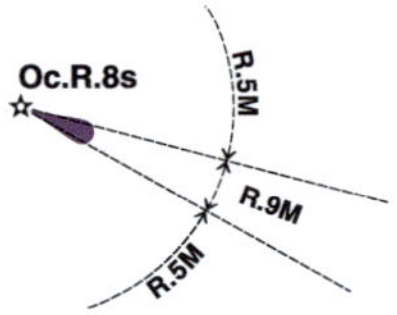 Oc.R.8s7M R R.Intens R Oc.R.8s R.5M R.9M R.5M	Light with intensified sector					Intensified light visibility is obtained by cursor pick 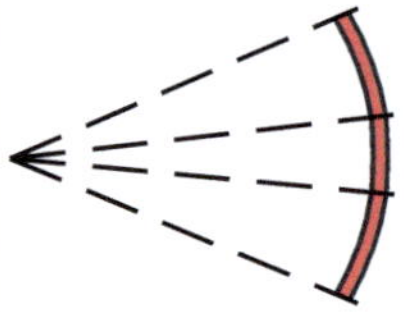 Light, intensified
Lights with Limited Times of Exhibition							
50	F.R.(occas)	Lights exhibited only when specially needed (for fishing vessels, ferries) and some private lights	Occas	F R (occas)			Status and condition of light is obtained by cursor pick
51	Fl.10s40m27M (F.37m11M Day)	Daytime light (charted only where the character shown by day differs from that shown at night)		F Bu 9m 6M (F by day)			
52	Name Q.WRG.5m10-3M (Fl.5s Fog)	Fog light (exhibited only in fog, or character changes in fog)					
53	† Fl.5s(U)	Unwatched (unmanned) light with no standby or emergency arrangements					
54	(temp)	Temporary					
55	(exting)	Extinguished					
56	(man)	Manually activated					
Special Lights							
Flare Stack (as sea) → L		Flare Stack (on land) → E		Signal Stations → T			
60	Aero Al.Fl.WG.7.5s11M	Aero light (may be unreliable)	AERO	AERO Al WG 7.5s 108m 13M	AERO	AeroAlFlWG7.5s11M	Light

编号	国际海图	符号说明	美国国家海洋和大气管理局	美国国家地理空间情报局	其他地理空间情报局	电子海图	中国海图	补充说明
45.1	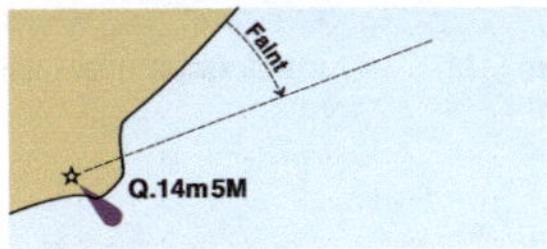 Faint Q.14m5M	标准海图上的灯光半遮蔽（弱光）	（同国际海图）			 半遮蔽灯光（弱光）	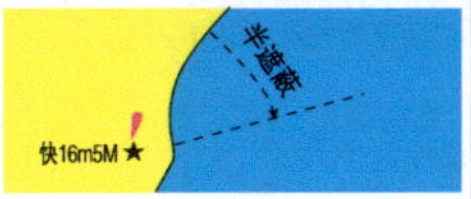 快16m5M 半遮蔽	P76,17.10.4 灯光半遮蔽（弱光）
46.1	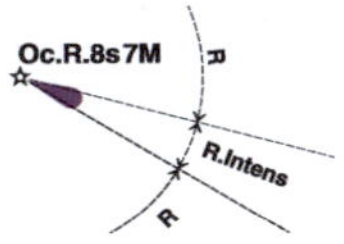 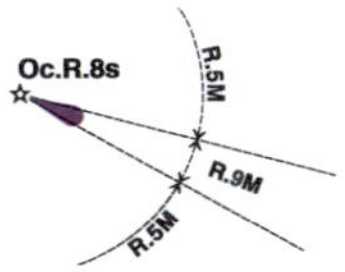 Oc.R.8s7M R R.Intens R Oc.R.8s R.5M R.9M R.5M	标准海图上的灯光增强	（同国际海图）			 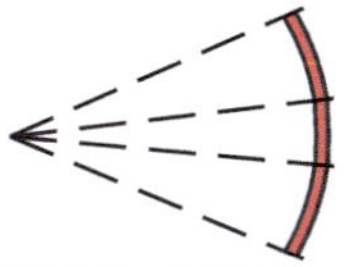 强光灯可见度可通过光标选取 灯（增强）		
发光时间有限的灯								
50	F.R.(occas)	标准海图上，仅在特别需要时（渔船、轮渡）才发光的灯和一些私设灯	Occas	F R (occas)		灯的状态和周围环境可通过光标选取	平熄	P76,17.11.1 平时熄灭灯
51	Fl.10s40m27M (F.37m11M Day)	标准海图上的昼灯（仅当白天与夜间的灯质不同时，须在海图上表示白天灯质）	（同国际海图）	F Bu 9m 6M (F by day)			闪10s32m20M (定28m9M昼)	P76,17.11.2 昼灯
52	Name Q.WRG.5m10-3M (Fl.5s Fog)	标准海图上的雾灯（仅在雾天发光，或雾天灯质改变）	（同国际海图）				 雾	P76,17.11.3 雾灯
53	† Fl.5s(U)	无人看守的灯（无备用或应急安排）	（同国际海图）					
54	(temp)	临时灯	（同国际海图）				临	P76,17.11.5 临时灯
55	(exting)	熄灭灯	（同国际海图）				熄	P76,17.11.6 熄灭灯
56	(man)	人工发光灯	（同国际海图）					
专用灯								
火炬（在海上）→L　火炬（在陆上）→E　信号站→T								
60	Aero Al.Fl.WG.7.5s11M	航空灯（可能不可靠）	AERO	AERO Al WG 7.5s 108m 13M	AERO	AeroAlFlWG7.5s11M  灯	航空	P76,17.12.1 航空灯

No.	INT		Description	NOAA	NGA	Other NGA	ECDIS	
61.1	Aero F.R.313m11M RADIO MAST (353)		Air obstruction light of high intensity (e.g. on radio mast)		AERO F R 77m 11M		AeroFR313m11M	Conspicuous mast with light
61.2	(89) (R Lts)		Air obstruction light of low intensity (e.g. on radio mast)		TR (RLts)			
62	Fog Det Lt		Fog detector light					Category of light is obtained by cursor pick
63		(Illuminated)	Floodlit, floodlighting of a structure					Floodlight
64			Strip light					Strip light
On multicolored charts, P63 and P64 may be any appropriate color.								
65	(priv)		Private light other than one exhibited occasionally	Priv	F R (priv)	Priv maintd		Status of private is obtained by cursor pick
66	(sync)		Synchronized light					
Supplementary National Symbols								
a			Riprap surrounding light					
b			Short-Long Flashing			S-L Fl		
c			Group-Short Flashing			G-S Fl		
d			Fixed and Group Flashing			F Gp Fl		
e			Unmanned light-vessel; light float			FLOAT		
f			LANBY, superbuoy as navigational aid					

编号	国际海图	符号说明	美国国家海洋和大气管理局	美国国家地理空间情报局	其他地理空间情报局	电子海图		中国海图	补充说明
61.1	† Aero F.R.313m11M RADIO MAST (353)	高光强的航空障碍灯（例如在无线电杆上）	（同国际海图）	AERO F R 77m 11M		AeroFR313m11M	突出的设灯电杆	红灯	P76,17.12.2 航空障碍灯
61.2	(89) (R Lts)	航空障碍灯（例如在无线电杆上）	（同国际海图）	TR (RLts)					
62	Fog DetLt	探雾灯	（同国际海图）				灯光的分类可通过光标选取	探雾灯	P76,17.12.3 探雾灯
63	(illum)	建筑物的泛光灯	（同国际海图）				泛光灯		
64		条形灯	（同国际海图）				条形灯		
在彩色海图上，P63 和 P64 可以是任何适当的颜色。									
65	(priv)	私设灯（与平时熄灭灯不同）	Priv	F R (priv)	Priv maintd		私设的状态可通过光标选取	私	P76,17.12.4 私设灯
66	(sync)	同步灯	（同国际海图）					同步	P76,17.12.6 同步灯
补充的国家符号									
a		灯标周围的抛石碓							
b		短长闪光			S-L Fl				
c		联短闪光			G-S Fl				
d		定联闪光			FGpFI				
e		无人看守灯标船舶；船形灯浮标			FLOAT				
f		蓝比、大型助航浮标							
C. a								渔	P76,17.12.5 渔灯
C. b								前灯★定红2.5s9.2m9.5M 渔、平熄 黄礁☆闪(3)白红绿15s20m16-12M	P76,17.13 灯质注记示例
C. c								季	P76,17.11.4 季节灯

ECDIS

Simplified and Traditional Paper Chart Symbols

ECDIS can be set to display aids to navigation with either traditional paper chart or simplified symbols. The two symbol sets are shown below. Some ECDIS color fill the paper chart buoy shapes, but this is not required by IHO ECDIS portrayal specifications.

Floating Marks

Paper Chart	Simplified	Simplified Symbol Name
*		Cardinal buoy, north
*		Cardinal buoy, east
*		Cardinal buoy, south
*		Cardinal buoy, west
?	?	Default symbol for buoy (used when no defining attributes have been encoded in the ENC)
*		Isolated danger buoy
		Conical lateral buoy, green
		Conical lateral buoy, red
		Can shape lateral buoy, green
		Can shape lateral buoy, red
		Installation buoy and mooring buoy
**		Safe water buoy
		Special purpose buoy, spherical or barrel shaped, or default symbol for special purpose buoy
		Special purpose TSS buoy marking the starboard side of the traffic lane
		Special purpose TSS buoy marking the port side of the traffic lane
		Special purpose ice buoy or spar or pillar shaped buoy
		Super-buoy ODAS & LANBY
		Light float
		Light vessel

Fixed Marks

Paper Chart	Simplified	Simplified Symbol Name
*		Cardinal beacon, north
*		Cardinal beacon, east
*		Cardinal beacon, south
*		Cardinal beacon, west
?	?	Default symbol for a beacon (used when no defining attributes have been encoded in the ENC)
		Isolated danger beacon
		Major lateral beacon, red
		Major lateral beacon, green
		Minor lateral beacon, green
		Major safe water beacon
		Minor safe water beacon
		Major special purpose beacon
		Minor special purpose beacon

* Paper chart symbols display various buoy or beacon shape symbols in conjunction with the topmark. Simplified portrayal only displays the topmark.
** Several different paper chart symbols correspond to this simplified symbol.

Day Marks

Paper Chart	Simplified	Simplified Symbol Name
		Square or rectangular daymark
		Triangular daymark, point up
		Triangular daymark, point down
		Retro reflector

简化和传统的纸质海图符号

可将 ECDIS 设置为使用传统的纸质海图或简化符号来显示助航标志。两个符号集如下所示。一些 ECDIS 使用颜色填充纸质海图浮标形状，但 IHO 的 ECDIS 图示表达规范未对此作要求。

浮标

纸质海图符号	简化符号	简化符号名称
*		北方位浮标
*		东方位浮标
*		南方位浮标
*		西方位浮标
?	?	浮标的默认符号（当未在 ENC 中对任何定义属性进行编码时使用）
*		孤立危险物浮标
		锥形侧面浮标（绿色）
		锥形侧面浮标（红色）
		罐形侧面浮标（绿色）
		罐形侧面浮标（红色）
		作业浮标和系船浮标
**		安全水域浮标
		专用浮标、球形或桶形或专用浮标的默认符号
		专用 TSS 浮标，标示航道的右侧
		专用 TSS 浮标，标示航道的左侧
		专用冰区浮标或杆形、柱形浮标
		大型浮标 ODAS&LANBY
		船形灯浮标
		灯船

固定标志

纸质海图符号	简化符号	简化符号名称
*		北方位立标
*		东方位立标
*		南方位立标
*		西方位立标
?	?	立标的默认符号（当未在 ENC 中对任何定义属性进行编码时使用）
		孤立危险物立标
		主侧面立标（红色）
		主侧面立标（绿色）
		次侧面立标（绿色）
		主安全水域立标
		次安全水域立标
		主专用立标
		次专用立标

* 纸质海图符号显示了各种有顶标的浮标或立标符号。

简化海图符号的图示表达仅显示顶标。

注：有多个不同的纸质海图符号对应于该简化符号。

昼标

纸质海图符号	简化符号	简化符号名称
		正方形或矩形昼标
		三角形昼标（顶点向上）
		三角形昼标（顶点向下）
		反射器

Q 浮标 立标

Q Buoys, Beacons

No.	INT	Description	NOAA	NGA	Other NGA	ECDIS
Buoys and Beacons						
IALA Maritime Buoyage System, which includes Beacons → Q 130						
		Default buoy symbol if no other defining attribution is provided				? Default symbol for buoy, paper chart . Default symbol for buoy, simplified
		Default beacon symbol if no other defining attribution is provided				? Default symbol for a beacon, paper chart ? Default symbol for a beacon, simplified
1		Position of buoy or beacon				ECDIS shows the position of buoys and beacons with a circle at the bottom of paper chart symbols. For simplified symbols, the position of the aid corresponds with the center of the symbol.
Colors of Buoys and Beacon Topmarks						Supplementary national symbols: p
Abbreviations for Colors → P						
2	G B G G G	Green and black (symbols filled black)	G			
3	R R Y Y R	Single color other than green and black	R			
4	BY GRG BRB	Multiple colors in horizontal bands, the color sequence is from top to bottom	RG			
5	RW RW RW	Multiple colors in vertical or diagonal stripes, the darker color is given first	RW			
6		Retroreflecting material				
Lighted Marks						Supplementary national symbols: p
Marks with Fog Signals → R						Supplementary national symbols: p
7	Fl.G G Fl.R R	Lighted marks on standard charts	Fl G Fl R	Fl R R		
8	Fl.R R Iso RW Fl.G G	Lighted marks on multicolored charts				
Note: On standard charts, the light flares of buoys and beacons are shown in magenta. On multicolored charts, the light flares are shown in the colors of the appropriate light						

编号	国际海图	符号说明	美国国家海洋和大气管理局	美国国家地理空间情报局	其他地理空间情报局	电子海图		中国海图	补充说明
浮标和立标									
IALA 海上浮标系统，包括立标→Q130									
		如果未提供其他定义属性，则为默认浮标符号	（同国际海图）			?	默认浮标符号（纸质海图版）		
						.	默认浮标符号（简化版）		
		如果未提供其他定义属性，则为默认立标符号	（同国际海图）			?	默认立标符号（纸质海图版）		
						?	默认立标符号（简化版）		
1		浮标或立标的位置				ECDIS 显示的浮标和立标的位置为纸质海图符号中相应符号底部的圆圈处。对于简化符号，助航标志的位置与符号的中心相对应			
浮标和立标顶标的颜色						补充的国家符号：p			
颜色的缩写→P									
2	G B G G G	单色；绿色和黑色标	G					绿 黑 绿 黑	P78，18.1.1 绿色和黑色标
3	R R Y Y R	除了绿色和黑色之外的其他单一颜色：红色（R），黄色（Y），橙色（O）	R					红 红 黄 黄	P78，18.1.2 红色及其他色标
4	BY GRG BRB	横带上的多种颜色（颜色按标身自上而下顺序注记）	RG					黑黄 绿红绿 黑红黑	P78，18.1.3 横带，颜色按标身自上而下顺序
5	RW RW RW	竖条或斜条上的多种颜色（颜色按深色在前的顺序注记）	RW					红白 红白 红白 蓝黄	P78，18.1.4 竖条
6		反光材料							
设灯标志						补充的国家符号：p			
带有雾号的标志→R						补充的国家符号：p			
7	Fl.G G Fl.R R	标准海图中的设灯标	Fl G Fl R	Fl R R				闪绿 绿 闪绿 绿 闪红 红 等明暗 红白	P78，18.2 灯浮标
8	Fl.R R Iso RW Fl.G G	彩色海图上的设灯标	（同国际海图）						
注：在标准海图上，使用品红色显示浮标和立标的发光符号。在彩色海图上，以适当的灯光颜色显示发光符号。									

No.	INT	Description	NOAA	NGA	Other NGA	ECDIS
Topmarks and Radar Reflectors						
For Application of Topmarks within the IALA System → Q 130		For other topmarks (special purpose buoys and beacons) → Q				
9		IALA System buoy topmarks (beacon topmarks shown upright)	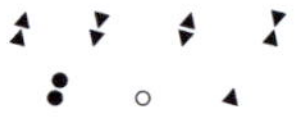			Paper chart symbols for topmarks (on the left, below) are always displayed above a buoy or beacon shape symbol, as in Q 10 and Q 11. Simplified symbols (on the right, below) for cardinal marks, isolated dangers and safe water consist of only the topmark without the buoy shape symbol. Simplified symbology for marks with any other type of topmark will display only the simplified buoy or beacon shape symbol without a topmark. 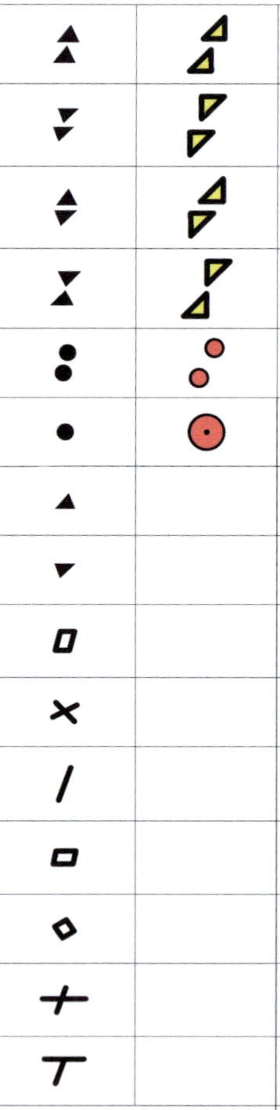 2 cones point upward 2 cones point downward 2 cones base to base 2 cones point to point 2 spheres Sphere Cone point up Cone point down Cylinder, square, vertical rectangle X-shape Flag or other shape Board, horizontal rectangle Cube point up Upright cross over a circle T-shape
10	 No2 R	Beacon with topmark, color, radar reflector and designation	G "3" Ra Ref			bn No 2  — Beacon in general with topmark, paper chart

编号	国际海图	符号说明	美国国家海洋和大气管理局	美国国家地理空间情报局	其他地理空间情报局	电子海图	中国海图	补充说明
顶标和雷达反射器								
IALA 系统内顶标的应用→Q130		其他顶标（专用浮标和立标）→Q						
9		IALA 系统浮标顶标（立标顶标竖直向上显示）				如 Q10 和 Q11 所示，纸质海图符号中的顶标（在左下方）始终显示在浮标或立标形状符号上方。 方位浮标、孤立危险物标和安全水域标的简化符号（在右下方）仅由顶标构成，没有浮标形状符号。具有其他任何类型顶标的各标志简化符号将仅显示不带顶标的简化浮标或立标形状符号 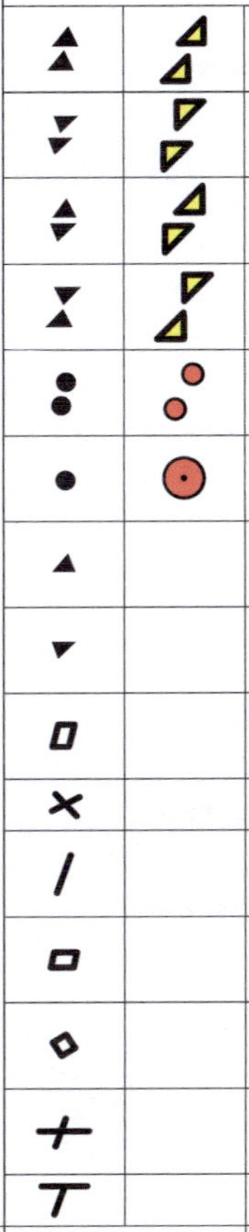 双锥形（锥顶向上） 双锥形（锥顶向下） 双锥形（锥顶相背） 双锥形（锥顶相对） 双球形 球形 锥形（锥顶向上） 锥形（锥顶向下） 圆柱形、正方形、竖直矩形 X 形 旗形或其他形状 牌形（水平矩形） 立方体（顶点向上） 一个圆圈上的竖直向上十字 T 形		P78，18.3.1 顶标，装置于浮标和立标顶部，供白天识别的标志。 按其外形不同可分罐形、锥形、球形、X 形等多种
10	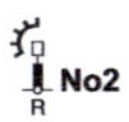 No2 R	带有顶标、颜色、雷达反射器和编号的立标	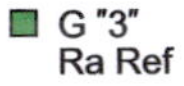 G "3" Ra Ref			 bn No 2 带有顶标的一般立标（纸质海图版）	 (1) 连云港 红	P78，18.3.2 有顶标等的立标

No.	INT	Description	NOAA	NGA	Other NGA	ECDIS		
11	No3 G	Buoy with topmark, color, radar reflector and designation	G N "3"	No 3 G		by No 3		Conical buoy with topmark, paper chart
Note: Radar reflectors on floating marks usually are not charted. ECDIS does not display radar reflectors on fixed or floating aids; this information is obtained by cursor pick.								
Buoys								
Shapes of Buoys								
Features Common to Buoys and Beacons → Q 1–11								
						Paper Chart	Simplified	
20		Conical buoy, nun buoy, ogival buoy	N					Conical buoy
21		Can buoy or cylindrical buoy	C					Can buoy
22		Spherical buoy	SP					Spherical buoy
23		Pillar buoy; Buoy with no distinctive shape	P					Pillar buoy
24		Spar buoy, spindle buoy	S					Spar buoy
25		Barrel buoy, tun buoy						Barrel buoy
26 †		Superbuoy						Super-buoy Lanby, super-buoy Super-buoy odas & lanby
Light Vessels and Minor Light Floats								
30.1	Fl.G.3s Name G	Light float on standard charts						Light float
30.2	Fl.G.3s Name G	Light float on multi-colored charts						
31 †	Fl.10s	Light float not part of IALA System						Light float
32		Light vessel						Light vessel, paper chart

编号	国际海图	符号说明	美国国家海洋和大气管理局	美国国家地理空间情报局	其他地理空间情报局	电子海图			中国海图	补充说明
11	No3 G	带有顶标、颜色、雷达反射器和编号的浮标	G N "3"	No 3 G		by No 3		带有顶标的锥形浮标(纸质海图版)	(2) 长江口 红	P78,18.3.3 有顶标等的浮标
注:浮式标志上的雷达反射器通常不绘制。ECDIS 不显示固定或浮式助航标志上的雷达反射器;相关信息通过光标选取。										
浮标										
浮标的形状										
浮标和立标的共同特征→Q1—11										
						纸质海图	简化符号			
20		锥形浮标,纺锤形浮标、尖顶形浮标	N	(同国际海图)				锥形浮标	2.5 0.15 2.5	P78,18.4.1 锥形浮标
21		罐形浮标,圆柱形浮标	C	(同国际海图)				罐形浮标	1.2 2.0 2.5	P78,18.4.2 罐形浮标
22		球形浮标	SP	(同国际海图)				球形浮标	2.0 2.5	P78,18.4.3 球形浮标
23		柱形浮标;无突出形状的浮标	P	(同国际海图)				柱形浮标	3.0 2.5	P78,18.4.4 柱形浮标
24		杆形浮标、梭形浮标	S	(同国际海图)				杆形浮标	3.0 0.35 1.2	P78,18.4.5 杆形浮标
25		桶形浮标、大桶形浮标		(同国际海图)				桶形浮标	1.2 2.5	P78,18.4.6 桶形浮标
26	†	大型浮标。大型浮标就是巨大的浮标,例如安装在直径约 5 m 的圆形船体上的助航标志。具有大型浮标尺寸的油轮系泊设备是大型浮标符号的变体(L16)						大型浮标 LANBY、大型浮标 大型浮标 ODAS&LANBY	1.0 3.5	P78,18.4.7 大型浮标
灯船和次要灯浮标										
30.1	Fl.G.3s Name G	标准海图中的船形灯浮标(示例)		(同国际海图)				船形灯浮标	1.0 3.5	P70,17.1.5 主要浮动灯标
30.2	Fl.G.3s Name G	彩色海图上的船形灯浮标(示例)								
31	Fl.10s †	不属于 IALA 系统的灯浮标		(同国际海图)				船形灯浮标	1.0 3.5	P70,17.1.5 主要浮动灯标
32		标准海图中的灯船	(同国际海图)					灯船(纸质海图符号)	1.0 3.5	P70,17.1.5 主要浮动灯标

No.	INT	Description	NOAA	NGA	Other NGA	ECDIS	
Mooring Buoys							
Oil or Gas Installation Buoy → L							
40		Mooring buoys					Mooring buoy, can shape, paper chart Mooring buoy, barrel shape, paper chart Istallation buoy and mooring buoy, simplified
41.1	*Fl.Y.2.5s*	Lighted mooring buoy (example) on standard charts		*Fl Y 2s*			Mooring buoy with light flare, barrel shape, paper chart
41.2	*Fl.Y.2,5s*	Lighted mooring buoy (example) on multi-colored charts					
42	1 2	Trot, mooring buoys with ground tackle and berth numbers				Nr 1	Trot, mooring buoys with ground tackle and berth numbers
43		Mooring buoy with telephonic communication		*Tel* *Tel* Tel = telegraphic *T* *T* T = telephonic			Mooring buoy, can shape, paper chart Mooring buoy, barrel shape, paper chart Installation buoy and mooring buoy, simplified
44	*Small Craft Moorings*	Numerous moorings (example)	*Numerous mooring buoys*	*(5 buoys)* *Moorings*			Small-craft mooring area
45		Visitors' mooring					Availability of visitor mooring at marina is obtained by cursor pick

编号	国际海图	符号说明	美国国家海洋和大气管理局	美国国家地理空间情报局	其他地理空间情报局	电子海图		中国海图	补充说明
系船浮筒									
油气作业浮标→L									
40		系船浮筒		（同国际海图）			罐形系船浮筒（纸质海图版） 桶形系船浮筒（纸质海图版） 作业浮筒和系船浮筒（简化版）	 1.2 0.5	P80,18.5.1 罐形系船浮筒 P80,18.5.2 桶形系船浮筒
41.1	Fl.Y.2.5s	标准海图上设灯的系船浮筒（示例）		Fl Y 2s			发光的桶形系船浮筒（纸质海图版）	闪黄 (1)	P80,18.5.3 设灯的系船浮筒
41.2	Fl.Y.2,5s	彩色海图上设灯的系船浮筒（示例）							
42	① ②	有锚泊索具和泊位编号的串联式系船设施	（同国际海图）			Nr 1	有锚泊索具和泊位编号的串联式系船设施		
43		设电话的系船浮筒	（同国际海图）	Tel Tel Tel = telegraphic T T T = telephonic			罐形系船浮筒（纸质海图版） 桶形系船浮筒（纸质海图版） 作业浮筒和系船浮筒（简化版）		P80,18.5.4 设电报、电话的系船浮筒
44	Small Craft Moorings	众多系船浮筒（示例）	Numerous mooring buoys	(5 buoys) Moorings			小型船系船区		
45		旅游船系船浮筒	（同国际海图）				小船停泊区的旅游船系船可用性可通过光标选取		

No.	INT	Description	NOAA	NGA	Other NGA	ECDIS	
Special Purpose Buoys							
Note: Shapes of buoys are variable. Lateral or Cardinal buoys may be used in some situations.							
							Purpose of buoy and other information is obtained by cursor pick
Purpose of buoy may be shown by label.							
50	DZ Y	Firing danger area (Danger Zone) buoy					Conical buoy with topmark, paper chart
54	DG Y	Degaussing Range buoy					Special purpose buoy, spherical or barrel shaped, or default symbol for special purpose buoy, simplified
58	ODAS ODAS	ODAS buoy (Ocean Data Acquisition System), data collecting buoy	ODAS	ODAS			Super-buoy, paper chart Super-buoy odas & lanby, simplified Spherical buoy, paper chart Spherical buoy, simplified

编号	国际海图	符号说明	美国国家海洋和大气管理局	美国国家地理空间情报局	其他地理空间情报局	电子海图		中国海图	补充说明
专用浮标									
注：浮标形状具有可变性。在某些情况下，可能会使用侧面或方位浮标。									
							浮标的用途和其他信息可通过光标选取		
浮标的用途可以通过标注显示。									
50	DZ	射击危险区（危险区）浮标	（同国际海图）				有顶标的锥形浮标（纸质海图版）		
54	DG	消磁观测场浮标	（同国际海图）				专用浮标、球形或桶形，或专用浮标的默认符号（简化版）		
58	ODAS ODAS	海洋数据收集系统	ODAS ODAS				大型浮标（纸质海图版） 大型浮标 ODAS&LANBY（简化版） 球形浮标（纸质海图版） 球形浮标（简化版）	海探	P80，18.6.2 大型海洋资料探测浮标

No.	INT	Description	NOAA	NGA	Other NGA	ECDIS
70	(priv) Y	Buoy privately maintained (example)	Priv		(occas) Y (01.04.–31.10.) Y	Status as private is obtained by cursor pick
71	(Apr–Oct) Y	Seasonal buoy (example)				Status as periodic and period start and stop dates are obtained by cursor pick
Beacons						
Lighted Beacons → P		Features Common to Beacons and Buoys → Q1–11				
80	Bn	Beacon in general, characteristics unknown or chart scale too small to show	Bn	Bn G Bn R		Default symbol for a beacon, paper chart Default symbol for a beacon, simplified Beacon in general, paper chart
81	BW	Beacon with color, no distinctive topmark	R G RW Bn			Beacon color is obtained by cursor pick
82	R BY BRB	Beacons with colors and topmarks (examples)				Beacon color is obtained by cursor pick See note at Q 9 for information about topmarks and ECDIS simplified symbology Beacon in general with topmark, paper chart Major red lateral beacon, simplified Beacon in general with topmark, paper chart Cardinal beacon, north, simplified Beacon in general with topmark, paper chart Isolated danger beacon, simplified

编号	国际海图	符号说明	美国国家海洋和大气管理局	美国国家地理空间情报局	其他地理空间情报局	电子海图	中国海图	补充说明
70	(priv)	私有浮标 （示例）	Priv		(occas) (01.04.–31.10.)	私有状态可通过光标选取		
71	(Apr–Oct)	季节浮标 （示例）	（同国际海图）			周期的状态及周期开始和结束日期可通过光标选取		
立标								
灯桩→P		浮标和立标的共同特征→Q1－11						
80	Bn	一般立标 （灯质不明或海图比例尺太小而无法显示）	Bn	Bn G　Bn R		默认立标符号（纸质海图版） 默认立标符号（简化版） 一般立标（纸质海图版）	0.45 1.8 1.5　1.2 标	P80,18.7.1 立标
81	BW	有颜色的立标 （无突出的顶标） （示例）	R G　RW Bn	（同国际海图）		立标颜色通过可光标选取		
82	R　BY　BRB	立标及颜色和顶标 （示例）	（同国际海图）			立标颜色通过光标选取 有关顶标和 ECDIS 简化符号的信息，请参见 Q9 的注释。 顶标的一般立标（纸质海图版） 主要红色侧面立标（简化版） 有顶标的一般立标（纸质海图版） 北方立标（简化版） 有顶标的一般立标（纸质海图版） 孤立危险物立标（简化版）	红　黑黄　黑红黑	P80,18.7.2 立标及颜色和顶标

No.	INT		Description	NOAA		NGA		Other NGA	ECDIS	
83	BRB		Beacon on submerged rock with colors (topmark as appropriate)			BRB				Beacon in general with topmark, paper chart Isolated danger beacon, simplified
Minor Impermanent Marks Usually in Drying Areas (Lateral Marks of Minor Channels)										
Minor Pile → F										
90			Stake, pole	Stake Pole	Stake Pole	R				Minor, stake or pole beacon, paper chart
91	Port Hand	Starboard Hand	Perch, withy			R				Minor, stake or pole beacon, paper chart Minor red lateral beacon, simplified
92			Withy							Minor green lateral beacon, simplified
Minor Marks, Usually on Land										
Landmarks → E										
100			Cairn	Cairn	CAIRN					Conspicuous cairn
101	Mk		Colored or white mark							Square or rectangular day mark, paper chart Square or rectangular day mark, simplified Triangular day mark, point up, paper chart Triangular day mark, point up, simplified Triangular day mark, point down, paper chart Triangular day mark, point down, simplified

编号	国际海图	符号说明	美国国家海洋和大气管理局	美国国家地理空间情报局	其他地理空间情报局	电子海图		中国海图	补充说明
83	BRB	暗礁上有颜色的立标（顶标视情况而定）	（同国际海图）	BRB			有顶标的一般立标（纸质海图版） 孤立危险物立标（简化版）		P80，18.7.3 暗礁上的立标
通常在干出区域的次要临时标志（次要航道的侧面标志）									
次要桩形标志→F									
90		桩形、杆形	○ Stake　● Stake ○ Pole　● Pole	R			次要的桩形或杆形立标（纸质海图版）		
91	左侧标　杆形、柳条形	杆形、柳条形	（同国际海图）	R			次要的桩形或杆形立标（纸质海图版） 次要的红色侧面立标（简化版）		
92		柳条形	（同国际海图）				次要的绿色侧面立标（简化版）		
通常在陆地上的次要标									
陆标→E									
100		堆石标	○ Cairn　⊙ CAIRN				突出的堆石标		
101	Mk	彩色或白色标志（可以表面颜色）	（同国际海图）				正方形或矩形昼标（纸质海图版） 正方形或矩形昼标（简化版） 顶点向上的三角形昼标（纸质海图版） 顶点向上的三角形昼标（简化版） 顶点向下的三角形昼标（纸质海图版） 顶点向下的三角形昼标（简化版）		

No.	INT	Description	NOAA	NGA	Other NGA	ECDIS	
102.1 †	W RW	Colored topmark (color known or unknown) with function of a beacon					
102.2 †	RW RW	Painted boards with function of leading beacons					
Beacon Towers							
110	R G R G BY BRB	Beacon towers without and with topmarks and colors (examples)	RW Bn				Beacon tower, paper chart Beacon tower with topmarks, paper chart Major red lateral beacon, simplified Major green lateral beacon, simplified
111		Lattice beacon					Lattice beacon, paper chart
Special Purpose Beacons							
Leading Lines, Clearing Lines → M							
Note: Topmarks and colors shown where scale permits.							
120		Leading beacons		Bns in line 270°		270 deg	Leading beacons
121		Beacons marking a clearing line		Bns in line 270°		270 deg	Beacons marking a clearing line or transit
122	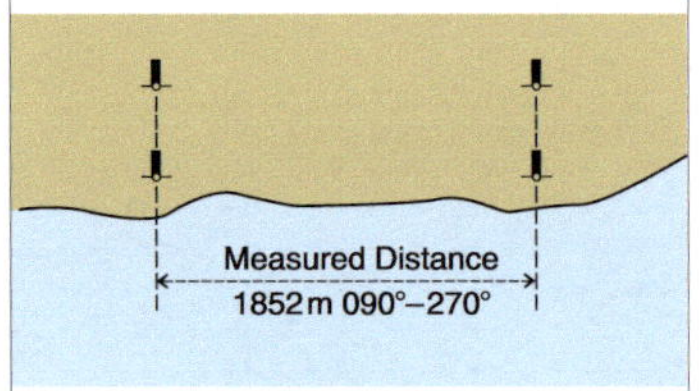 Measured Distance 1852m 090°–270°	Beacons marking measured distance with quoted bearings	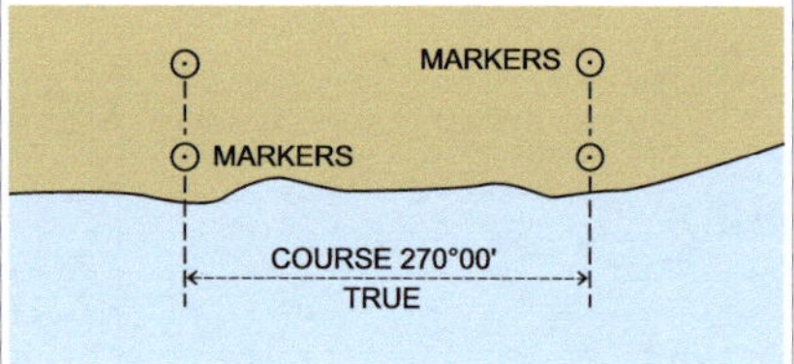 MARKERS MARKERS COURSE 270°00' TRUE			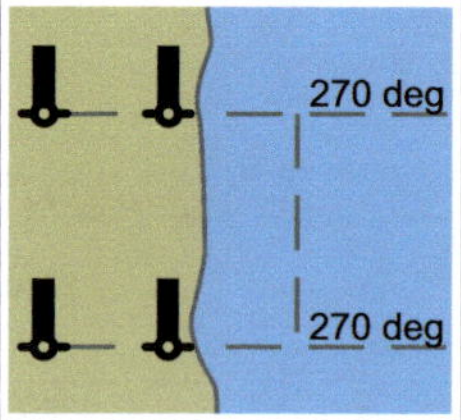 270 deg 270 deg	Beacons marking measured distance
123	Y	Cable landing beacon (example)		W			Cable landing beacon (example)

编号	国际海图	符号说明	美国国家海洋和大气管理局	美国国家地理空间情报局	其他地理空间情报局	电子海图		中国海图	补充说明
102.1	W RW	有立标功能的彩色顶标（颜色已知或未知）	（同国际海图）						
102.2	RW RW	有导标功能的彩绘图板	（同国际海图）						
塔形立标									
110	R G R G BY BRB	没有顶标和颜色的塔形立标、有顶标和颜色的塔形立标（示例）	RW Bn	（同国际海图）			塔形立标（纸质海图版） 有顶标的塔形立标（纸质海图版） 主要红色侧面立标（简化版） 主要绿色侧面立标（简化版）	1.8 0.9 1.5 0.15 红 绿 红 黑黄 黑红黑	P80,18.7.4 塔形立标
111		格式立标	（同国际海图）				格式立标（纸质海图版）	1.8 1.5	P80,18.7.5 格式立标
专用立标									
导航线、安全界线→M									
注：适当比例尺才显示顶标和颜色。									
120		导标（实线是要遵循的航线）		Bns in line 270°		270 deg	导标	0.5 0.8 0.15	P80,18.8.1 导标
121		标示安全界线的立标	（同国际海图）	Bns in line 270°		270 deg	标示安全界线的立标		
122	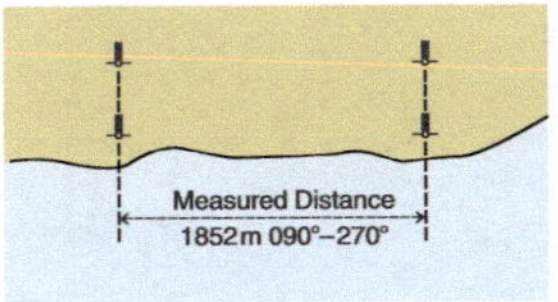 Measured Distance 1852m 090°–270°	测速标（标注引用的方位），如果要精确地遵循航线，则该航线显示为实线	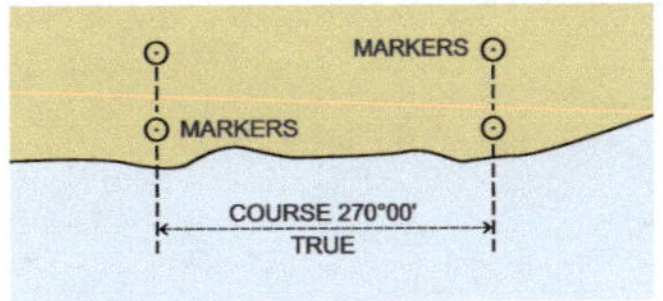 MARKERS MARKERS COURSE 270°00′ TRUE			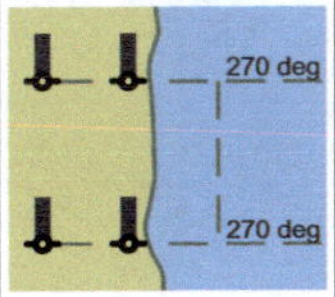 270 deg 270 deg	测速标	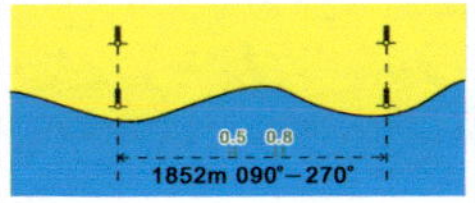 0.5 0.8 1852m 090°–270°	P80,18.8.2 测速标
123	Y	海底电缆接岸立标（示例）	（同国际海图）	W			海底电缆接岸立标（示例）		

IALA Maritime Buoyage System

IALA International Association of Marine Aids to Navigation and Lighthouse Authorities

130 Where in force, the IALA System applies to all fixed and floating marks except landfall lights, leading lights and marks, sectored lights and major floating lights. The standard buoy shapes are: cylindrical (can), conical, spherical, pillar, and spar, but variations may occur, for example: minor light floats.

There are two international buoyage regions where lateral marks differ. Each region is primarily comprised of the waters surrounding the areas shown below.

- **Region A**: Greenland, Africa, Europe, Australia and Asia (except for Japan, the Republic of Korea, Chinese Taiwan and the Philippines).
- **Region B**: North and South America, Japan, the Republic of Korea, Chinese Taiwan and the Philippines.

ECDIS marks the boundary between IALA regions A and B with this symbol: 

130.1

180° 150°W 120°W 90°W 60°W 30°W 0° 30°E 60°E 90°E 120°E 150°E 180°

60°N 30°N 0° 30°S 60°S

B

A

A

B Japan
Republic of Korea
Chinese Taiwan
Philippines

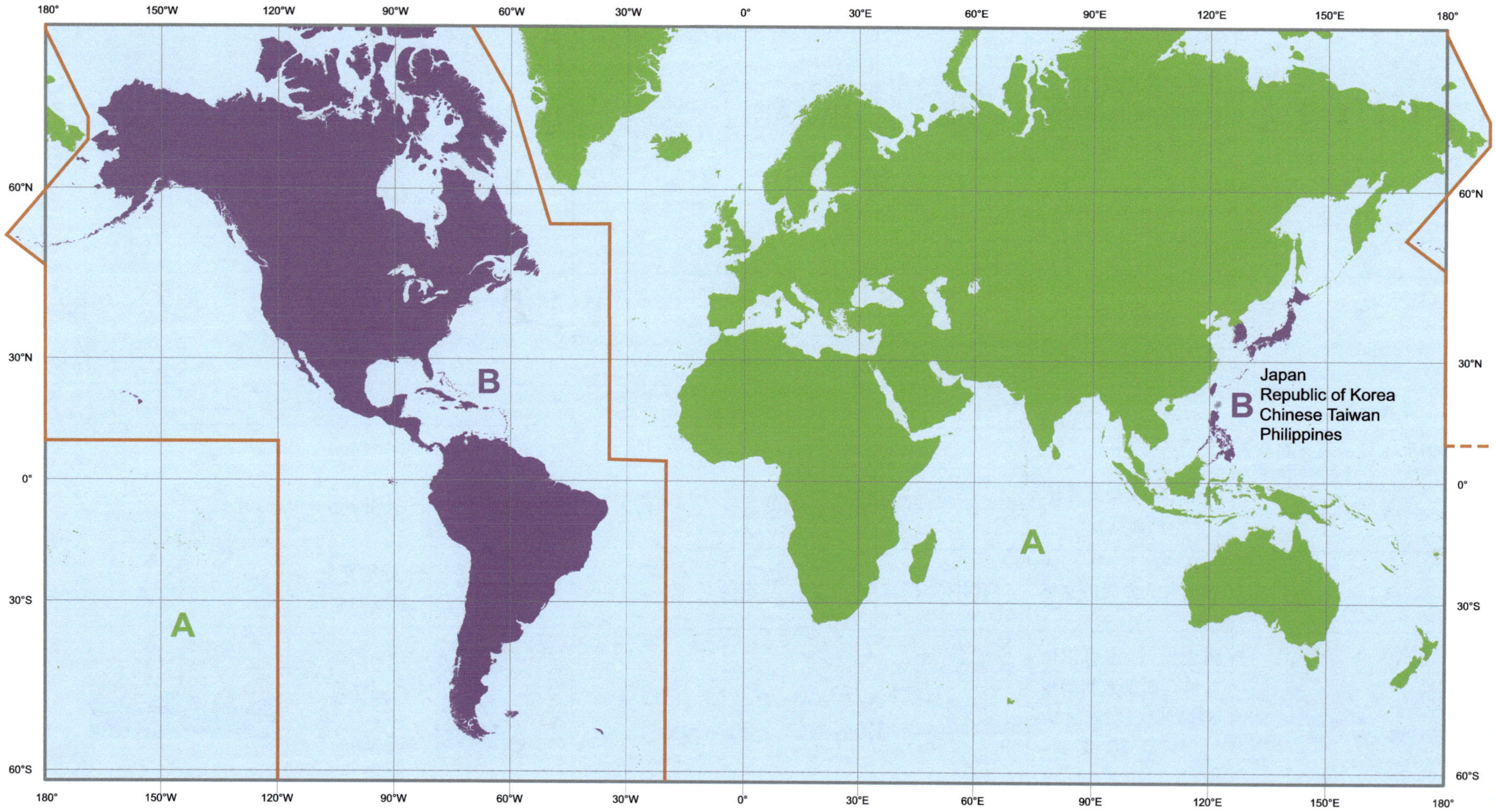

IALA 海上浮标系统	
IALA(国际航标协会)	
130	在 IALA 系统有效的海区,系统适用于所有固定和浮动标志,但不包括陆地灯标、导灯和标志、扇形光灯和主要浮动灯标。标准浮标形状为:圆柱形(罐形)、锥形、球形、柱形和杆形,但可能会发生变化,例如:次要船形灯浮标。 IALA 系统分为两类国际浮标区域,其侧面标志有所不同。每个区域主要由如下所示的陆地区域周围的水域组成。 A 区:格陵兰岛、非洲、欧洲、澳大利亚和亚洲(日本、韩国、中国台湾地区和菲律宾除外)。 B 区:北美和南美、日本、韩国、中国台湾地区和菲律宾。 ECDIS 使用该符号标记 IALA-A 区和 IALA-B 区之间的边界:—A— —B— —A— —B— —A— —B— —A— —B— —A— —B—
130.1	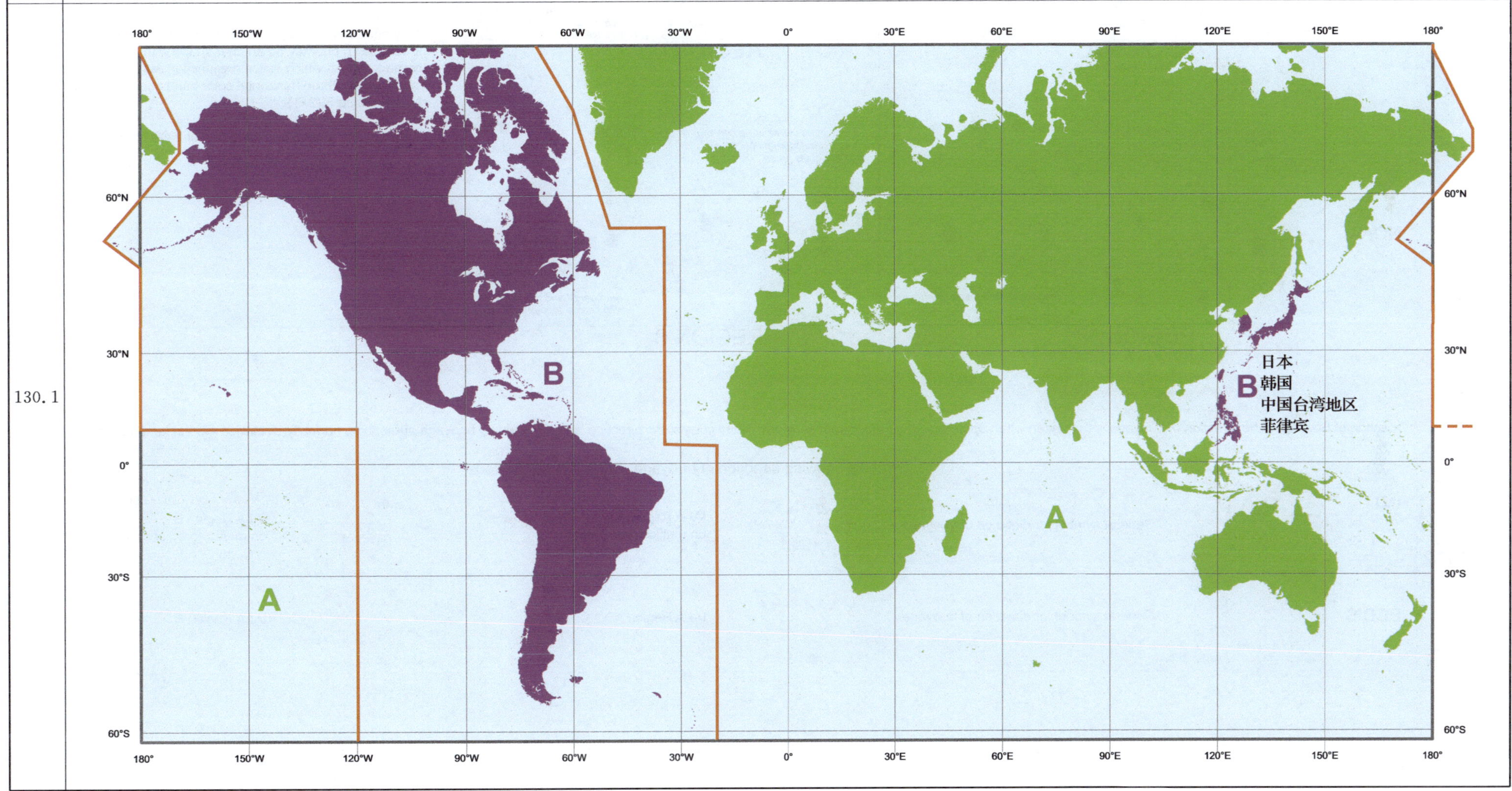

Lateral Marks are generally for well-defined channels. There are two international buoyage regions—A and B—where lateral marks differ by color, but not by shape or topmark.

130.1	INT	Port-hand marks are red with cylindrical topmarks (if any). If lit, light is red. Starboard-hand marks are green with conical topmarks (if any). If lit, light is green. REGION A	Port-hand marks are green with cylindrical topmarks (if any). If lit, light is green. Starboard-hand marks are red with conical topmarks (if any). If lit, light is red. REGION B	Buoy shape may be cylindrical or conical (to indicate port or starboard) but may be another shape with appropriate topmark. Marks which indicate a junction with a side channel have three horizontal color bands and, if lit, the rhythm will be Fl(2+1). Buoys in U.S. waters generally do not have topmarks.
	NOAA	Port-hand marks are red with cylindrical topmarks (if any). If lit, light is red. Starboard-hand marks are green with conical topmarks (if any). If lit, light is green. REGION A	Port-hand marks are green with cylindrical topmarks (if any). If lit, light is green. Starboard-hand marks are red with conical topmarks (if any). If lit, light is red. REGION B	

Direction of Buoyage: The direction of buoyage is that taken when approaching a harbor from seaward. Along coasts, the direction is determined by buoyage authorities, normally clockwise around land masses.

Symbols showing direction of buoyage where it is not obvious

130.2	INT	General symbol for direction of buoyage	IALA Region A on multicolored charts	IALA Region B on multicolored charts
	ECDIS	General symbol for direction of buoyage	IALA Region A	IALA Region B

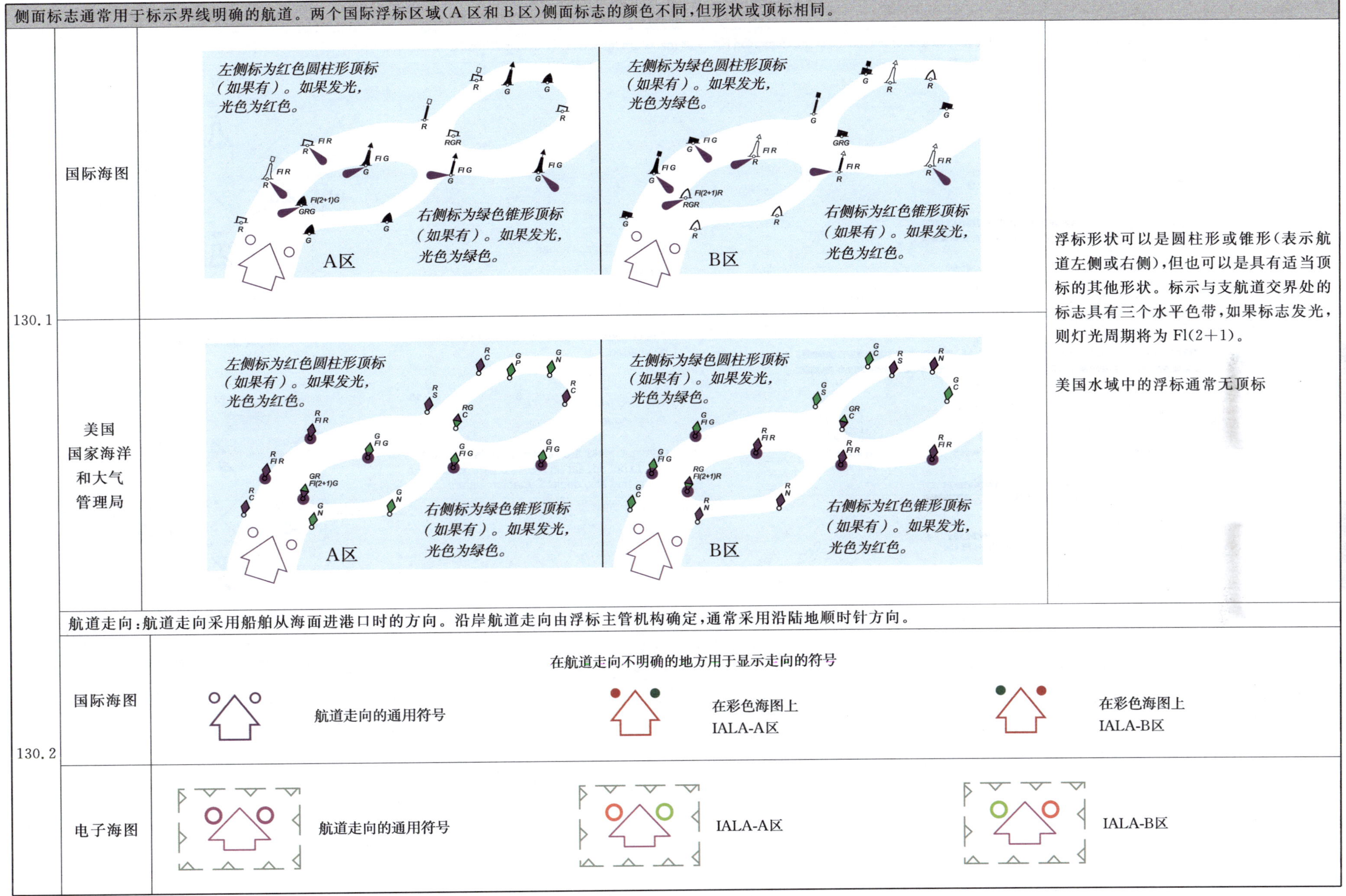

侧面标志通常用于标示界线明确的航道。两个国际浮标区域(A区和B区)侧面标志的颜色不同,但形状或顶标相同。			
130.1	国际海图	A区:左侧标为红色圆柱形顶标(如果有)。如果发光,光色为红色。右侧标为绿色锥形顶标(如果有)。如果发光,光色为绿色。 B区:左侧标为绿色圆柱形顶标(如果有)。如果发光,光色为绿色。右侧标为红色锥形顶标(如果有)。如果发光,光色为红色。	浮标形状可以是圆柱形或锥形(表示航道左侧或右侧),但也可以是具有适当顶标的其他形状。标示与支航道交界处的标志具有三个水平色带,如果标志发光,则灯光周期将为 Fl(2+1)。 美国水域中的浮标通常无顶标
	美国国家海洋和大气管理局	A区:左侧标为红色圆柱形顶标(如果有)。如果发光,光色为红色。右侧标为绿色锥形顶标(如果有)。如果发光,光色为绿色。 B区:左侧标为绿色圆柱形顶标(如果有)。如果发光,光色为绿色。右侧标为红色锥形顶标(如果有)。如果发光,光色为红色。	
航道走向:航道走向采用船舶从海面进港口时的方向。沿岸航道走向由浮标主管机构确定,通常采用沿陆地顺时针方向。			
130.2	国际海图	在航道走向不明确的地方用于显示走向的符号 航道走向的通用符号 在彩色海图上 IALA-A区 在彩色海图上 IALA-B区	
	电子海图	航道走向的通用符号 IALA-A区 IALA-B区	

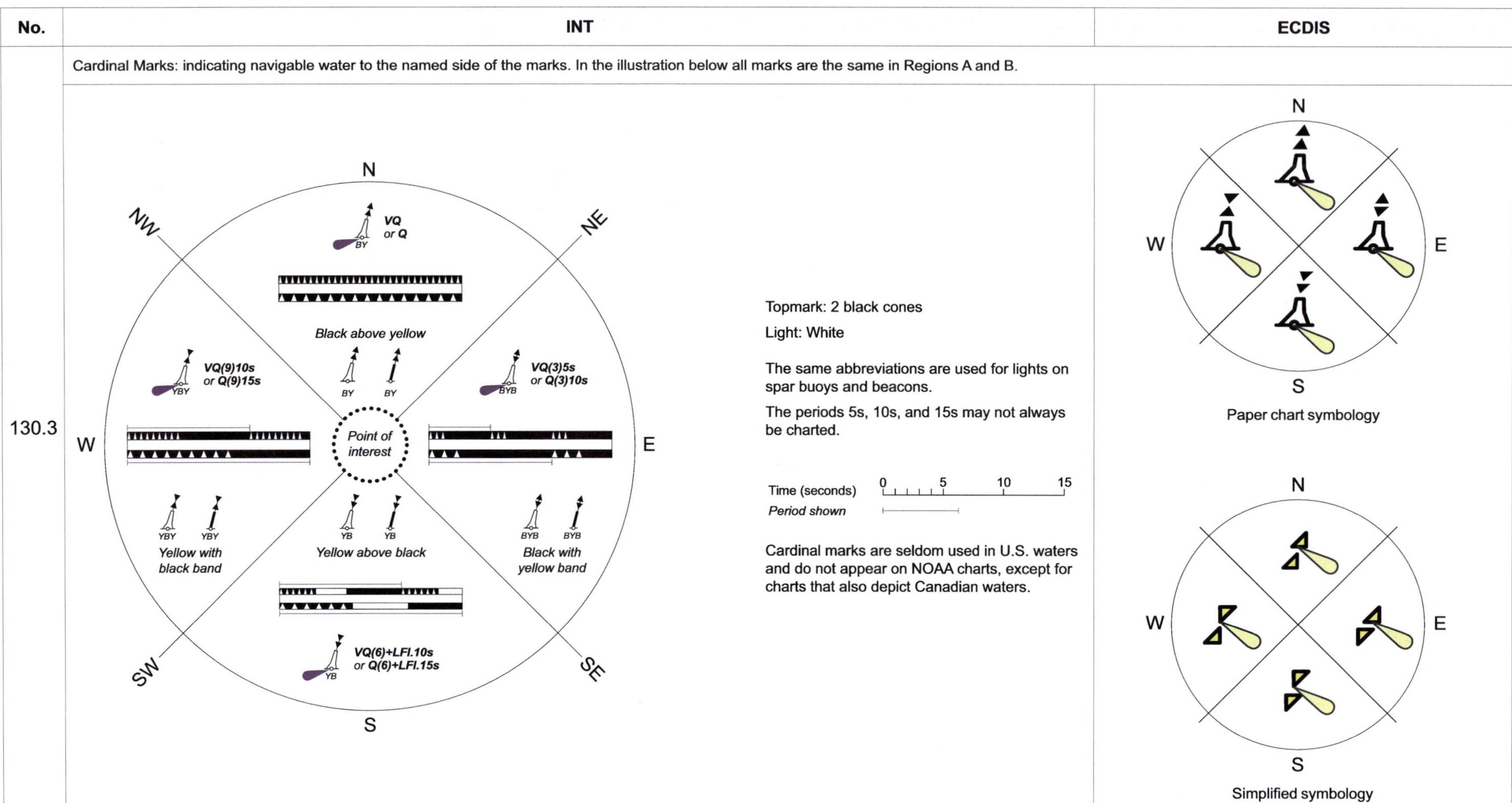

No.	INT	ECDIS
130.3	Cardinal Marks: indicating navigable water to the named side of the marks. In the illustration below all marks are the same in Regions A and B. Topmark: 2 black cones Light: White The same abbreviations are used for lights on spar buoys and beacons. The periods 5s, 10s, and 15s may not always be charted. Cardinal marks are seldom used in U.S. waters and do not appear on NOAA charts, except for charts that also depict Canadian waters.	Paper chart symbology Simplified symbology

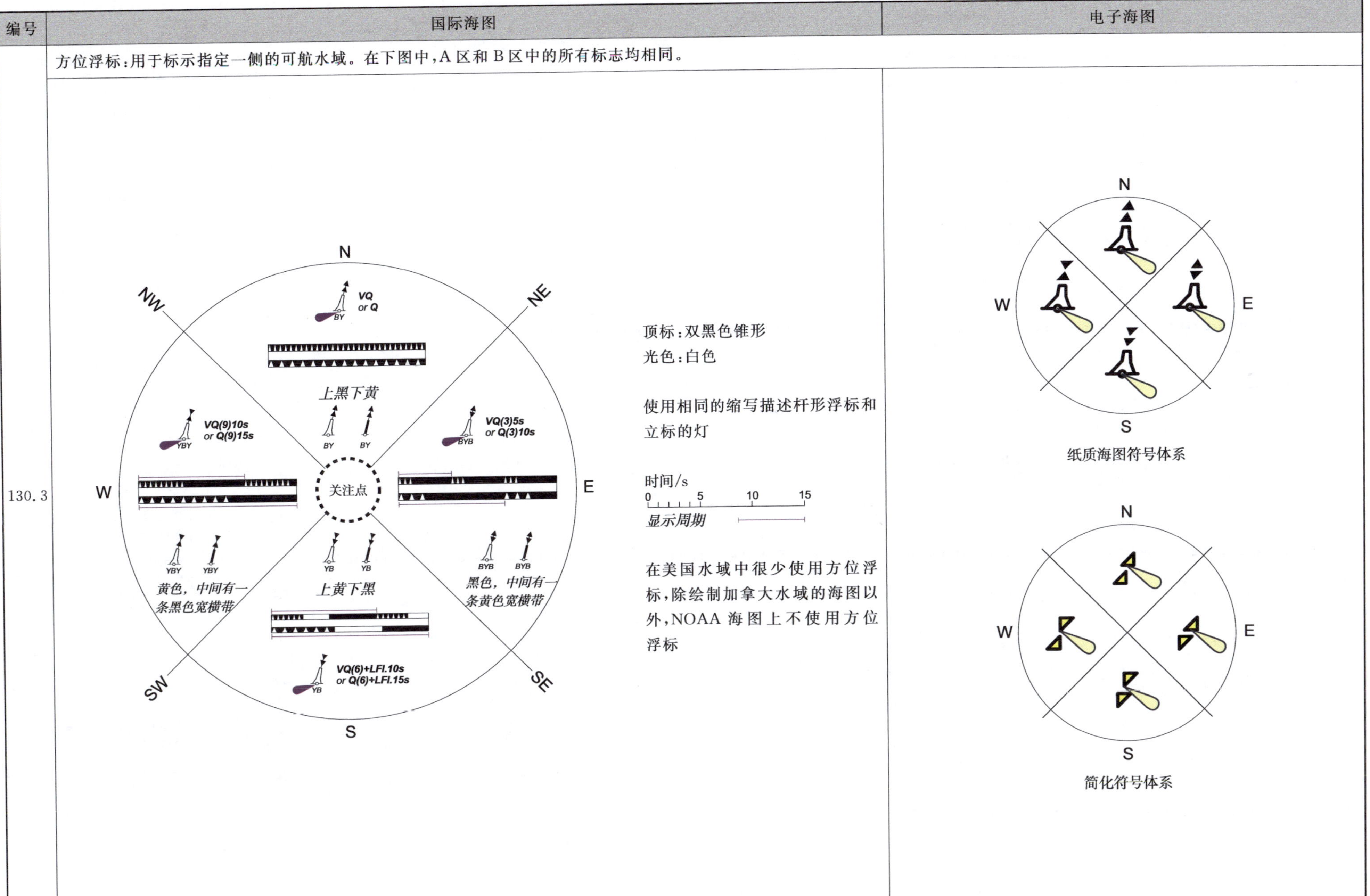

编号	国际海图	电子海图
130.3	方位浮标:用于标示指定一侧的可航水域。在下图中,A 区和 B 区中的所有标志均相同。 顶标:双黑色锥形 光色:白色 使用相同的缩写描述杆形浮标和立标的灯 在美国水域中很少使用方位浮标,除绘制加拿大水域的海图以外,NOAA 海图上不使用方位浮标	纸质海图符号体系 简化符号体系

No.	INT	Description	NOAA	NGA	Other NGA	ECDIS	
124	Ref / Ref	Refuge beacon					Purpose as refuge or firing danger area beacon is obtained by cursor pick
126		Notice board					Notice board
130.4	**Isolated Danger Marks** stationed over dangers with navigable water around them. Body: black with red horizontal band(s) Topmark: two black spheres Light: white						
	BRB BRB	Unlit Marks					Pillar buoy with 2 spheres topmark
	BRB BRB Fl (2)	Lighted Marks on standard charts	BR				Spar buoy with 2 spheres topmark
	BRB BRB Fl (2)	Unlit Marks on multicolored charts					Isolated danger buoy, simplified
130.5	**Safe Water Marks**, including mid-channel and landfall marks. Body: red and white vertical stripes Topmark (if any): red sphere Light: white						
	RW RW RW	Unlit marks					Spherical buoy, paper chart
	RW RW RW *Iso* or *Oc* or *LFl.10s* or *Mo (A)*	Lighted Marks on standard charts	RW				Pillar buoy with sphere topmark
	RW RW RW *Iso* or *Oc* or *LFl.10s* or *Mo (A)*	Lighted Marks on multicolored charts					Spar buoy with sphere topmark
							Safe water buoy, simplified
130.6	**Special Marks** not primarily to assist navigation but to indicate special features. Body (shape optional): yellow* Topmark (if any): yellow *X* or upright cross Light: yellow, rhythm optional*						
	Y Y Y	Unlit Marks					Spherical buoy, paper chart
	Y Y Y Fl Y	Lighted Marks on standard charts	Y				Can buoy
	Y Y Y Fl Y	Lighted Marks on multicolored charts					Conical buoy
							Spar buoy with x-shape topmark
							Special purpose buoy, simplified
	* In special cases, yellow may be used in conjunction with another color						

编号	国际海图		符号说明	美国国家海洋和大气管理局	美国国家地理空间情报局	其他地理空间情报局	电子海图		中国海图	补充说明
124	Ref	Ref	避难地立标	(同国际海图)				避难地立标或射击危险区立标的用途通过光标选取		
126			警告牌	(同国际海图)				警告牌	1.5 1.0	P80,18.8.4 警告牌
130.4	孤立危险物标志设置在危险物之上,其周围为可航水域。 标志主体:黑色,中间有一条或多条红色横带 顶标:双黑色球形 光色:白									
	BRB BRB BRB BRB Fl(2) BRB BRB Fl(2)		不发光标 标准海图中的发光标 彩色海图上的发光标	BR	(同国际海图)			柱形浮标,有双球形顶标 杆形浮标,有双球形顶标 孤立危险物浮标(简化版)	不发光标 黑红黑 黑红黑 发光标 黑红黑 闪(2)5s 闪(2)5s 光色:白	P86,18.10.3 孤立危险物标志
130.5	安全水域标志,包括中央航道和接近陆地标志 标志主体:红白色竖条 顶标(如有):红色球形 光色:白色									
	RW RW RW RW RW RW Iso or Oc or LFl.10s or Mo(A) RW RW RW Iso or Oc or LFl.10s or Mo(A)		不发光标 标准海图中的发光标 彩色海图上的发光标	RW	(同国际海图)			球形浮标,纸质海图 柱形浮标,有球形顶标 杆形浮标,有球形顶标 安全水域浮标(简化版)	不发光标 红白 红白 红白 发光标 红白 红白 等明暗 4s 长闪 10s 或莫(A)6s 光色:白	P86,18.10.4 安全水域标志
130.6	专用标志,主要不是为助航目的而设,而是用于标示特定特征。 标志主体(形状可选):黄色* 顶标(如有):黄色 X 形或正十字形。 光色:黄色,灯光周期可选*									
	Y Y Y Y Y Y Fl Y Y Y Y Fl Y		不发光标 标准海图中的发光标 彩色海图上的发光标	Y	(同国际海图)			球形浮标(纸质海图版) 罐形浮标 锥形浮标 杆形浮标,有 X 形顶标 专用浮标(简化版)	不发光标 黄 黄 发光标 黄 蓝黄 闪黄等光色:黄	P86,18.10.5 专用标志
	* 在特殊情况下,黄色可能与另一种颜色一起使用									

No.	INT	Description	NOAA	NGA	Other NGA	ECDIS	
130.7	**New Danger Marks**. Body (shape optional): yellow and blue Topmark: yellow cross						
	BuY BuY	Unlit marks					Pillar buoy with upright cross topmark
	BuY BuY	Lighted Marks on standard charts					
	BuY BuY	Lighted Marks on multicolored charts					Spar buoy with upright cross topmark
Supplementary National Symbols							
a		Bell buoy	BELL	BELL			
b		Gong buoy	GONG	GONG			
c		Whistle buoy	WHIS	WHIS			
d		Fairway buoy (red and white vertical stripe)	RW				
e		Mid-channel buoy (red and white vertical stripe)	RW				
f		Starboard-hand buoy (entering from seaward - US waters)	R "2"				
g		Port-hand buoy (entering from seaward - US waters)	G "1"	"1"			
h		Bifurcation/Junction buoys	RG GR				
		Isolated danger, Wreck or Obstruction buoy	BR				
i		Fish trap (area) buoy	Y				
j		Anchorage buoy (marks limits)	Y				
l		Triangular shaped beacons	R	RG Bn			
		Square shaped beacons	G GR Bn	W Bn B Bn			
		Beacon, color unknown	Bn				
o		Lighted beacon			Bn		
q		Security barrier	Security barrier				
r		Scientific mooring buoy					
s		Float (unlighted)					
t		White and blue buoy		WBuW			

编号	国际海图	符号说明	美国国家海洋和大气管理局	美国国家地理空间情报局	其他地理空间情报局	电子海图	中国海图	补充说明
130.7	新危险物标志。 标志主体(形状可选):黄色和蓝色 顶标:黄色十字形							
	BuY BuY	不发光标	(同国际海图)			柱形浮标,有正十字顶标		
	BuY BuY	标准海图中的发光标				杆形浮标,有正十字顶标		
	BuY BuY	彩色海图上的发光标						
补充的国家符号								
a		设钟浮标	BELL	BELL				
b		设锣浮标	GONG	GONG				
c		设笛浮标	WHIS	WHIS				
d		航道浮标 (红色和白色竖条)	RW					
e		中央航道浮标 (红色和白色竖条)	RW					
f		右舷浮标(从海面 进入—美国水域)	R "2"					
g		左舷浮标(从海面 进入—美国水域)	G "1" "1"					
h		分叉/汇合浮标	RG GR	(同国际海图)				
		孤立危险物、沉船或 障碍物浮标	BR	(同国际海图)				
i		渔网(区)浮标	Y	(同国际海图)				
j		锚地浮标(标记界线)	Y	(同国际海图)				
l		三角形立标	▲R	△ RG Bn				
		正方形立标	■G □GR Bn	□W Bn □B Bn				
		立标(颜色未知)	□ Bn					
o		设灯立标			Bn			
q		安全界线浮标	Security barrier					
r		科学作业系船浮筒		(同国际海图)				
s		浮子(未设灯)		(同国际海图)				
t		白色和蓝色浮标	(同国际海图)	WBuW				

编号	国际海图	符号说明	美国国家海洋和大气管理局	美国国家地理空间情报局	其他地理空间情报局	电子海图	中国海图	补充说明
C. a							2.0 1.0	P78，18. 4. 8 不明形状的浮标
C. b							（NGD 海区水上助航标志） 不发光标 1.0 2.5 红 1.0 2.5 绿 发光标 0.5 2.5 红 0.5 2.5 绿 光色：红、绿等	P86，18. 10. 6 水中固定标志
C. c							互明暗蓝黄 蓝黄	P86，18. 11 应急沉船示位标
C. d							内河助航标志表示方法按 GB 5863 的规定	P86，18. 12 内河助航标志
C. e							桥涵标表示方法按 GB 24418 的规定	P86，18. 13 桥涵标
C. f							0.5 1.0	P80，18. 5. 5 大型系船浮筒
C. g							250° 270° 289°	P80，18. 8. 3 罗经校正标
C. h							黄 黄 黄	P80，18. 6. 1 电缆浮标等

R 雾号

R Fog Signals

No.	INT	Description	NOAA	NGA	Other NGA	ECDIS	
General							
Fog Detector Light → P		Fog Light → P					
1	 AIS	Position of fog signal, type of fog signal not stated	Fog Sig 				Position of a conspicuous point feature with fog signal
							Lighted pillar buoy, paper chart with fog signal
							Lighted super-buoy, paper chart with fog signal
2	(man)	Manually activated					
Types of Fog Signals, with Abbreviations						Supplementary national symbol: a	
10	Explos	Explosive	GUN				Type of fog signal and its characteristics are obtained by cursor pick
11	Dia	Diaphone	DIA				
12	Siren	Siren	SIREN				
13	Horn	Horn (nautophone, reed, tyfon)	HORN				
14	Bell	Bell	BELL				
15	Whis	Whistle	WHISTLE				
16	Gong	Gong	GONG				
Examples of Fog Signal Descriptions							
Note: The fog signal symbol will usually be omitted when a description of the signal is given.							
20	 Fl.3s70m29M Siren Mo(N)60s	Siren at a lighthouse, giving a long blast followed by a short one (N), repeated every 60 seconds	 Fl 3s 70m 29M SIREN Mo(N) 60s	 Fl 3s 70m 29M SIREN			Light with fog signal
21	 *Bell*	Wave-actuated bell buoy	*BELL*	 *BELL*			Pillar buoy, paper chart with fog signal
22	 YB *Q(6)+LFl.15s Horn(1)15sWhis*	Light buoy, with horn giving a single blast every 15 seconds, in conjunction with a wave-actuated whistle	 *Q(6)+LFl 15s HORN(1) 15s WHIS*	 YB *Q(6)+LFl 15s HORN WHIS*		Paper Chart  / Simplified 	Lighted pillar buoy, paper chart with fog signal
Supplementary National Symbol							
a		Morse Code fog signal	Mo				

编号	国际海图	符号说明	美国国家海洋和大气管理局	美国国家地理空间情报局	其他地理空间情报局	电子海图		中国海图	补充说明
一般要素									
探雾灯→P　雾灯→P									
1	 AIS	雾号位置（未注明雾号的种类）	Fog Sig				有雾号的突出点要素的位置 有雾号的设灯柱形浮标，纸质海图 有雾号的设灯大型浮标，纸质海图	 0.2 0.8 0.9	P88，19.1 雾号位置；雾号是指为引导船舶在不良能见度中安全航行，由航标发出的音响信号
2	(man)	手动发光	（同国际海图）						
雾号类型，缩写						补充的国家符号：a			
10	Explos	爆响雾号	*GUN*				雾号的种类及其特性通过光标选取	爆响	P88，19.2.1 爆响雾号
11	Dia	低音雾号	*DIA*					低音	P88，19.2.2 低音雾号
12	Siren	雾笛	*SIREN*					笛	P88，19.2.3 雾笛
13	Horn	雾角 （电雾角、舌簧角、气角）	*HORN*					角	P88，19.2.4 雾角
14	Bell	雾钟	*BELL*					钟	P88，19.2.5 雾钟
15	Whis	雾哨	*WHISTLE*					哨	P88，19.2.6 雾哨
16	Gong	雾锣	*GONG*					锣	P88，19.2.7 雾锣
雾号表示例									
注：当标示雾号性质时，通常会省略雾号符号。									
20	 **Fl.3s70m29M Siren Mo(N)60s**	灯塔上设的雾笛，发出一次长鸣，随后再发出一次短鸣，每60 s重复一次	Fl 3s 70m 29M SIREN Mo(N) 60s	Fl 3s 70m 29M SIREN			有雾号的灯		
21	***Bell***	设有波浪触发式雾钟的浮标	*BELL*	*BELL*			有雾号的柱形浮标（纸质海图版）		
22	 ***YB Q(6)+LFl.15s Horn(1)15sWhis***	灯标浮标，每15 s发出一次雾角声，与波浪触发的雾哨结合使用	*Q(6)+LFl 15s HORN(1) 15s WHIS*	 *YB Q(6)+LFl 15s HORN WHIS*		纸质海图 	简化符号 	有雾号的设灯柱形浮标（纸质海图版）	

编号	国际海图	符号说明	美国国家海洋和大气管理局	美国国家地理空间情报局	其他地理空间情报局	电子海图	中国海图	补充说明
补充的国家符号								
a		莫尔斯码雾号	Mo					
C. a		雾号种类和性质					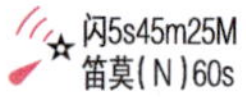 闪5s45m25M 笛莫(N)60s	P88,19.3.1 雾号种类和性质
C. b		雾号种类					 钟	P88,19.3.2 雾号种类
C. c		雾号					 甚快 黑黄	P88,19.3.3 雾号

S 雷达、无线电、卫星导航系统

S Radar, Radio, Satellite Navigation Systems

No.	INT	Description	NOAA	NGA	Other NGA	ECDIS	
Radar							
Radar Structures Forming Landmarks → E		Radar Surveillance Systems → M					
1	Ra	Coast radar station, providing range and bearing service on request		Ra			Radio station
2	Ramark	Ramark, radar beacon transmitting continuously		Ramark			Radar transponder beacon
3.1	† Racon(Z)(3cm)	Radar transponder beacon, with morse identification, responding within the 3 cm (X) band	†	RACON			
3.2	† Racon(Z)(10cm)	Radar transponder beacon, with morse identification, responding within the 10 cm (S) band					
3.3	Racon(Z)	Radar transponder beacon, with morse identification			Racon (Z) (3 & 10 cm)		
3.4	Racon(Z) Racon Obscd	Radar transponder beacon with sector of obscured reception					
3.4	Racon(Z) Racon(Z)	Radar transponder beacon with sector of reception					
3.5	Racon Racon Racons ⇟ 270°	Leading radar transponder beacons (⇟: objects in line)					
3.5	Racon Racon Lts ⇟ 270° Racons ⇟ 270°	Leading radar transponder beacons coincident with leading lights					
						Paper Chart	Simplified
3.6	Racon Racon	Radar transponder beacons on floating marks	RACON (–) R "2" Fl R 4s	Racon			Radar transponder on floating mark
4		Radar reflector					Symbol indicating this object is radar conspicuous
Radar reflectors are not charted on buoys in regions where they are fitted to nearly all buoys							
5		Radar conspicuous feature					

编号	国际海图	符号说明	美国国家海洋和大气管理局	美国国家地理空间情报局	其他地理空间情报局	电子海图		中国海图	补充说明
雷达									
形成陆标的雷达结构→E　　雷达监测系统→M									
1	Ra	海岸雷达站（根据要求提供船舶距离和方位）	Ra				无线电站	6.5 1.2 雷达 0.2	P90,20.1.1 海岸雷达站
2	Ramark	雷达指向标（连续发射信号的雷达信标）	Ramark				雷达应答器	雷信	P90,20.1.2 雷达指向标
3.1	† Racon(Z)(3cm)	雷达应答器，具有莫尔斯信号(Z)，在3 cm(X)频带内应答	† RACON					具有莫尔斯信号(K)，在3 cm(X)频带内应答 雷康(K)(3cm)	P90,20.1.3 雷达应答器
3.2	† Racon(Z)(10cm)	雷达应答器，具有莫尔斯信号(Z)，在10 cm(S)频带内应答	（同国际海图）					具有莫尔斯信号(K)，在10 cm(S)频带内应答 雷康(K)(10cm)	P90,20.1.3 雷达应答器
3.3	Racon(Z)	雷达应答器，具有莫尔斯信号(Z)	（同国际海图）		Racon (Z) (3 & 10 cm)			在3 cm(X)和10 cm(S)频带内应答 雷康(K)	P90,20.1.3 雷达应答器
3.4	Racon Obscd Racon(Z)	设置了信号接收遮蔽扇区的雷达应答器	（同国际海图）					雷康遮蔽 雷康(Z)	P90,20.1.3 有雷康遮蔽的雷达应答器
	Racon(Z) Racon(Z)	设置了信号接收扇区的雷达应答器	（同国际海图）					雷康(Z) 雷康(Z)	P80,20.1.3 有雷康角度的雷达应答器
3.5	Racons ≠ 270° Racon　Racon	雷达应答器导标（‡：串联物标）	（同国际海图）					0.5 0.8 雷康270° 0.15	P90,20.1.3 有方位线的雷达应答器
	Lts ≠ 270° Racons ≠ 270° Racon　Racon	与导灯一致的雷达应答器导标	（同国际海图）						
3.6	Racon　Racon	浮动标志上的雷达应答器（示例）	RACON (–) R "2" Fl R 4s	Racon		纸质海图	简化符号	雷康　雷康　雷康	P90,20.1.3 装雷达应答器的浮动标志
4		雷达反射器（通常绘制在IALA系统浮标和浮式立标上）	（同国际海图）				标示物标具有雷达显著性的符号	2.5 0.6	P92,20.1.4 雷达反射器
如果雷达反射器几乎适用于某区域的所有浮标，则海图上不表示该区域浮标上的此设施。									
5		雷达显著物标	（同国际海图）						P92,20.1.5 雷达显著物标

No.		INT	Description	NOAA	NGA	Other NGA	ECDIS	
Radio								
Radio Structures Forming Landmarks → E			Radio Reporting (Calling-in or Way) points → M					
10	†	**Name** **RC**	Circular (non-directional) marine or aeromarine radiobeacon	† RC	† R Bn			Radio station
11	†	RD 269.5° RD	Directional radiobeacon with bearing line	† RD 270° RD				
	†	Lts ≠ 270° RD 270° RD	Directional radiobeacon coincident with leading lights					
12	†	RW	Rotating pattern radiobeacon	† RW				Additional information regarding radio, such as category of radio station, signal frequency, communication channel, call sign, estimated signal range, periodicity and status may be included in the cursor pick.
13	†	Consol	Consol beacon	† CONSOL Bn 190 kHz MMF	† CONSOL			
14		RG	Radio direction-finding station	RDF				The presence of an AIS transmitted signal intended for use as an aid to navigation associated with a physical aid, including the AIS MMSI Number, can be obtained by cursor pick on the physical aid.
15	†	R	Coast radio station providing QTG service	† R Sta	† R			
16	†	Aero RC	Aeronautical radiobeacon	† AERO R Bn				
17.1		AIS	Automatic Identification System transmitter					
17.2		*AIS* *AIS*	Automatic Identification System transmitter on floating marks (examples)					
18.1		V-AIS	Virtual AIS (with unknown IALA-defined function)					
18.2		V-AIS V-AIS V-AIS V-AIS	Virtual AIS (with known IALA-defined function)				V-AIS	North cardinal virtual aid
							V-AIS	East cardinal virtual aid
							V-AIS	South cardinal virtual aid
							V-AIS	West cardinal virtual aid

编号	国际海图	符号说明	美国国家海洋和大气管理局	美国国家地理空间情报局	其他地理空间情报局	电子海图		中国海图	补充说明
无线电标									
形成陆标的无线电装置→E　无线电报告(呼叫或航程)点→M									
10	† Name RC	环射(无定向)海上航行或海上飞行无线电指向标	† RC	† R Bn			无线电站，有关无线电的其他信息(例如无线电站的类别、信号频率、通信信道、呼号、信号估算范围、周期性和状态)都通过光标选取。AIS 发射信号，包括船舶自动识别系统(AIS)的海上移动通信业务标识码(MMSI)编号，可作为与实际航标相关的助航标志。AIS 发射信号可通过在实际航标上进行光标选择来获取	环向	P92,20.2.1 环射无线电指向标
11	† RD 269.5° RD	有方位线的定向无线电指向标	† RD 270° RD					0.5 定向269.5° 0.15 0.8	P92,20.2.2 定向无线电指向标
	† Lts ≠ 270° RD 270° RD	与导灯一致的定向无线电指向标(≠表示“成一条直线”)	(同国际海图)						
12	† RW	旋转幅射图形的无线电指向标	† RW					旋向	P92,20.2.3 旋转辐射图型的无线电指向标
13	† Consol	康索尔台	† CONSOL Bn 190 kHz MMF	† CONSOL				康索尔	P92,20.2.4 康索尔台
14	RG	无线电测向台	RDF					测向	P92,20.2.5 无线电测向台
15	† R	海岸无线电答询指向台	† R Sta	† R				答询	P92,20.2.6 海岸无线电答询指向台
16	† Aero RC	航空无线电指向标	† AERO R Bn					空指向	P92,20.2.7 航空无线电指向标
17.1	AIS	船舶自动识别系统(AIS)发射器	(同国际海图)					AIS AIS AIS	P92,20.4 自动识别系统(AIS)
17.2	AIS AIS	浮动标志上的船舶自动识别系统发射器(示例)	(同国际海图)						
18.1	V-AIS	AIS 虚拟航标(带有未知的 IALA 定义功能)	(同国际海图)					V-AIS	P94,20.5.1 无规定功能 AIS 虚拟航标
18.2	V-AIS V-AIS V-AIS V-AIS	AIS 虚拟方位标(IALA)	(同国际海图)			V-AIS V-AIS V-AIS V-AIS	北位虚拟航标 东位虚拟航标 南位虚拟航标 西位虚拟航标	V-AIS V-AIS V-AIS V-AIS	P94,20.5.3 AIS 虚拟方位标志

No.	INT	Description	NOAA	NGA	Other NGA	ECDIS	
18.3	V-AIS V-AIS	Virtual AIS with lateral mark function				V-AIS V-AIS	Port Lateral (IALA B) virtual aid Starboard Lateral (IALA B) virtual aid
18.4	V-AIS	Virtual AIS with isolated danger mark function				V-AIS	Isolated Danger virtual aid
18.5	V-AIS	Virtual AIS with safe water mark function				V-AIS	Safe Water virtual aid
18.6	V-AIS	Virtual AIS with special purpose mark function				V-AIS	Special Purpose virtual aid
18.7	V-AIS	Virtual AIS with new danger mark function				V-AIS	Emergency Wreck virtual aid
Satellite Navigation Systems							
50	WGS WGS72 WGS84	World Geodetic System, 1972 or 1984					
	Note: A note may be shown to indicate the shifts of latitude and longitude, to one, two or three decimal places of a minute, depending on the chart scale, which should be made to satellite-derived positions (which are referred to WGS 84) to relate them to the chart.						
51	DGPS	Station providing DGPS corrections				DGPS	DGPS reference station

编号	国际海图	符号说明	美国国家海洋和大气管理局	美国国家地理空间情报局	其他地理空间情报局	电子海图		中国海图	补充说明
18.3	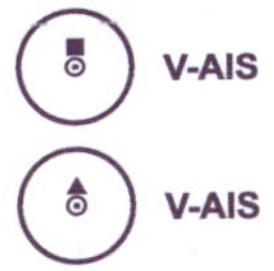 V-AIS V-AIS	AIS 虚拟侧面标（IALA）	（同国际海图）			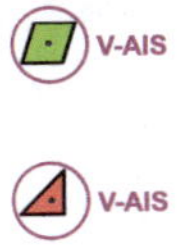 V-AIS V-AIS	左侧（IALA-B 区）虚拟航标 右侧（IALA-B 区）虚拟航标	 V-AIS V-AIS	P94,20.5.2 AIS 虚拟侧面标志
18.4	 V-AIS	AIS 虚拟孤立危险物标（IALA）	（同国际海图）			 V-AIS	孤立危险物虚拟航标	 V-AIS	P94,20.5.4 AIS 虚拟孤立危险物标
18.5	 V-AIS	AIS 虚拟安全水域标（IALA）	（同国际海图）			 V-AIS	安全水域虚拟航标	 V-AIS	P94,20.5.5 AIS 虚拟安全水域标
18.6	 V-AIS	AIS 虚拟专用标（IALA）	（同国际海图）			 V-AIS	专用虚拟航标	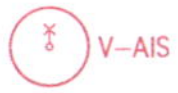 V-AIS	P94,20.5.6 AIS 虚拟专用标
18.7	 V-AIS	AIS 虚拟新危险物标（IALA）	（同国际海图）			 V-AIS	应急沉船虚拟航标	 V-AIS	P94,20.5.7 AIS 虚拟沉船示位标
卫星导航系统									
50	WGS　WGS72　WGS84	1972 或 1984 世界大地坐标系							
	注：可使用注释说明纬度和经度的偏移量，根据海图比例尺，该偏移量可到分的小数点后一位、两位和三位，以便将其转换为卫星基准位置（以 WGS84 为基准），从而可与海图相关联。								
51	 DGPS	提供差分全球定位改正数的台站	（同国际海图）			 DGPS	DGPS 基准站	 差分GPS 差分北斗 差分GNSS 差分北斗 差分GPS	P92,20.3 差分全球定位站
补充的国家符号									
C.a		AIS 虚拟灯船						 V-AIS	P94,20.5.8 AIS 虚拟灯船

T 服务设施

T Services

No.	INT		Description	NOAA	NGA	Other NGA	ECDIS	
Pilotage								
1.1			Boarding place, position of a pilot cruising vessel	Pilots				Pilot boarding place
1.2	Name		Boarding place, position of a pilot cruising vessel, with name (e.g. District, Port)		Name			
1.3	Note		Boarding place, position of a pilot cruising vessel, with note (e.g. Tanker, Disembarkation)		(see note)			Pilot boarding area
1.4	H		Pilots transferred by helicopter					
2	Pilot Lookout		Pilot office with pilot lookout, Pilot lookout station					
3	Pilots		Pilot office	PIL STA	Pilots			
4	Port name (Pilots)		Port with pilotage service (boarding place not shown)					
Coast Guard, Rescue								
10	CG CG CG		Coast Guard station	CG; R TR CG WALLIS SANDS			CG	Coast guard station
11	CG CG CG		Coast Guard station with Rescue station				CG	Coast guard station Rescue station
12			Rescue station, Lifeboat station, Rocket station	LS S				Rescue station
13			Lifeboat lying at a mooring					
14	Ref	*Ref*	Refuge for shipwrecked mariners					
Signal Stations								
20	SS		Signal station in general	SS		Sig Sta		Signal station
21	SS (INT)		Signal station, showing international port traffic signals				SS	
22	SS (Traffic)		Traffic signal station, Port entry and departure signals					
23	SS (Port Control)		Port control signal station	HECP				

编号	国际海图	符号说明	美国国家海洋和大气管理局	美国国家地理空间情报局	其他地理空间情报局	电子海图		中国海图	补充说明
引航									
1.1		引航艇登船点	Pilots	（同国际海图）					P96,21.1.1 引航站。当行驶到某一港口或地段，需要向当地主管机构申请派引航员登船指导航行和操作
1.2	Name	有名称的引航艇登船点（例如区域、港口的名称）	（同国际海图）	Name			引航员登船点	3.5 0.15 1.0	
1.3	Note	有注记的引航艇登船点（例如油轮、离船点）	（同国际海图）	(see note)			引航员登船区		
1.4	H	由直升飞机运送引航员登船	（同国际海图）					0.9 1.5 引航	P96,21.1.3 引航处
2	Pilot Lookout	带引航瞭望台的引航处、引航瞭望台	（同国际海图）					0.9 1.5 引航瞭望台	P96,21.1.2 引航瞭望台
3	Pilots	引航处	PIL STA	Pilots				0.9 1.5 引航	P96,21.1.3 引航处
4	Port name (Pilots)	有引水业务的港口（未显示登船点）	（同国际海图）					新 港 (引航)	P96,21.1.4 有引水业务的港口
海岸警备、救助									
10	CG CG CG	海岸警备站	CG R TR CG WALLIS SANDS			CG	海岸警备站	0.9 1.5 警备	P96,21.2 海岸警备站
11	CG CG CG	有救助站的海岸警备站	（同国际海图）			CG	海岸警备站救助站		
12		救助站、救生艇站、救生火箭发射台	LS S						
13		在系船处的救生艇	（同国际海图）				救助站	2.5 2.0 1.0	P96,21.3 救助站、救生艇站
14	Ref Ref	海难船员的避难所	（同国际海图）						
信号站、台									
20	SS	一般信号台、站	SS		Sig Sta			1.2 信号	P96,21.4.1 一般信号台、站
21	SS (INT)	符合国际条例的交通信号站	（同国际海图）					国际交通	P96,21.4.2 符合国际条例的交通信号站
22	SS (Traffic)	交通信号站、进出港信号站	（同国际海图）			SS	信号台、站	交通	P96,21.4.3 交通信号站、进出港信号站
23	SS (Port Control)	港口管理信号台	HECP					管理	P96,21.4.4 港口管理信号台

No.	INT	Description	NOAA	NGA	Other NGA	ECDIS	
24	SS (Lock)	Lock signal station				SS	Signal station
25.1	SS (Bridge)	Bridge passage signal station					
25.2	† F Traffic-Sig	Bridge lights including traffic signals					
28	SS (Storm)	Storm signal station	S Sig Sta				
29	SS (Weather)	Weather signal station, Wind signal station, National Weather Service (NWS) signal station	NWS SIG STA				
30	SS (Ice)	Ice signal station					
31	SS (Time)	Time signal station					
32.1		Tide scale or gauge		Tide Gauge			
32.2	Tide Gauge	Automatically recording tide gauge					
33	SS (Tide)	Tide signal station					
34	SS (Stream)	Tidal stream signal station					
35	SS (Danger)	Danger signal station					
36	SS (Firing)	Firing practice signal station					
Supplementary National Symbols							
a		Bell (on land)	BELL				
b		Marine police station	MARINE POLICE				
c		Fireboat station	FIREBOAT STATION				
d		Notice board					
e		Lookout station; Watch tower	LOOK TR				
f		Semaphore	Sem				
g		Park Ranger station					

编号	国际海图	符号说明	美国国家海洋和大气管理局	美国国家地理空间情报局	其他地理空间情报局	电子海图		中国海图	补充说明
24	SS (Lock)	船闸信号台	(同国际海图)			SS	信号台、站	⊙ 船闸	P96，21.4.6 船闸信号台
25.1	SS (Bridge)	桥涵信号台	(同国际海图)					⊙ 桥涵	P96，21.4.7 桥涵信号台
25.2	† F Traffic-Sig	包括交通信号的桥灯	(同国际海图)						
28	⊙ SS (Storm)	暴风信号台	S Sig Sta					⊙ 暴风	P96，21.4.8 暴风信号台
29	⊙ SS (Weather)	天气信号站、风情站、美国国家气象局(NWS)信号站	⊙ NWS SIG STA	(同国际海图)				⊙ 天气	P96，21.4.9 天气信号站、风情站
30	⊙ SS (Ice)	冰况信号台	(同国际海图)						
31	⊙ SS (Time)	报时信号台	(同国际海图)						
32.1		验潮站	(同国际海图)	○ Tide Gauge				2.5 0.8	P96,21.4.12 验潮站
32.2	⊙ Tide Gauge	自动记录式验潮站	(同国际海图)						
33	⊙ SS (Tide)	潮汐信号台	(同国际海图)					⊙ 潮汐	P96,21.4.10 潮汐信号台
34	⊙ SS (Stream)	潮流信号台	(同国际海图)					⊙ 潮流	P96,21.4.11 潮流信号
35	⊙ SS (Danger)	危险物信号台	(同国际海图)						
36	⊙ SS (Firing)	射击训练信号台	(同国际海图)						
补充的国家符号									
a		钟(陆地上)	○ BELL						
b		海洋警察局	○ MARINE POLICE						
c		消防船站	○ FIREBOAT STATION						
d		警告牌							
e		瞭望站、瞭望塔	⊙ LOOK TR						
f		信号标	Sem						
g		天文台							
C.a						SS	信号台、站	⊙ 船舶交通服务	P96,21.4.5 船舶交通服务(VTS)站

U 小船(休闲船)设施

U Small Craft (Leisure) Facilities

No.	INT	Description	NOAA	NGA	Other NGA	ECDIS
Small Craft (Leisure) Facilities						
Traffic Features, Bridges → D		Public Buildings, Cranes → F		Pilots, Coast Guard, Rescue, Signal Stations → T		
a	Marina facilities					

NO	LOCATION	TIDES		DEPTH: APPROACH-FEET (REPORTED)	DEPTH: ALONGSIDE-FEET (REPORTED)	SERVICES: ELECTRICITY-MOORINGS-BERTHS (TRANSIENTS)	RAMP SURFACED-NATURAL	REPAIRS HULL-MOTOR-RADIO	MARINE RAILWAY-FEET	LIFT CAPACITY-TONS	BOAT RENTAL: CANOE-ROW-MOTOR	BOAT RENTAL: CHARTER-HOUSE-SAIL	FOOD-LODGING-CAMPING	TOILETS-SHOWERS-LAUNDRY / PUMP-OUT STATION	WINTER STORAGE WET-DRY	SUPPLIES: NAUTICAL CHART SALES	WATER-ICE	GROCERIES-HARDWARE	BAIT-TACKLE	DIESEL OIL-GASOLINE
1	LAS VEGAS BOAT			80	20		S	HM			M		F C	Tp	WD	C	WI	GH	BT	G
2	LAKE MEAD MAR			80	15	B E	S	HM			M		FL	Tp	WD	C	WI			DG
3	HEMENWAY HARBOR			80			S													
4	TEMPLE BAR HAR			80	15		SN				M	H	FLC	TSL P	WD	C	WI	GH	BT	G
5	ECHO BAY RESORT			35	35	BM	S	M			M	H	FLC	TSL P	WD	C	WI	GH	BT	G
6	OVERTON BEACH			100			S				M		F C	TSL	WD		WI	G	BT	G
7	CALLVILLE BAY M			100	40		S				M	H	F C	TS P	WD		WI	G	B	G

(+) DENOTES HOURS LATER (-) DENOTES HOURS EARLIER
THE LOCATIONS OF THE ABOVE PUBLIC MARINE FACILITIES ARE SHOWN ON THE CHART BY LARGE PURPLE NUMBERS.
THE TABULATED "APPROACH-FEET (REPORTED)" IS THE DEPTH AVAILABLE FROM THE NEAREST NATURAL OR DREDGED CHANNEL TO THE FACILITY.
THE TABULATED "PUMPING STATION" IS DEFINED AS FACILITIES AVAILABLE FOR PUMPING OUT BOAT HOLDING TANKS.
(H) APPROACH DEPTH FLUCTUATES WITH LAKE LEVELS.

†

编号	国际海图	符号说明	美国国家海洋和大气管理局	美国国家地理空间情报局	其他地理空间情报局	电子海图	中国海图	补充说明

小型船舶(休闲)设施

交通要素、桥→D　　管理与服务机构、起重机→F　　引航、海岸警备、救助、信号站→T

a　小船停泊区设施

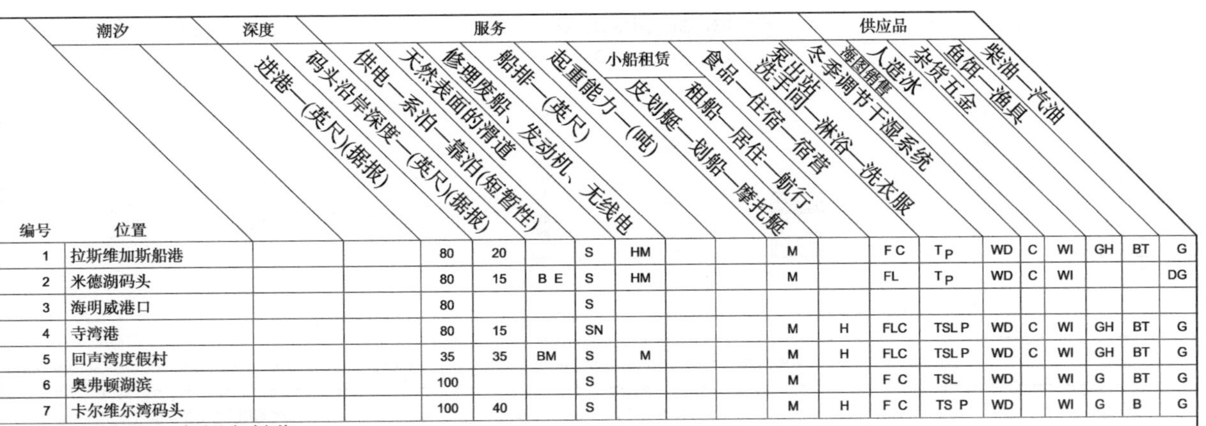

编号	位置	潮汐		深度		服务										供应品					
				进港—(英尺)(据报)	码头沿岸深度—(英尺)(据报)	供电—系泊—靠泊(短暂性)	天然表面的滑道	修理废船、发动机、无线电	船排—(英尺)	起重能力—(吨)	小船租赁 皮划艇—划船—摩托艇	租船—居住—航行	食品—住宿—宿营	泵出站 洗手间—淋浴—洗衣服	冬季调节干湿系统	海图销售	人造冰	杂货五金	鱼饵—渔具	柴油—汽油	
1	拉斯维加斯船港			80	20		S	HM			M		F C	T P	WD	C	WI	GH	BT	G	
2	米德湖码头			80	15	B E	S	HM			M		FL	T P	WD	C	WI			DG	
3	海明威港口			80			S														
4	寺湾港			80	15		SN				M	H	FLC	TSL P	WD	C	WI	GH	BT	G	
5	回声湾度假村			35	35	BM	S	M			M	H	FLC	TSL P	WD	C	WI	GH	BT	G	
6	奥弗顿湖滨			100			S				M		F C	TSL	WD		WI	G	BT	G	
7	卡尔维尔湾码头			100	40		S				M	H	F C	TS P	WD		WI	G	B	G	

(+)表示几小时之后(–)，表示几小时之前。
上述公共小船停泊区设施的位置在海图上使用大的紫色编号表示。
表格中“进港—(英尺)(据报)”指从最近的天然或疏浚水道驶向设施的有效深度。
表格中“泵出站”指可以抽出船用储水箱的设施。
(H)进港深度随湖泊水位而波动。

Appendix IALA Maritime Buoyage System

Region A Lateral Marks

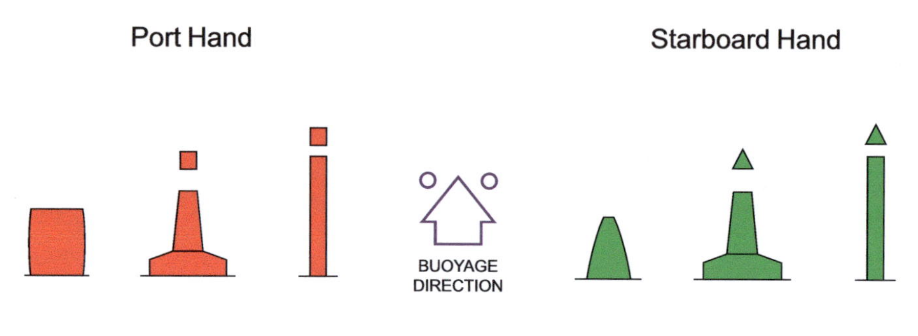

red	Color	green
cylindrical (can), pillar, spar	Buoy	conical (nun), pillar, spar
single red cylinder (can)	Topmark (if any)	single green cone, point upward

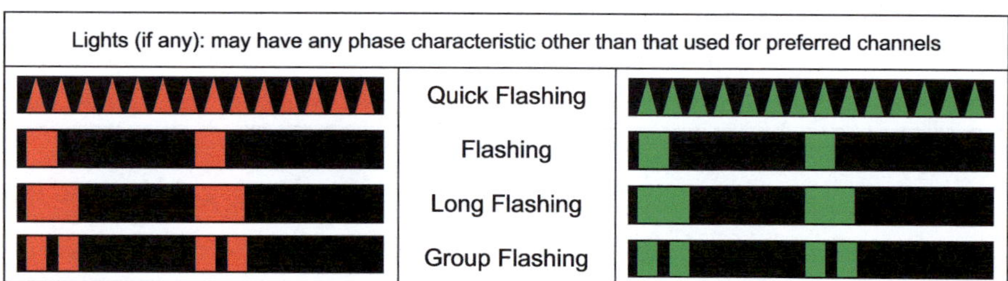

Lights (if any): may have any phase characteristic other than that used for preferred channels		
	Quick Flashing	
	Flashing	
	Long Flashing	
	Group Flashing	

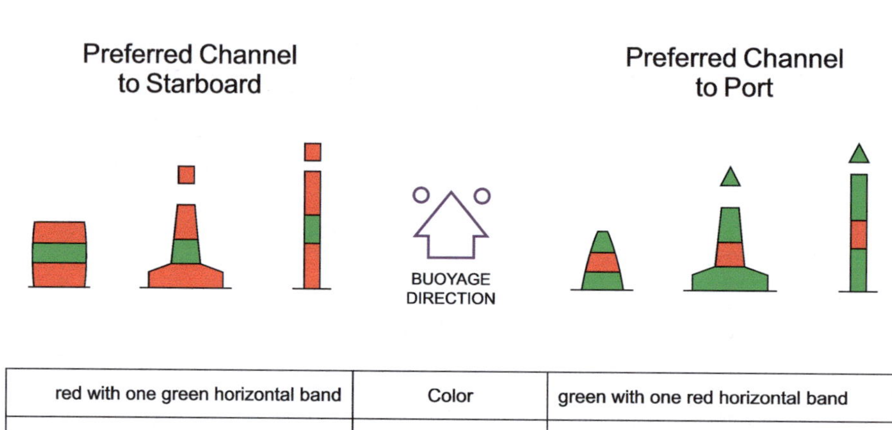

red with one green horizontal band	Color	green with one red horizontal band
cylindrical (can), pillar, spar	Buoy	conical (nun), pillar, spar
single red cylinder (can)	Topmark (if any)	single green cone, point upward

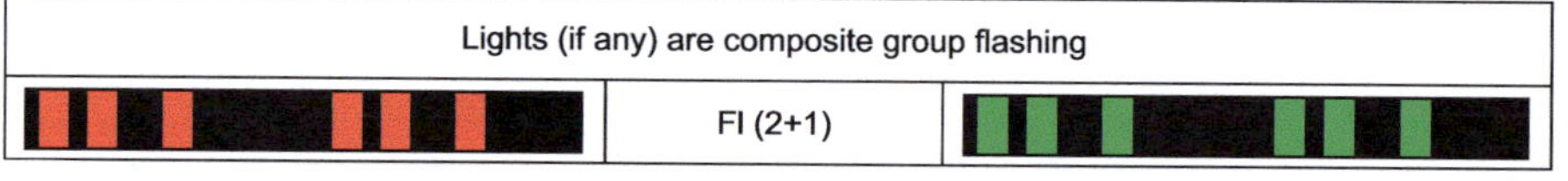

Lights (if any) are composite group flashing		
	Fl (2+1)	

A区 侧面标志

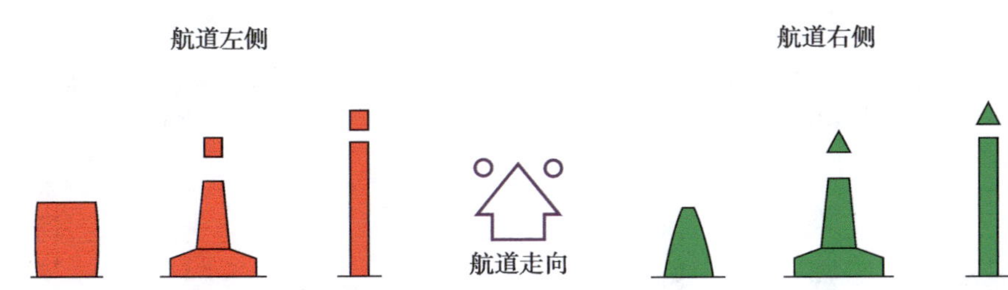

红色	颜色	绿色
圆柱形（罐形）、柱形、杆形	浮标	锥形、柱形、杆形
单个红色圆柱形（罐形）	顶标（如有）	单个绿色锥形（锥顶向上）

灯标（如有）：除了用于推荐航道的灯质外，还可以具有其他灯质

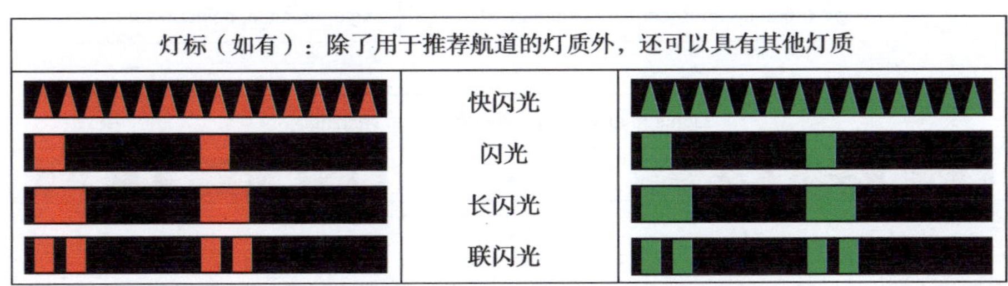

红色，有一条绿色横带	颜色	绿色，有一条红色横带
圆柱形（罐形）、柱形、杆形	浮标	锥形（纺锤形）、柱形、杆形
单个红色圆柱形（罐形）	顶标（如有）	单个绿色锥形（锥顶向上）

灯标（如有）是混合联闪光

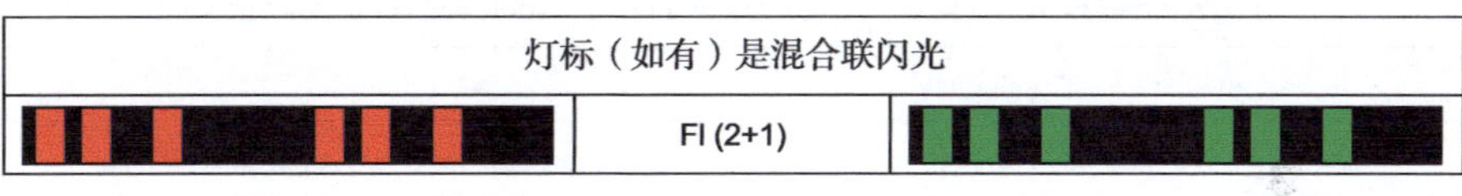

Region B Lateral Marks

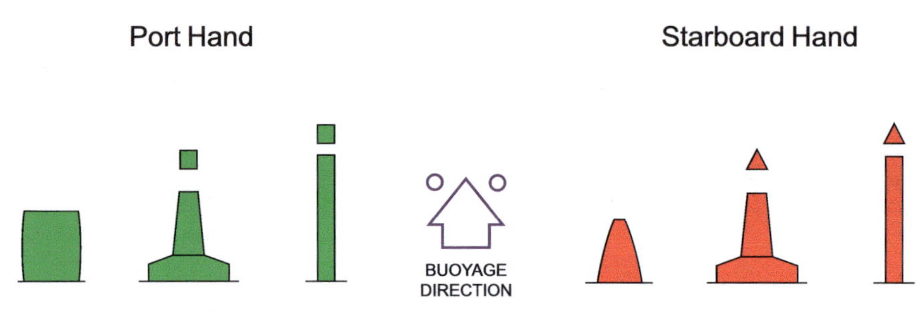

green	Color	red
cylindrical (can), pillar, spar	Buoy	conical (nun), pillar, spar
single green cylinder (can)	Topmark (if any)	single red cone, point upward

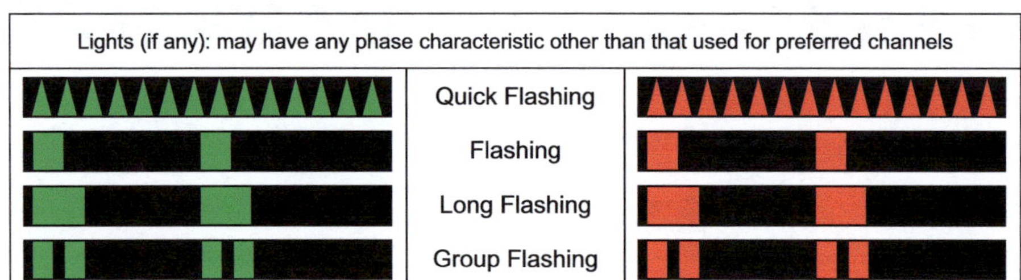

Lights (if any): may have any phase characteristic other than that used for preferred channels		
	Quick Flashing	
	Flashing	
	Long Flashing	
	Group Flashing	

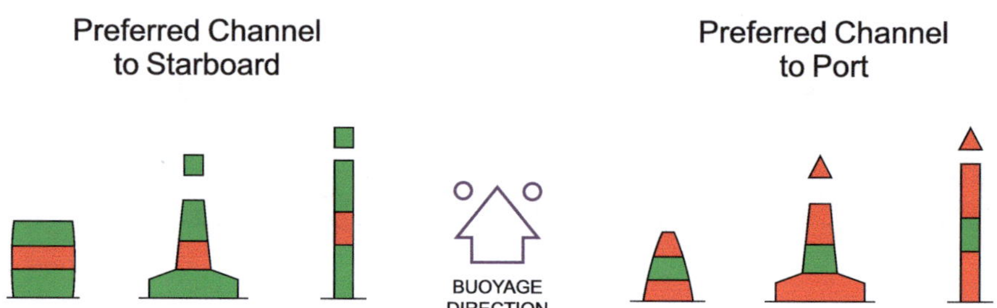

green with one red horizontal band	Color	red with one green horizontal band
cylindrical (can), pillar, spar	Buoy	conical (nun), pillar, spar
single green cylinder (can)	Topmark (if any)	single red cone, point upward

Lights (if any) are composite group flashing		
	Fl (2+1)	

B区 侧面标志

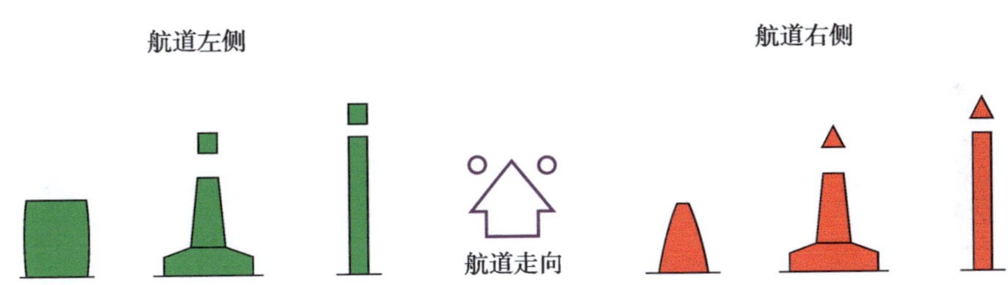

绿色	颜色	红色
圆柱形（罐形）、柱形、杆形	浮标	锥形、柱形
单个绿色圆柱形（罐形）	顶标（如有）	单个红色锥形（锥顶向上）

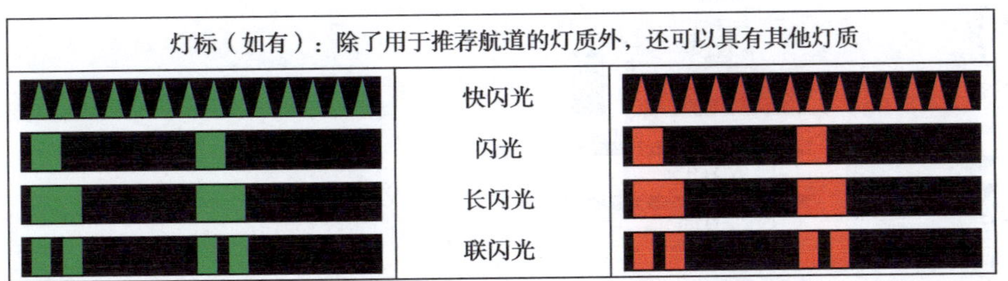

绿色，有一条红色横带	颜色	红色，有一条绿色横带
圆柱形（罐形）、柱形、杆形	浮标	锥形、柱形、杆形
单个绿色圆柱形（罐形）	顶标（如有）	单个红色锥形（锥顶向上）

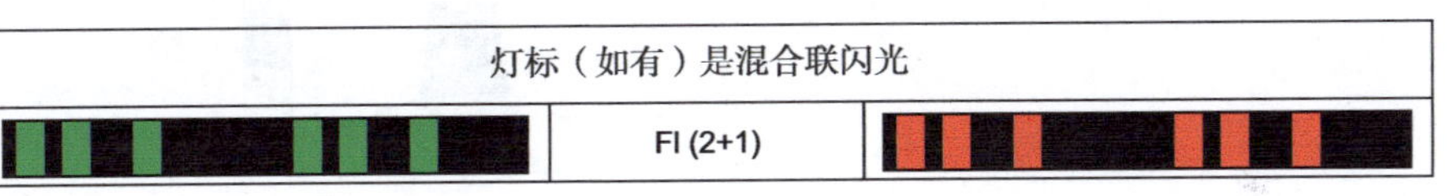

Cardinal Marks in Regions A and B

Lights, when fitted, are white

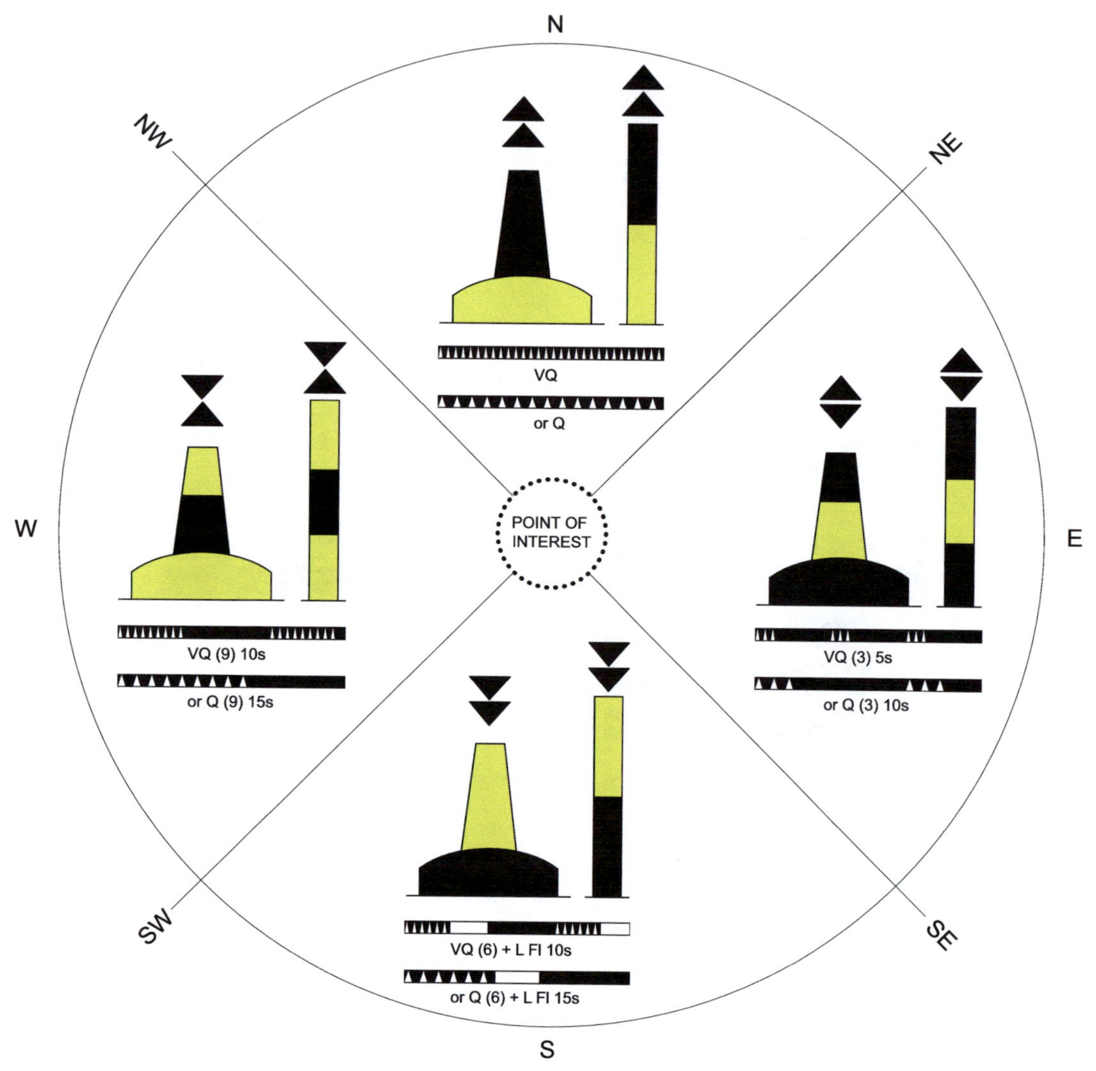

A区和B区的方位浮标

如果设灯，灯标为白色

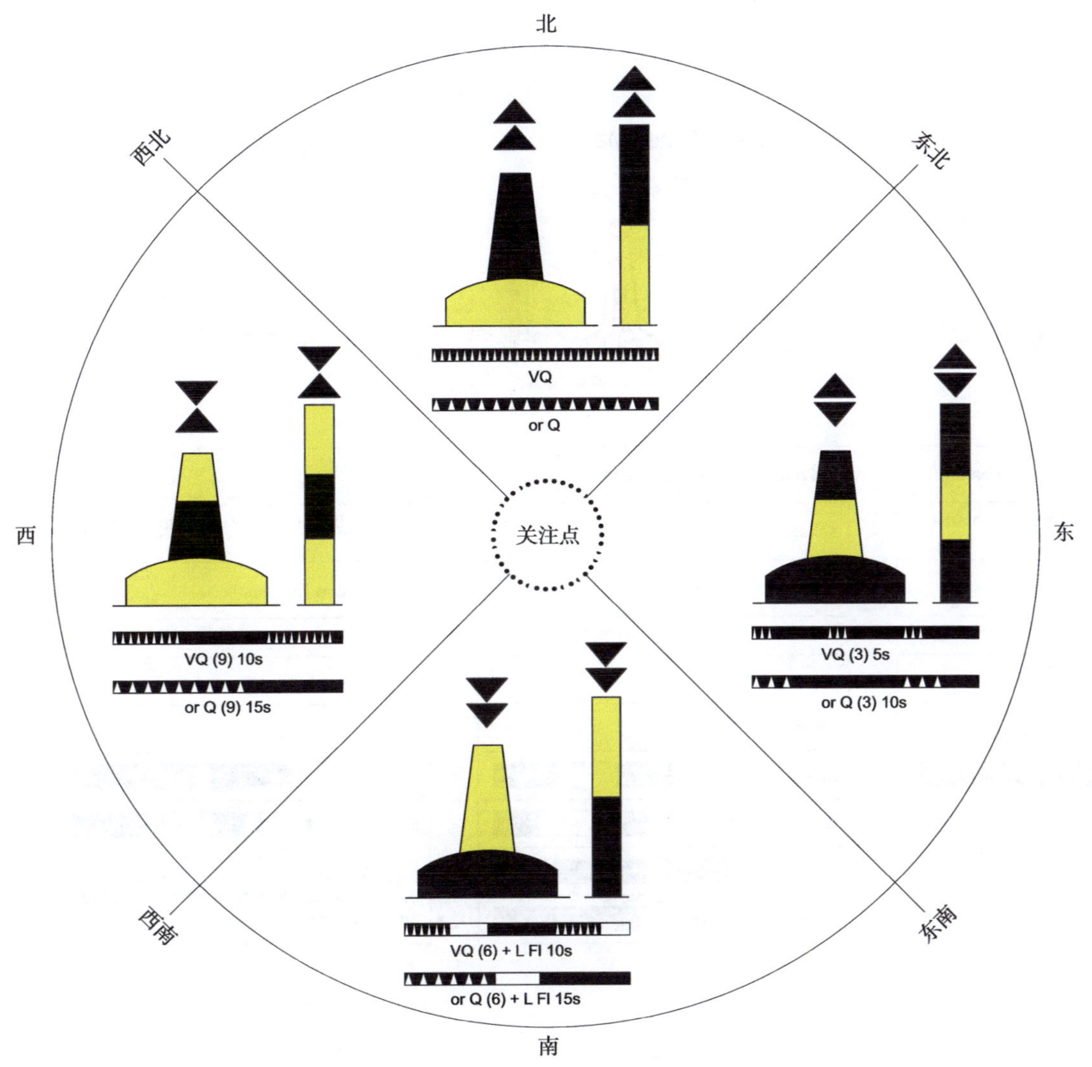

Regions A and B

Isolated Danger Marks

Color	black with one or more red horizontal band(s)
Buoy	optional, but not conflicting with lateral marks; pillar or spar preferred
Topmark (if any)	always fitted with double spheres

Lights (if any)		
Color	white	
Rhythm	group flashing	

Safe Water Marks

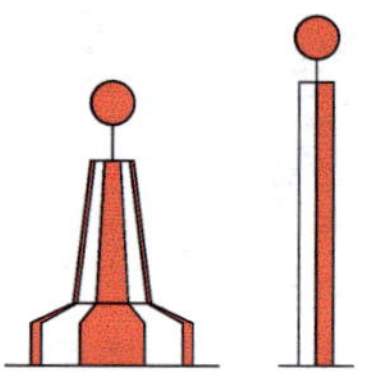

red and white vertical stripes
spherical, pillar or spar
single red sphere

white	
ISO	
Oc	
L Fl 10s	
Morse "A"	

Special Marks

yellow
optional, but not conflicting with lateral marks
single yellow "X" shape

yellow	
Fl Y	
Fl (4) Y	
May have any rhythm other than those used for white lights on cardinal, isolated danger or safe water marks.	

New Danger Marks

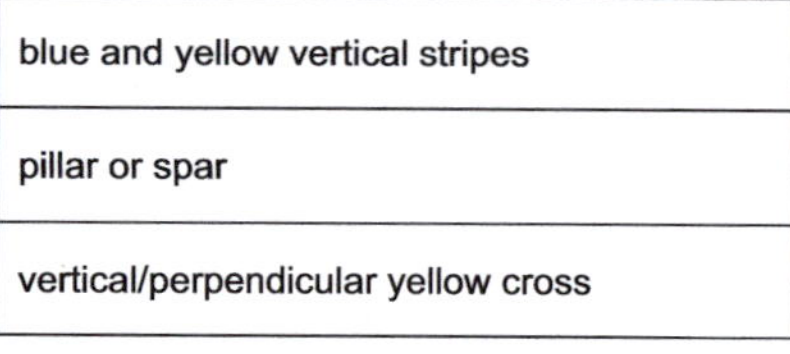

blue and yellow vertical stripes
pillar or spar
vertical/perpendicular yellow cross

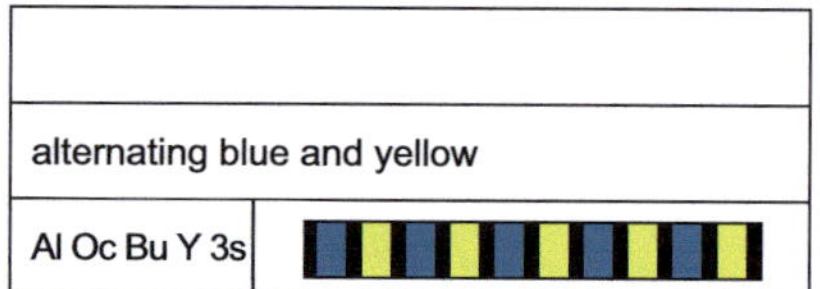

alternating blue and yellow	
Al Oc Bu Y 3s	

A区和B区

独立危险物标志

颜色	黑色，带有一条或多条红色横带
浮标	可选，但不与侧面标志冲突； 首选柱形或杆形
顶标（如有）	总是用双球形

灯标（如有）		
颜色	白色	
周期	联闪光	

安全水域标志

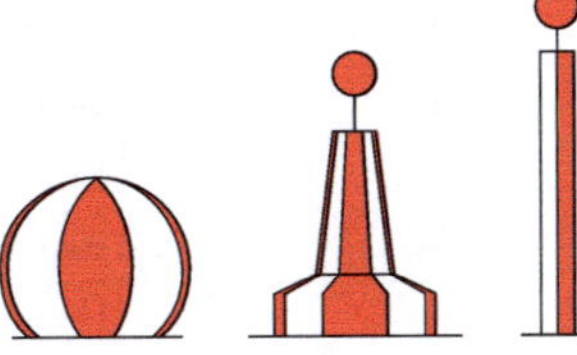

红白相间竖条
球形、柱形或杆形
单个红球

白色	
ISO	
Oc	
L Fl 10s	
莫尔斯码“A”	

专用标志

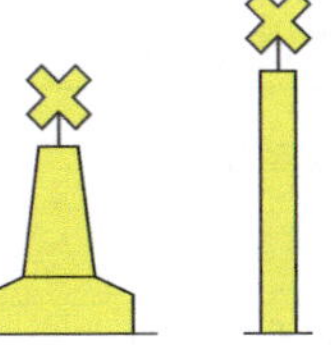

黄色
可选，但不与侧面标志冲突
单个黄色X形

黄色	
Fl Y	
Fl (4) Y	

除了在方位浮标、孤立危险物标志或安全水域标志上的白色灯标使用的灯光周期外，可能还有其他周期。

新危险物标志

蓝黄相间竖条
柱形或杆形
竖直黄色十字

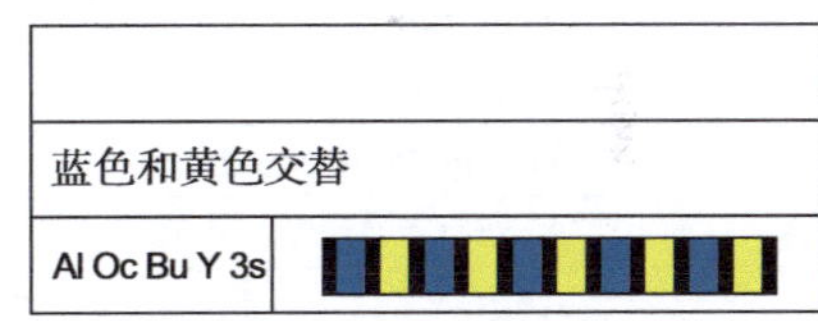

蓝色和黄色交替	
Al Oc Bu Y 3s	

缩写索引

Index of Abbreviations

注:INT 缩写以粗体显示。

英文缩写	英文	中文	编号
		A	
abt	About	大约	D i
Accom	**Accommodation vessel**	**居住船**	L 17
AERO，**Aero**	**Aeronautical light**	**航空灯**	P 60-61.1
Aero R Bn	Aeronautical radiobeacon	航空无线电指向标	S 16
Aero RC	**Aeronautical radiobeacon**	**航空无线电指向标**	S 6
AIS	**Automatic Identification System**	**自动识别系统**	S 17.1-17.2
Al	**Alternating**	**互光**	P 10.11
AL	**Articulated Load Column**	**铰接式输油链**	L 12
Am	**Amber**	**琥珀色**	P 11.8
anc	Ancient	古老的	
ANCH，Anch	Anchorage	锚地	N 20
ANT，Ant	Antenna	天线	E 31
approx	Approximate	不精确的、概略的	
Apprs	Approaches	方法	
Apr	April	四月	
Apt	Apartment	公寓	E s
Arch	Archipelago	群岛	
ASL	**Archipelagic Sea Lane**	**群岛海道**	M 17
ATBA	Area To Be Avoided	避航区	M 29.1
Aug	August	八月	
auth	Authorized	经授权的	K 46.2
Ave	Avenue	大街	
		B	
B	Bay，bayou	湾	
B	**Black**	**黑色**	Q 2
Bdy Mon	Boundary mark (monument)	界标	B 24
Bk	Bank	浅滩	
bk	Black	黑色	J as
bk	**Broken**	**破碎的**	J 33
Bkw	Breakwater	防波堤	F 4.1
bl	Black	黑色	J as
BM	Bench Mark	水准点	B 34
Bn，Bns	**Beacon(s)**	**立标**	M 2，P 4-5，Q 80-81
BnTr，BnTrs	**Beacon tower(s)**	**塔形立标**	P 3，Q 110
Bo	**Boulder(s)**	**圆石**	J 9.2
Bol	Bollard	系缆桩	
Br	**Breakers**	**浪花**	K 17
br	Brown	棕色	J az
brg	Bearing	方位	B 62
brk	Broken	破碎的	J 33
Bu	**Blue**	**蓝色**	P 11.4
		C	
C	Can，cylindrical	罐形、圆柱形	Q 21
C	Cape	角、鼻	
C	Cove	澳	
c	**Coarse**	**粗的**	J 32
Ca，**ca**	**Calcareous**	**石灰质的**	J 38
CALM	**Catenary Anchor Leg Mooring**	**悬链锚腿系泊**	L 16
Cap	Capitol	国会大厦	E t
Cas	Castle	城堡	E 34.2
Cb	**Cobbles**	**卵石**	J 8
cbl	Cable	电缆	B 46
cd	**Candela**	**坎德拉**	B 54
Cem	Cemetery	墓地	E 19
CG	**Coast Guard station**	**海岸警备站**	T 10
Ch	Chocolate	巧克力色	J ba
Ch	**Church**	**教堂**	E 10.1
Chan	Channel	水道	

英文缩写	英文	中文	编号
Chem	Chemical	化学品	L 40. 1-40. 2
CHY, **Chy, Chys**	**Chimney(s)**	**烟囱**	E 22
Cir	Cirripedia	蔓足亚纲	J ae
Ck	Chalk	白垩岩	J f
CL	Clearance	净空	D20-21,26,28
CI	Clay	粘土	J 3
cm	**Centimeter(s)**	**厘米**	B 43
Cn	Cinders	熔渣	J p
Co	Company	公司	E u
Co	**Coralline Algae**	**珊瑚藻**	J 10,K 16
Co Hd	Coral Head	珊瑚岬	J i
Co rf	Coral reef	珊瑚滩、珊瑚礁	
COLREGS	International Regulations for Preventing Collisions at Sea	国际海上避碰规则	N a
Consol	Consol Beacon	康索尔台	S 13
Constr	Construction	建设	F 32
Corp	Corporation	企业	E v
cov	Covers	水下	L 21. 2
cps	Cycles per second	周期/秒	B j
Cr	Creek	小湾	
CRD	Columbia River Datum	哥伦比亚河基准面	H j
crs	Coarse	粗的	J 32
c/s	Cycles per second	周期/秒	B j
Cswy	Causeway	堤道	F 3
Ct Ho	Courthouse	法院	E o
Cup	Cupola	圆顶形	E 10. 4
Cus Ho	Customs house	海关	F 61
Cy	**Clay**	**黏土**	J 3
	D		
D	Destroyed	遭破坏的	
dec	Decayed	衰败的	J an
Dec	December	十二月	
Deg	Degree(s)	度	B n
Destr	Destroyed	遭破坏的	
dev	Deviation	罗经校正	B 67

英文缩写	英文	中文	编号
DF	Direction Finder	测向仪	
DG	**Degaussing Range**	**消磁观测场**	N 25, Q 54
DGPS	**Differential Global Positioning System**	**差分全球定位系统**	S 51
Di	Diatoms	硅藻	J aa
DIA, **Dia**	**Diaphone**	**低音雾号**	R 11
Dir	**Direction light**	**定向灯**	P 30-31
Discol	Discolored	变色的	K e
dist	Distant	远距离	
dk	Dark	深色	J bd
dm	**Decimeter(s)**	**分米**	B 42
Dn, Dns	**Dolphin(s)**	**系船柱**	F 20
Dol	Dolphin(s)	系船柱	F 20
DW	**Deep Water Route**	**深水航道**	M 27. 1, N 12. 4
DZ	**Danger Zone**	**危险区**	Q 50
	E		
E	**East**	**东**	**B 10**
ED	**Existence Doubtful**	**疑存**	I 1
EEZ	Exclusive Economic Zone	专属经济区	N 47
Entr	Entrance	入口	
ESSA	Environmentally Sensitive Sea Area	环境敏感海域	N 22
Est	Estuary	河口、港湾	
exper	Experimental	实验的	
Explos	**Explosive**	**爆响雾号**	R 10
Exting, **exting**	**Extinguished**	**熄灭灯**	P 55
	F		
f	**Fine**	**细的**	J 30
F Fl	**Fixed and hashing**	**定闪光**	P 10. 10
F Gp Fl	**Fixed and Group Flashing**	**定联闪光**	P d
Facty	Factory	工厂	E d
FAD	**Fish Aggregating Device**	**人工集鱼装置**	
Fd	Fjord	峡湾	
FISH	Fishing	捕捞	N 21
Fl	**Flashing**	**闪光**	P 10. 4

英文缩写	英文	中文	编号
fl	Flood	涨潮流	H q
Fla	**Flare stack**	**火炬**	L 11
fly	Flinty	坚硬的	J ao
fm, fms	**Fathom(s)**	**英寻**	B 48
fne	Fine	细的	J 30
Fog Det Lt	**Fog detector light**	**探雾灯**	P 62
Fog Sig	Fog Signal	雾号	R 1
FP	Flagpole	旗杆	E 27
FPSO	**Floating Production, Storage and Offloading Vessel**	**浮式生产储油卸油船**	L 17
Fr	Foraminifera	有孔虫	J y
Fs, **FS**	**Flagstaff**	**旗杆**	E 27
Fsh stks	Fishing stakes	渔栅	K 44.1
FT, **ft**	**Foot, Feet**	**英尺**	B 47, D 20
Fu	Fucus	墨角藻属	J af
		G	
G	**Gravel**	**砾**	J 6
G	**Green**	**绿色**	P 11.3, Q 2
G	Gulf	海湾	
GAB, Gab	Gable	山墙	E i
GCLWD	Gulf Coast Low Water Datum	墨西哥湾沿岸低潮基准面	H k
Gl	Globigerina	球房虫	J z
glac	Glacial	冰状的	J ap
gn	Green	绿色	J av
Govt Ho	Government House	政府大楼	E m
Gp Fl	Group flashing	联闪光	P 10.4
Gp Oc	Group occulting	联明暗光	P 10.2
GPS	**Global Positioning System**	**全球定位系统**	
Grd	Ground	岩土	J a
Grs	Grass	草	J v
grt	**Gross Register Tonnage**	**总注册吨位**	
GT	**Gross Tonnage**	**总吨位**	
gty	Gritty	粗砂质的	J am
gy	Gray	灰色	J bb

英文缩写	英文	中文	编号
		H	
H	**Helicopter**	**直升飞机**	T 1.4
h	**Hard**	**坚硬的**	J 39
h	**Hour**	**小时**	B 49
HAT	Highest Astronomical Tide	最高天文潮面	H 3
Hbr Mr	Harbormaster	港务局	F 60
HHW	Higher High Water	高高潮	H b
Hk	Hulk	废船	F 34, K 20-21
Ho	House	房屋	
hor	**Horizontally disposed**	**水平排列灯**	P 15
Hor CL	Horizontal clearance	桥孔的宽度	D 21
Hosp	Hospital	医院	E g, F 62.2
hr	Hour	小时	B 49
hrd	Hard	坚硬的	J 39
ht	Height	潮高	H p
HW	High Water	高潮	H a
HWF&C	High Water Full & Change	朔望高潮间隙	H h
Hz	Hertz	赫兹	B g
		I	
IALA	International Association of Lighthouse Authorities*	国际航标协会	Q 130
IHO	International Hydrographic Organization	国际航道组织	引言
illum	Illuminated	泛光灯	P 63
IMO	International Maritime Organization	国际海事组织	
In	Inlet	水湾/小湾/澳	
in, ins	Inch(es)	英寸	B c
Inst	Institute	研究所	E n
INT	**International**	**国际的**	A 2, T 21
Intens	**Intensified**	**增强的**	P 46
IQ	**Interrupted quick**	**间断快闪光**	P 10.6

* 国际航标协会的英文名称现为 International Association of Marine Aids to Navigation and Lighthouse Authorities。该组织原名称为 International Association of Lighthouse Authorities/Association Internationale de Signalisation Maritime (IALA/AISM)，仍以 IALA 作为其全称的缩写。

英文缩写	英文	中文	编号
ISLW	Indian Spring Low Water	印度大潮低潮面	H g
Iso	**Isophase**	**等明暗光**	P 10.3
ITZ	Inshore Traffic Zone	沿岸通航带	M 25.1
IUQ	**Interrupted ultra quick**	**间断超快闪光**	P 10.8
IVQ	**Interrupted very quick**	**间断甚快闪光**	P 10.7
		J	
Jan	January	一月	
Jul	July	七月	
Jun	June	六月	
		K	
K	Kelp	海藻	J u
kc	Kilocycle	千周	B k
kHz	Kilohertz	千赫	B h
km	**Kilometer(s)**	**千米**	B 40
kn	**Knot(s)**	**节**	B 52
		L	
L	Lake, loch, lough	湖	
L Fl	**Long-flashing**	**长闪光**	P 10.5
La	Lava	熔岩	J l
Lag	Lagoon	泻湖	
LANBY	**Large Automatic Navigational Buoy**	**大型自动导航浮标**	P 6
LASH	**Lighter Aboard Ship**	**载驳船**	
LAT	**Lowest Astronomical Tide**	**最低天文潮面**	H 2
Lat	**Latitude**	**纬度**	B 1
Ldg	Landing	着陆	F 17
Ldg	**Leading Lights**	**导灯**	P 20.3
Le	Ledge	暗礁	
LLW	Lower Low Water	低低潮	H e
Lndg	**Landing for boats**	**小艇着陆区**	F 17
LNG	**Liquified Natural Gas**	**液化天然气**	
LoLo	Load-on, Load-off	装载、卸载	
Long	Longitude	经度	B 2
LPG	Liquified Petroleum Gas	液化石油气	
Lrg	Large	大的	J a

英文缩写	英文	中文	编号
LS S	Life saving station	救助站	T 12
It	Light	浅色	J be
Lt Ho	Light house	灯塔	P 1
Lt, Lt(s)	**Light(s)**	**灯标**	P 1
Ltd	Limited	有限责任公司	E r
LW	Low Water	低潮	He
LWD	Low Water Datum	低潮基准面	H d
LWF&C	Low Water Full and Change	朔望低潮间隙	H i
		M	
M	**Mud, muddy**	**泥**	J 2
M	**Nautical mile(s)**	**海里**	B 45
m	**Medium (in relation to sand)**	**中等的(与沙相关)**	J 31
m	**Meter(s)**	**米**	B 41
m	**Minute(s) of time**	**分(时间)**	B 50
Ma	Mattes	不光滑的	J ag
mag	Magnetic	磁力	B 61
Magz	Magazine	仓库	E i
Maintd	Maintained	维护的	P 65
man	**Manually activated**	**人工发光灯**	P 56, R 2
Mar	March	三月	
Me	Megacycles	兆周	B l
Mds	Madrepores	石珊瑚	J j
MHHW	Mean Higher High Water	平均高高潮面	H 13
MHLW	Mean Higher Low Water	平均高低潮面	H 14
MHW	Mean High Water	平均高潮面	H 5
MHWN	Mean High Water Neaps	平均小潮高潮面	H 11
MHWS	Mean High Water Springs	平均大潮高潮面	H 9
Mi	Nautical mile(s)	海里	B 45
min	Minimum	最小值	K 46.2
min	**Minute(s) of time**	**分(时间)**	B 50
Mk	**Mark**	**标志**	Q 101
Ml	Marl	泥灰岩	J c
MLHW	Mean Lower High Water	平均低高潮面	H 15
MLLW	Mean Lower Low Water	平均低低潮面	H 12
MLW	Mean Low Water	平均低潮面	H 4
MLWN	Mean Low Water Neaps	平均小潮低潮面	H 10

英文缩写	英文	中文	编号
MLWS	Mean Low Water Springs	平均大潮低潮面	H 8
mm	**Millimeter(s)**	**毫米**	B 44
Mn	Manganese	锰	J q
Mo	**Morse Code**	**莫尔斯灯光**	P 10.9, R 20
MON, **Mon**	**Monument**	**碑**	E 24
MR	**Marine Reserve**	**海洋保护区**	N 22
MRCC	**Maritime Rescue and Coordination Center**	**海上救援协调中心**	
Ms	Mussels	贻贝	J s
MSL	Mean Sea Level	平均海平面	H 6
Mt	Mountain, Mount	山岳、山峰	
Mth	Mouth	河口	
MTL	Mean Tide Level	平均潮面	H 1
		N	
N	**North**	**北**	B 9
N	Nun	纺锤形	Q 20
NE	**Northeast**	**东南**	B 13
NGA	National Geospatial-Intelligence Agency	美国国家地理空间情报局	引言
NM	Nautical miles(s)	海里	B 45
NMi	Nautical mile(s)	海里	B 45
No	Number	编号	N 12.2
NOAA	National Oceanic and Atmospheric Administration	美国国家海洋和大气管理局	引言
NOS	National Ocean Service	美国国家海洋局	
Nov	November	十一月	
Np	Neap tide	小潮	H 17
NT	**Net Tonnage**	**净吨位**	
NTM	Notice to Mariners	航海通告	
NW	**Northwest**	**西北**	B 15
NWS SIG STA	National Weather Service signal station	美国国家气象局信号站	T 29
		O	
Obs Spot	Observation spot	测站点	B 21
OBSC, **Obscd**	**Obscured**	**遮蔽的**	P 43

英文缩写	英文	中文	编号
Obstn	**Obstruction**	**障碍物**	K 41
Oc	**Occulting**	**明暗光**	P 10.2
Occas	**Occasional**	**平时熄灭灯**	P 50
Oct	October	十月	
ODAS	**Ocean Data Acquisition System**	**海洋数据采集系统**	Q 58
Or	**Orange**	**橙色**	P 11.7
OVHD	Overhead	架空的	D 28
Oys	Oysters	牡蛎	J r
		P	
P	**Pebbles**	**圆砾**	J 7
P	Pillar	柱形	Q 23
(P)	Preliminary (NTM)	预告(航海通告)	
PA	**Position approximate**	**概位**	B 7
Pass	Passage, Pass	通道	
Pav	Pavilion	亭	E p
D	Position doubtful	疑位	B 8
Pk	Peak	山峰	
PLTSTA	Pilot station	引航站	T 3
Pm	Pumice	浮石	J m
Po	Post office	邮局	F 63
Po	Polyzoa	苔藓虫类	J ad
pos, posn	Position	方位,坐标;位置	
Post Off	Post office	邮局	F 63
Priv, **priv**	**Private**	**私设的、私有的**	P 65, Q 70
Prod well	**Production well**	**生产井**	L 20
PROHIB	Prohibited	禁止的	N 2.2
PSSA	**Particularly Sensitive Sea Area**	**特别敏感海域**	N
Pt	Pteropods	翼足类	J ac
Pyl	**Pylon**	**电线杆(架)**	D 26
		Q	
Q	**Quick**	**快闪光**	P 10.6
QTG	Service producing DF signals	应船舶申请发送测向信号	S 15
Quar	Quarantine	检疫局	F e
Qz	Quartz	石英岩	J g

英文缩写	英文	中文	编号
R			
R	**Coast radio station providing QTC service**	**海岸无线电答询指向台**	S 15
R	Radio Station	无线电台	S 15
R	**Red**	**红色**	P 11.2
R, r	**Rock, Rocky**	**岩、礁石**	J 9.1, K b
R Bn	Circular radiobeacon	环射无线电指向标	S 10
R Lts	Air obstruction lights	航空障碍灯	P 61.2
R Mast	Radio mast	无线电杆	E 28
R Sta	Radio Station	无线电台	S 15
R Tower	Radio tower	无线电塔	E 29
R TR, R Tr	Radio tower	无线电塔	E 29
Ra	**Radar**	**雷达**	M 31-32, S 1
Ra	Radar reference line	雷达参照线	M 32.1
Ra (conspic)	Radar conspicuous point	雷达显著点	S 5
Ra Ref	Radar reflector	雷达反射器	S 4
Racon	**Radar transponder beacon**	**雷达应答器**	S 3
Radar Sc	Radar scanner	雷达天线	E 30.3
Radar Tr, RADAR TR	Radar tower	雷达塔	E 30.3
Ramark	Radar marker beacon	雷达指向标	S 2
RC	**Circular radiobeacon**	**环射无线电指向标**	S 10
RD	**Directional radiobeacon**	**定向无线电指向标**	S 11
Rd	Radiolaria	放射虫	J ab
Rd	Road, roadstead	泊地、锚地	
rd	Red	红色	J ay
RDF	Radio direction finding station	无线电测向台	S 14
Ref	**Refuge**	**避难港(所)**	Q 124
Rep	Reported	据报	I 3
Rf	Reef	暗礁	
RG	**Radio direction Ending station**	**无线电测向台**	S 14
Rk	Rocks	岩	J 9.1, K b
Rky	Rocky	岩石的	J 9.1
RoRo	**Roll-on, Roll-off Ferry (RoRo Terminal)**	**滚装轮渡**	F 50
rt	Rotten	腐烂的	J aj
Ru, (ru)	**Ruin, ruined**	**破坏的**	D 8, E 25.2, F 33
RW	**Rotating-pattern radiobeacon**	**旋转幅射图形的无线电指向标**	S 12
S			
S	**Sand**	**沙**	J 1
S	**South**	**南**	B 11
S	Spar, spindle	杆形、梭形	Q 24
s	**Second(s) of time**	**秒(时间)**	B 51, P 12
SALM	**Single Anchor Leg Mooring**	**单柱式单点系泊**	L 12
SBM	**Single Buoy Mooring**	**单浮筒系泊**	L 16
Sc	Scanner	扫描	E 30.3
Sc	Scoriae	火山渣	J o
Sch	Schist	片岩	J h
Sch	School	学校	E f
SD	Sailing Directions	航路指南	
Sd	Sound	峡湾	
SD	Sounding doubtful	疑深	I 2
SE	**Southeast**	**东南**	B 14
sec	**Seconds of time**	**秒(时间)**	B 51
Sep	September	八月	
sf	**Stiff**	**硬的**	J 36
sft	Soft	软的	J 35
Sg	**Seagrass**	**海草**	J 13.3
Sh	**Shells**	**贝壳**	J 11
Shl	Shoal	变浅	
Si	**Silt**	**淤泥**	J 4
Sig	**Signal**	**信号**	R 1, T 25.2
Sig Sta	Signal station	信号台、站	T 20
S-L Fl	Short-Long Flashing	短长闪光	P b
S/M	Sand over mud	双层底质	J 12.1
sml	Small	小的	J ah
SMt	Seamount	海山、海峰	
Sn	Shingle	粗砾	J d
so	**Soft**	**软的**	J 35
Sp	Church spire	尖塔形教堂	E 10.3

英文缩写	英文	中文	编号
SP	Spherical	球形	Q 22
Sp	spire	尖塔形	E 10.3
Sp	Spring tide	大潮	H 16
Spg	Sponge	海绵	J t
Spi	Spicules	针状体	J x
Spipe，S'pipe	Standpipe	圆筒形水塔、储水管	E 21
spk	Speckled	有斑点的	J al
SPM	**Single Point Mooring**	**单点系泊**	L 12
SS	**Signal station**	**信号台、站**	T 20-36
St	**Stones**	**石**	J 5
St M，St Mi	Statute mile(s)	法定英里	B e
STA，Sta	Station	台、站	F 41.1，S 15，T 3
stf	Stiff	硬的	J 36
Stg	Sea-tangle	海带	J w
stk	Sticky	黏的	J 34
Str	Strait	海峡、海湾	
Str	Stream	流	H I
str	Streaky	有条纹的	J ak
sub	Submarine	海底	K d
Subm	Submerged	水下的	K 43.1
SW	**Southwest**	**西南**	B 16
sy	**Sticky**	**黏的**	J 34
		T	
T	Short ton(s)	美国短吨	B m
T	Telephone	电话	E q
T	TRUE	真	B 63
T	Tufa	凝灰岩	J n
t	**Ton(s)，Tonnage (weight)**	**吨、吨位(重量)**	B 53，F 53
Tel	Telegraph	通信线	D 27
Tel off	Telegraph office	电信局	E k
Temp，**temp**	**Temporary**	**临时灯**	P 54
ten	Tenacious	黏着力强的	J aq
Tk	Tank	油罐	E 32

英文缩写	英文	中文	编号
TR，**Tr，Trs**	**Tower(s)**	**塔形、塔**	E 10.2，E 20
TSS	Traffic Separation Scheme	分道通航制	M 20.1
TT	Tree tops	树梢	C 14
TV Mast	Television mast	电视天线	E 28
TV Tower	Television tower	电视塔	E 29
		U	
ULCC	**Ultra Large Crude Carrier**	**超大型油轮**	
Uncov	Uncovers	干出、露出	K 11
unev	Uneven	不均匀的	J bf
Univ	University	大学	E h
UQ	**Ultra quick**	**超快闪光**	P 10.8
UTC	**Coordinated Universal Time**	**协调世界时**	
UTM	**Universal Transverse Mercator**	**通用横轴墨卡托投影格网**	
		μ	
μs，μsec	Microsecond(s)	微秒	B f
		V	
v	**Volcanic**	**火山灰的**	J 37
var，VAR	Variation	磁差	B 60
vard	Varied	杂色的	J be
vel	Velocity	流速	H n
vert	**Vertically disposed**	**竖直排列灯**	P 15
Vert CL	Vertical clearance	净空高度	D 20，28
Vi	**Violet**	**紫色**	P 11.5
Vil	Village	村庄	D 4
VLCC	**Very Large Crude Carrier**	**特大型油轮**	G 187
vol	Volcanic，Volcano	火山灰的	J 37
Vol Ash	Volcanic ash	火山灰	J k
VQ	**Very quick**	**甚快闪光**	P 10.7
VTS	**Vessel Traffic Service**	**船舶交通管理**	
		W	
W	**West**	**西**	B 12
W	**White**	**白色**	P 11.1
Wd	**Weed**	**海草**	J 13.1

英文缩写	英文	中文	编号
Well	**Wellhead**	**井口**	L 21
WGS	**World Geodetic System**	**世界大地坐标系**	S 50
Wh	White	白色	J ar
Whf	Wharf	顺岸码头	F 13
WHIS, **Whis**	**Whistle**	**雾哨**	R 15
Wk, Wks	**Wreck(s)**	**沉船**	K 20
Wtr Tr, WTR TR	Water tower	水塔	E 21
		Y	
Y	**Yellow, Orange, Amber**	**黄色、橘色、琥珀色**	P 11.6-11.8
yd,yds	Yard(s)	码	B d
yl	Yellow	黄色	J aw

索引

Index

英文	中文	编号
A		
Abandoned railroad	废弃铁路	D c
Accommodation vessel	居住船	L 17
Accurate position	位置精确	B 32，E 2
Aerial	空中的、天线	
cableway	架空索道	D 25
dish	碟形天线	E 31
Aero light	航空灯	P 60
Aeronautical radiobeacon	航空无线电指向标	S 16
Air obstruction light	航空障碍灯	P 61. 1-61. 2
Airfield	飞机场	D 17
Airport	飞机场	D 17
AIS	自动识别系统	S 17. 1-17. 2
All-round light	全方位可见灯	P 42. 1-43. 2
Alternate course	备用航线	M c
Alternating light	互光	P 10. 11
Amber	琥珀色	P 11. 8
Anchor berth	锚位	N 11. 1-11. 2
Anchorage	锚地	
areas	锚地	N 10-14
buoy	锚地浮标	Q j
for sea-planes	水上飞机锚地	N 14
Anchoring prohibited	禁止抛锚	N 20
Annual change	地磁年变量	B 70
Anomaly，magnetic	磁力异常区	B 82. 1-82. 2
Antenna	天线	E 31
Apparent shoreline	视海岸线	C p
Approximate	不精确的、概略的	
depth contour	不精确等深线	I 31
height of top of trees	树梢概略高程	C 14
position	概位	B 7，33，E 2
topographic contour	草绘地形等高线	C 12
vertical clearance	概略净空高度	D i
Aquaculture	水产养殖	K 44. 1-48. 2
Archipelagic Sea Lane (ASL)	群岛海道	M 17
Areas	区域	N
pipeline	管道区	L 40. 2，L 41. 2
restricted	限制区	M 14，N 2. 1
to be avoided	避航区	M 14，29. 1-29. 2
wire drag	扫海测量区域	I 24
Articulated Loading Column (ALC)	铰接式输油链	L 12
Ash，volcanic	火山灰	J k
Astronomical tide	天文潮面	H 2-3
Automatic Identification System (AIS) transmitter	船舶自动识别系统发射器	S 17. 1-17. 2
Awash，rock	适淹礁	K 12
B		
Band，S & X	S 或 X 频道(波段)	S 3. 1-3. 2
Bar code	条形码	A d
Barrage，flood	防洪闸	F 43
Barrel buoy	桶形浮标	Q 25
Barrier	障碍物	
floating	浮动障碍物	F 29. 1
oil retention	浮油围栏	F 29. 2
security	安全栏	F 29. 1，Q q
Bascule bridge	升降桥	D 23. 4
Basin	港池	F 27-28
Battery	炮台	E 34. 3
Battery (fortification)	炮台(防御工事)	E 34. 3
Beacon	立标	Q 80-126
articulated	铰接式灯标	P 5
buoyant	浮标灯桩	P 5
leading	导标	Q 102. 2，120
lighted	灯桩	P 3-5
marking a clearing line	标示安全界线的立标	Q 121
marking measured distance	测速标	Q 122

英文	中文	编号
on submerged rock	暗礁上的立标	Q 83
radar	雷达信标	S 2-3. 6
radio	无线电指向标	S 10-16
resilient	活节式灯桩	P 5
topmarks	顶标	Q 9-11,82, 102. 1
towers	塔形灯桩	P 3, Q 110-111
Bearing	方位	B r
Being reclaimed	填筑区	F 31
Bell	雾钟	R 14
buoy	设钟浮标	Q a, R 21
on land	陆地上的钟	T a
Benchmark	水准点	B o
Berth	泊位	
anchor	锚位	N 11. 1-11. 2
dangerous cargo	危险品泊位	F 19. 3
designation	泊位编号	F 19. 1, N 11. 1-11. 2, Q 42
visitors	旅游船泊位	F 19. 2
yacht	游艇泊位	F 11. 2
Bifurcation buoy	分叉浮标	Q h
Black	黑色	J as, Q 2
Blind, duck	捕鸭器	K j-k
Blockhouse	碉堡	E 34. 2
Blue	蓝色	J au, P 11. 4
Board (leading beacon)	有导标功能的图板	Q 102. 2
Boarding place, pilot	引航艇登船点	T 1. 1-1. 4
Boat harbor, marina	小艇码头、小船停泊区	F 11. 1
Boom	围油栏	F 29. 1
Boulders	圆石	J 9. 2
international	国界	N 40-41
Boundary	边界	
IALA region	IALA 区域边界	Q 130
Breakers	浪花	C d, K 17
Breakwater	防波堤	F 4. 1-4. 3
Bridge	桥	D 20. 1-24
bascule	升降桥	D 23. 4
draw	牵引桥	D 23. 6
fixed	固定桥	D 20. 1
lifting	升降桥	D 23. 3
light (traffic signal)	包括交通信号的桥灯	T 25. 2
passage signal station	桥涵信号台	T 25. 1
pontoon	浮桥	D 23. 5
swing	平旋桥	D 23. 2
transporter	运输桥	D 24
under construction	在建桥梁	D d
Broken	破碎的	J 33
Brown	棕色	J az
Bubbler curtain, bubbler	气泡幕	F 29. 2
Buildings	建筑物、房屋	D 2, 5-6, 8
Buoyage system, IALA	国际航标协会浮标系统	Q 130-130. 7
Buoyant beacon	浮标灯桩	P 5
Buoy	浮标	Q 20-71
cardinal	方位浮标	Q 130. 3
isolated danger	孤立危险物浮标	Q 130. 4
lateral	侧面浮标	Q 130. 1
mooring	系船浮筒	Q 40-45
new danger	新危险物浮标	Q 130. 7
safe water	安全水域浮标	Q 130. 5
scientific mooring	科学作业系船浮筒	Q r
special	专用浮标	Q 130. 6
Buried pipeline	地下管道	L 42. 1
Bushes	灌木丛	C o
C		
Cable	电缆	
ferry	渡口/轮渡	M 51
landing beacon	海底电缆接岸立标	Q 123
overhead	架空电缆	D 26-27, H 20
submarine	海底电缆	L 30. 1-32
Cableway (aerial)	(架空)索道	D 25
Cairn	堆石标	Q 100
CALM (Catenary Anchor Leg Mooring)	悬链锚腿系泊	L 16

英文	中文	编号
Caisson	坞门	F 42
Calcareous	石灰质的	J 38
Calling-in point	呼叫点	M 40. 1
Calvary cross	十字架碑	E 24
Camping site	露营地	E 37. 1-37. 2
Can buoy	罐形浮标	Q 21
Canal	运河	F 40
distance mark	航道距离标	B 25. 1-25. 2
Candela	坎德拉	B 54
Cardinal marks	方位浮标	Q 130. 3
Careening grid	船架	F 24
Cargo transhipment area	货物转运区	N 64
Castle	城堡	E 34. 2
Casuarina	木麻黄树	C 31. 6
Causeway	堤道	F 3
Cautionary notes	警告注记	A 16
Cemetery	墓地	E 19
Centimeter	厘米	B 43
Chalk	白垩岩	J f
Channel	水道	I 20-22
Chart	海图	
datum	海图基准面	A 3，C a，H 1,20
dimension	内图廓尺寸	A 8
number	海图图号	A1-2
reference to another	参阅另一海图	A 18-19
scale	海图比例尺	A 13
title	海图标题	A 10
Chemical dumping ground	化学品倾倒区	N 24
Chemical pipeline	化学品管道	L 40. 1-40. 2
Chimney	烟囱	E 22
Chocolate	巧克力色	J ba
Church	教堂	E 10. 1
dome	圆顶形教堂	E 10. 4
spire	尖塔形教堂	E 10. 3
tower	塔形教堂	E 10. 2
Cinders	熔渣	J p

英文	中文	编号
Circular (non-directional) aeromarine radiobeacon	环射(无定向)海上飞行无线电指向标	S 10
Circular (non-directional) marine radiobeacon	环射(无定向)海上航行无线电指向标	S 10
Cirripedia	蔓足亚纲	J ae
Clay	黏土	J 3
Clearance	净空	
horizontal	桥孔的宽度	D 21
safe vertical	安全净空高度	D 26，i
vertical	净空高度	D 22，23. 1,23. 4，23. 6-28
Cleared platform	已拆除平台	L 22
Clearing line	安全界线	M 2
Clearing line beacon	标示安全界线的立标	Q 121
Cliffs	陡崖	C 3
Coal head	珊瑚岬	J i
Coarse	粗的	J 32
Coast	海岸	
flat	平坦海岸	C 5
radar station	海岸雷达站	S 1
radio station providing QTG service	海岸无线电答询指向台	S 15
steep	陡岸	C 3
Coast Guard station	海岸警备站	T 10-11
Coastline	海岸线	C 1-8
surveyed	精测岸线	C 1
unsurveyed	草绘岸线	C 2
Cobbles	卵石	J 8
Colored mark	彩色标志	Q 101
Colored topmark	彩色顶标	Q 102. 1
Colors	颜色	
beacons	立标的颜色	Q 2-5
buoys	浮标的颜色	Q 2-5
lights	光色	P 11. 1-11. 8
topmarks	顶标的颜色	Q 2-5
COLREGS demarcation line	国际海上避碰规则分界线	N a

英文	中文	编号
Columbia River Datum	哥伦比亚河基准面	H j
Column	柱状碑	E 24
Compass rose	方位圈	A c，B 70
Composite	混合的	
group-cashing	混合联闪光	P 10. 4
group-occulting	混合联明暗光	P 10. 2
Conical buoy	锥形浮标	Q 20
Conifer	针叶树	C 31. 3，j
Consol beacon	康索尔台	S 13
Conspicuous landmark	突出陆标	E 2
Conspicuous，radar	雷达显著	S 5
Container crane	集装箱起重机	F 53. 2
Contiguous zone	毗连区	N 44
Continental shelf	大陆架	N 46
Continuous	连续的	
quick	连续快闪光	P 10. 6
ultra quick	连续超快闪光	P 10. 8
very quick	连续甚快闪光	P 10. 7
Contour	等高线	
depth	等深线	I 30-31
drying	干出等深线	I 15，30
topographic	草绘地形等高线	C 10，12，H 20
Control point	控制点	B 20-24
Conversion scales	换算比例尺	A a
Conveyor	传送装置	F g
Copyright note	版权注记	A 5
Coral	珊瑚	J 10，22，K 16，h，m
Coral reef	珊瑚滩、珊瑚礁	
always covers	水下珊瑚礁	K 16
covers and uncovers	干出珊瑚滩	J 22，K m
detached	独立珊瑚礁	K h
Coralline algae	珊瑚藻	J 10
Corner coordinates	图廓角坐标	A 9
Covers	水下	J 21-22，K 11，16，21

英文	中文	编号
Crane	起重机	F 53. 1-53. 3
Crib	木笼	K i-j，L 43，b
Crossing gates	交叉口栅门	M 22
Crossing，traffic separation	分道通航制交叉口	M 23
Cubic meter	立方米	B b
Cultivated	耕作	
fields	耕地	C l
shellfish	贝类养殖区	K 47
Cultural features	人工地物	D
Cupola	圆屋顶	E 10. 4
Current	海流	H 42-43，m，t
diagram	海流图	H t
in restricted waters	限制水域的海流	H 42
Customs	海关	
house	海关	F 61
limit	海关界线	N 48
Office	海关	F 61
Cutting	路堑	D 14
Cycles per second	周期/秒	B j
Cylindrical buoy	圆柱形浮标	Q 21
Cypress buoy	柏木浮标	C r
D		
Dam	拦水坝	F 44
Danger	危险	
firing area	射击危险区	N 30，Q 50，125
isolated mark	孤立危险物标志	Q 130. 4
line	危险线	K 1
signal station	危险物信号台	T 35
zone	危险区	Q 50
Dangerous	危险的	
cargo berth	危险品泊位	F 19. 3
rock	对航行构成危害的礁石	K 10-13，14. 2
wreck	危险沉船	K 28
Dark	深色	J bd
Data collection buoy	资料探测浮标	Q 58
Datum	基准面	

英文	中文	编号
chart	海图基准面	H 1,20
sounding reduction	水深换算基准面	H 1
Daymark (dayboard)	昼标	Q 10, 80-81,110, 1
Daytime light	昼灯	P 51
Deadhead	木锚标	K 43. 2
Decayed	粗砂质的	J an
Deciduous	落叶的	
woodland	落叶树林	C i
Decimeter	分米	B 42
Deep water	深水	
anchorage area	深水锚地	N 12. 4
route	深水航道	M 27. 1-27. 3
Degaussing range	消磁观测场	N 25
buoy	消磁观测场浮标	Q 54
Degree	度	B 4
Depth	深度	
charted	图示深度	H 20
contours	等深线	I 30
minimum	最浅深度	K 46. 2, M 27. 2
observed	观测深度	H 20
out of position	移位的水深	I 11
safe clearance	安全富余水深	K 3, 30, f
swept	扫海测深	I 24, a, b, K 2, 27, 42, f
units used for	深度测量单位	A b
unknown	深度不明	K 3, 13,23, 28, 30,40, a, L 21. 1
Depths	深度	I
Derrick, oil	井架	L 10
Designation of	编号	
beacon	带有编号的立标	Q 10
berth	泊位编号	F 19. 1
buoy	带有编号的浮标	Q 11
platform	加注编号的平台	L 2
reporting point	报告点使用编号	M 40. 1

英文	中文	编号
tidal stream, position of tabulated data	列有潮流资料的地点	H 46
transit shed	转运棚	F 51
Detector light	定向灯	P 62
Development area	开采区	L 4
Deviation	罗经校正	
dolphin	罗经校正系船柱	F 21
DGPS correction transmitter	差分全球定位改正数发射器	S 51
Diaphone	低音雾号	R 11
Diatoms	硅藻	J aa
Diffuser	扩散器	L 43
Dike	一般堤	F 1
Direction	方向	
of buoyage	航道走向	Q 130. 2
finding, radio station	无线电测向台	S 14
of flow	水流流向	F 44
light	定向灯	P 30. 1-31
of traffic	航向	M 10, 11, 26. 1-26. 2, 40. 1
Directional radiobeacon	定向无线电指向标	S 11
Directions, compass	方向、方位圈	B
Discolored water	变色海水	K e
Dish aerial	碟形天线	E 31
Disposition of lights	灯光排列	P 15
Distance	距离	B
along waterway	航道长度	B 25. 1-25. 2
measured, beacons marking	测速标	Q 122
Disused	废弃的	
pipeline/pipe	废弃管道	L 44
platform	废弃平台	L 14
submarine cable	废海底电缆	L 32
Diurnal tide	全日潮型	H 30
Dock	船坞	
dry, graving	干船坞	F 25
boating	浮船坞	F 26
wet	湿船坞	F 27

英文	中文	编号
Dolphin	系船柱	F 20-21
Dome	圆屋顶	E 30. 4
Doubtful	存疑的	
depth	疑深	I 2
existence	疑存	I 1
position	疑位	B 8
Draft	吃水	M 6，N 12. 4
area	疏浚区域	I 20-22
channel	疏浚航道	I 20-22
Dredging (extraction) area	疏浚区	N 63
Drying	干出	
contour	干出等深线	I 30
height	干出高度	H 20，I 15
Duck blind	捕鸭器	K j-k
Dumping ground	倾倒区	N c，d，g
chemical waste	化学废品倾倒区	N 24
explosives	爆炸物倾倒区	N 23. 1-23. 2
Dunes	沙丘	C 8
E		
East	东	B 10
cardinal mark	东方位浮标	Q 130. 3
Ebb tide stream	落潮流	H 41
Eddies	旋涡	H 45
Edition note	版本注记	A 6
Eelgrass	鳗草	C t
Elevation of light	灯高	H 20，P 13
Ellipsoid	椭球体	A 3
Embankment	路堤	D 15
Entry prohibited area	禁止进入区	N 2. 2，31
Environmentally Sensitive Sea Area (ESSA)	环境敏感海域	N 22
Established (mandatory) direction of traffic flow	规定的航向	M 10
Eucalypt	桉树	C 31. 8
Evergreen	常青树	C 31. 2
Example of	示例	
conspicuous landmarks	突出陆标的示例	E 2
fog signal descriptions	雾号表示举例	R 20-22
full light description	完整灯质说明的示例	P 16
landmarks	陆标的示例	E 1
routing measures	定线制的示例	M 18-29. 2
Exclusive Economic Zone (EEZ)	专属经济区	N 47
Exercise area，submarine	潜艇训练区	N 33
Existence doubtful	疑存	I 1
Explanatory notes	解释性说明注记	A 11，16
Explosive fog signal	爆响雾号	R 10
Explosives	爆炸物	
anchorage area	危险品锚地	N 12. 7
dumping ground	爆炸物倾倒区	N 23. 1-23. 2
Extinguished light	熄灭灯	P 55
Extraction area	疏浚区	N 63
F		
Factory	工厂	E d
Faint sector	半遮蔽	P 45. 1-45. 2
Fairway	航道	M 18
Farm	养殖场	
marine	海洋养殖场	K 48. 1-48. 2
wave	波浪发电场	L 6
wind	风电场	L 5. 2
Fast ice，limit	固定冰界线	N 60. 1
Fathom(s)	英寻	B 48
Feet	英尺	B 47
Fence	围栏	D g
Ferry	缆线渡口	M 50-51
terminal，Ro Ro	滚装轮渡	F 50
Filao	垂枝木麻黄树	C 31. 7
Fine	细的	J 30
Fireboat station	消防船站	T c
Firing	射击	
danger area	射击训练区	N 30
danger area buoy	射击危险区浮标	Q 50

英文	中文	编号
practice signal station	射击训练信号台	T 36
Fish	鱼类、捕鱼	
haven	鱼礁	K 46.1-46.2
marine farm	海洋养殖场	K 48.1-48.2
trap	渔网	K 44.2-45，Q i
weir	渔堰	K 44.2
Fishery zone limit	捕鱼区界线	N 45
Fishing	捕捞	
harbor	渔港	F 10
limit (fish trap area)	捕捞区界线	N b
prohibited	禁止捕捞	N 21.1
stakes	渔栅	K 44.1
Fixed	固定的	
bridge	固定桥	D 20.1
flashing, and	定闪光	P 10.10，d
light	定光	P 10.1
point	固定点	B 22
Flagstaff，Flagpole	旗杆	E 27
Flare stack	火炬	E 23，L 11
Flashing light	闪光	P 10.4
Flat coast	平坦海岸	C 5
Flinty	坚硬的	J ao
Float	浮子	K q，Q s
Floating	漂浮的	
barrier	浮动障碍物	F 29.1
dock	浮船坞	F 26
on barrier	浮油围栏	F 29.1
wind farm	海上风电场	L 5.2
wind turbine	浮式风力涡轮机	L 5.1
Flood	涨潮流	H q
barrage	防洪闸	F 43
tide (stream)	涨潮（流）	H 40
Floodlit，floodlight	泛光灯	P 63
Fog	雾	
detector light	探雾灯	P 62
light	雾灯	P 52

英文	中文	编号
signals	雾号	R
Foot	英尺	B 47
Footbridge	人行天桥	D 20.2
Foraminifera	有孔虫	J y
Foreshore	海滩	C c
Form lines	山形线	C 13
Fort	堡垒	E 34.2
Fortified structure	防御工事	E 34.1
Foul	缠结、污底	
area	险恶地	K o
ground	碍锚地	K 31.1-31.2
Front light	前灯	P 23
Fucus	墨角藻属	J af
G		
Gable	山墙	E i
Gas	气	
pipe line	输气管道	L 40.1
pipeline area	输气管道区	L 40.2
Gasfield name	加注名称	L 1
Gate	坞门	F 42
Geographical positions	地理位置	B 1-16
Glacial	冰状的	J ap
Glacier	冰川	C 25
Globigerina	球房虫	J z
Glossary	词汇表	A e
Gong	雾锣	R 16，Q b
Grass	草	C s，J v
Grassfields	草地	C m
area with	草场	J 20
Gravel	砾	C c，J 6，20
Graving dock	干船坞	F 25
Gray	灰色	J bb
Green	绿色	J av，P 11.3，Q 2
Gridiron	船架	F 24
Gritty	粗砂质的	J am
Groin	排流堤	F 6

英文	中文	编号
structures	灯标	P 1-7
synchronized	同步灯	P 66
times of exhibition	发光时间有限的灯	P 50-55
vessel	灯标船舶	P e，Q 32
Light characters	灯质	P 10. 1-10. 11
Lighted	灯的、发光的、设灯的	
beacon	灯桩	P 4，Q o
beacon tower	塔形灯桩	P 3
marks	发光标	Q 7-8
mooring buoy	设灯的系船浮筒	Q 41
offshore platform	设灯海上平台	P 2. 1-2. 2
Lighthouse	灯塔	P 1
Lights	灯标	P
Lights exhibited only when specially needed	仅在特别需要时才发光的灯	P 50
Lights in line	区界灯	P 21. 1-21. 2
Lights Marking Fairways	标示航道的灯标	P 20. 1-23
Lights with limited times of exhibition	发光时间有限的灯	P 50-55
Limit of	界线	
area feature in general	一般特征区域分界	C q
area into which entry is prohibited	禁止进入区界线	N 2. 2，31
contiguous zone	毗连区界线	N 44
continental shelf	大陆架界线	N 46
danger line	危险线	K 1
development area	开采区界线	L 4
dredged area	疏浚区域界线	I 20
Exclusive Economic Zone (EEZ)	专属经济区界线	N 47
fast ice	固定冰界线	N 60. 1
fishery zone	捕鱼区界线	N 45
fishing area	捕捞区界线	N b
Gulf Stream	墨西哥湾流界线	Hu
nature reserve	自然保护区界线	N 22
no discharge zone	禁排区界线	N i
restricted area	限制区界线	M 14，N 2. 1

英文	中文	编号
routing measure	分道通航边界线	M14-15
safety zone	安全区界	L 3
sea ice (pack ice) seasonal	季节性浮冰界线	N 60. 2
unsurveyed area	未测量区域界线	I 25
Linear scale	直线比例尺	A 14-15
Local magnetic anomaly	局部磁力异常区	B 82. 1-82. 2
Lock	水闸	F 41. 1-41. 2
signal station	船闸信号台	T 24
Log pond	贮木池	F 29. 1
Logo	图徽	A 12
Long-flashing light	长闪光	P 10. 5
Longitude	经度	B 2
Lookout	瞭望	
pilot	引航瞭望台	T 2
station	瞭望站	T e
Low water	低潮	H 20，c
line	低潮线	I 30
Lower light	前灯	P 23
Lower low datum	低潮基准面	H d
Lower low water	低低潮	H e
Lower water full & change	朔望低潮间隙	H i
Lowest Astronomical Tide (LAT)	最低天文潮面	H 2
M		
Madrepores	石珊瑚	J j
Magnetic	磁力	B q
anomaly	磁力异常区	B 82. 1-82. 2
compass	磁罗盘	B 68. 1-71
variation	磁差	B 68. 1-71，p
Main light visible all-round	全方位可见主灯	P 42. 1-42. 2
Major	主要的、重要的	
light	主要灯标	P 1
light off chart limits	重要的禁光海图界线	P 8
Manganese	锰	J q
Mangrove	红树	C 32
Manually activated	人工发光灯	P 56，R 2
Marabout	伊斯兰教堂	E 13

英文	中文	编号
Marginal notes	图廓注记	A
Marina	小船停泊区	F 11.1
facilities	小船停泊区设施	U a
Marine	海洋的	
farm	海洋养殖场	K 48.1-48.2
reserve	海洋保护区	N 22
Maritime limit	海区界线	N 1.1-1.2
Marks	标志	
cardinal	方位标志	Q 130.3
colored	彩色标志	Q 101
isolated danger	孤立危险物标志	Q 130.4
lateral	侧面标志	Q 130.1
lighted	发光标	Q 7-8
minor	次要标志	Q 90-102.2
new danger	新危险物标志	Q 130.7
safe water	安全水域标志	Q 130.5
special	专用标志	Q 130.6
wreck (new danger)	新危险物标志	Q 130.7
Marl	泥灰岩	J c
Marsh	湿地	C 33
Mast	天线杆、桅杆	
radar	雷达天线杆	E 30.1
radio, television	无线电杆、电视天线	E 28
wreck	仅桅杆露出的沉船	K 25
Mattes	不光滑的	J ag
Maximum	最大值	
authorized draft	最大吃水深度	M 6
speed	最大航速	N 27
Mean	平均的	
High Water (MHW)	平均高潮面	H 5, 20, 30
High Water Neaps(MHWN)	平均小潮高潮面	H 11
High Water Springs(MHWS)	平均大潮高潮面	H 9
Higher High Water(MHHW)	平均高高潮面	H 13, 30
Higher Low Water(MHLW)	平均高低潮面	H 14
Low Water (MLW)	平均低潮面	H 4, 20, 30
Low Water Neaps(MLWN)	平均小潮低潮面	H 10

英文	中文	编号
Low Water Springs(MLWS)	平均大潮低潮面	H 8
Lower High Water(MLHW)	平均低高潮面	H 15
Lower Low Water(MLLW)	平均低低潮面	H 12, 20, 30
Sea Level (MSL)	平均海平面	H 6, 20
tide level	平均潮面	Hf
Measured Distance	测速	Q 122
Medium	中等的	J 31
Megacycle	兆周	B l
Megahertz	兆赫	B i
Meter	米	B 41
Microsecond	微秒	B f
Mid-channel buoy	中央航道浮标	Q e
Mile	英里	
nautical (sea mile)	海里	A 15, B 45
statute	法定英里	B 25.1-25.2, e
three nautical mile line	三海里领海界线	N h
Military area	军事区	N 30-34
Millimeter	毫米	B 44
Minaret	尖塔	E 17
Mine (explosive)	雷区(爆炸物)	N 23.1
Mine (ore extraction)	矿井(矿石开采)	E 36
Minefield	雷区	N 34
Mine-laying practice area	布雷训练区	N 32
Minor	标志	
impermanent marks	次要临时标志	Q 90-92
light	辅助灯标	P 1, note after P 5
light floats	次要船形灯浮标	Q 30.1-31
marks	次要标志	Q 100-102.2
pile	其他桩	F 22
post	其他柱	F 22
Minute	分(时间、角度)	
of arc	弧分	B 5
of time	分(时间)	B 50
Mixed bottom	双层底质	J 12.1-12.2
Moiré effect light	波光灯	P 31
Mole	突堤	F 12

英文	中文	编号
Monument	碑	E 24
Moored storage tanker	系泊的储油轮	L 17
Mooring	停泊	
berth number	泊位编号	Q 42
canal	运河系泊	F f
ground tackle	系泊用锚泊索具	L 18，Q 42
life boat	在系船处的救生艇	T 13
numerous	众多系船浮筒	Q 44
scientific mooring buoy	科学作业系船浮筒	Q r
Single Buoy (SBM)	单浮筒系泊	L 16
Single Point (SPM)	单点系泊	L 12
trot	串联式系船设施	Q 42
visitors'	旅游船系船浮筒	Q 45
buoy	系船浮筒	Q 40-45
lighted	设灯的系船浮筒	Q 41
tanker	系泊油轮	L 16
telegraphic	设电话的系船浮筒	Q 43
telephonic	设电话的系船浮筒	Q 43
Morse Code	莫尔斯码	
fog signal	莫尔斯码雾号	R a
light	莫尔斯灯光	P 10. 9
Mosque	清真寺	E 17
Motorway	高速公路	D 10
Mud	泥	C. c，J 2
Muslim shrine	穆斯林神社	E a
Mussels	贻贝	J s
	N	
National	国家的	
limits	国界	N 40-49
park	国家公园	N 22
Natural	自然的	
features	自然地理要素	C
watercourse	天然水道	I 16
Nature	自然	
reserve	自然保护区	N 22
of the seabed	底质	J

英文	中文	编号
Nautical mile	海里	B 45
Nautophone	电雾角	R 13
Neap tide	小潮	H 10-11，17，30-31
Nets，tunny	金枪鱼渔网	K 44. 2-45
New	新的	
edition date	新版日期	A 6
danger mark	新危险物标志	Q 130. 7
Nipa palm	聂帕棕榈树	C 31. 5，32
No anchoring area	禁止抛锚	N 20
No bottom found	未测到底	I 13
No discharge zone	禁排区	N i
Non-dangerous wreck	对航行不构成危害的暗礁	K 15，29
Non-directional radiobeacon	无定向无线电指向标	S 10
Non-tidal basin	非潮汐型港池	F 27
North	北	B 9
cardinal mark	北方位浮标	Q 130. 3
Northeast	东北	B 13
Northwest	西北	B 15
Notes	注记	A 11，16
Notice board	警告牌	Q 126，T d
Notice to mariners	航海通告	A 7
Nun buoy	纺锤形浮标	Q 20
	O	
Obelisk	方尖碑	E 24
Obscured sector	灯光遮蔽	P 43. 1-43. 2
Observation spot	测站点	B 21
Obstruction	障碍物	K 40-48. 2
light，air	航空障碍灯	P 61. 1-61. 2
Occasional light	平时熄灭灯	P 50
Occulting light	明暗光	P 10. 2
Ocean current	洋流	H 43
ODAS buoy	大型海洋资料探测浮标	L 25，Q 58
Office	办公处	
customs	海关	F 61
harbormaster's	港务局	F 60
health	卫生局	F 62. 1

英文	中文	编号
pilot	引航处	T 2-3
quarantine	检疫	F e
Offshore	近海的	
Installations	近海设施	L
platform, lighted	设灯海上平台	P 2. 1-2. 2
position, tidal levels	列有潮流资料的海上地点	H 47
Ogival buoy	尖顶形浮标	Q 20
Oil	油	
barrier	围油栏	F 29. 1-29. 2
derrick	井架	L 10
installation buoy, Catenary Anchor Leg Mooring (CALM)	油装置浮筒,包括悬链锚腿系泊	L 16
pipeline	输油管道	L 40. 1
pipeline area	输油管道区	L 40. 2
Oilfield with name	加注名称的油田	L 1
One-way track	单向航道线	M 5. 1-5. 2,27. 3
Ooze	软泥	J b
Opening bridge	活动桥	D 23. 1
Orange	橙色	J ax, P 11. 7
Ordnance, unexploded	未爆炸弹药	K p
Outfall pipe	排水管	L 41. 1-41. 2
Overfalls	急流	H 44
Overhead	架空的	
cable	架空电缆	D 27
pipe	架空管道	D 28
transporter	架空索道	D 25
Oysters	牡蛎	J r
P		
Pack ice, limit	浮冰界线	N 60. 2
Paddy field	稻田	C n
Pagoda	宝塔	E 13
Painted board	彩绘图板	Q 102. 2
Palm	棕榈树	C 31. 4
Park ranger station	天文台	T g

英文	中文	编号
Particularly Sensitive Sea Area (PSSA)	特别敏感海域	N 22
Patent slip	滑道	F 23
Path	小路	D 12
Pebbles	圆砾	J 7
Perch	杆形	Q 91
Period of light	灯光周期	P 12
Pictorial sketches	图示草图	E 3. 1-3. 2
Jetty	栈桥式码头	F 14
promenade	栈桥式码头	F 15
ruined	破坏码头	F 33. 2
Pile	桩	F 22
submerged	水下桩	K 43. 1-43. 2
Pillar	柱	
buoy	柱形浮标	Q 23
monument	柱状碑	E 24
Pilot	引航	T 1-4
boarding place	引航艇登船点	T 1. 1-1. 3
helicopter transfer	由直升飞机运送引航员登船	T 1. 4
look out	引航瞭望	T 2
office	引航处	T 2-3
Pilotage	引航	T 1-4
Pipe	管道	
intake	上水管	L 41. 1-41. 2, b
outfall	排水管	L 41. 1-41. 2
overhead	架空管道	D 28
pneumatic (bubbler)	气泡幕(气动管道)	F 29. 2
Pipeline	管道	
buried	地下管道	L 42. 1
land, on	地面管道	D 29
overhead	架空管道	D 28
submarine	海底管道	L 40. 1-44
tunnel	铺管隧道	L 42. 2
Platform	平台	L 2, 10, 13-14, 22, P 2
cleared	已拆除平台	L 22

英文	中文	编号
submerged	水下平台	K 1
Point	点	
base point for territorial sea baseline	领海基线的基点	N 42
fixed	固定点	B 22
Single Point Mooring (SPM)	单点系泊(SPM)点	L 12
symbols, position	有点符号;点要素的位置	B 32-33
triangulation	三角点	B 20
Pole	杆形	Q 90
Police station, marine	海洋警察局	T b
Polyzoa	苔藓虫类	J ad
Pontoon	浮桥,浮码头	F 16
bridge	浮桥	D 23.5
Port	港口	
pilotage service, with	有引水业务的港口	T 4
signal station	港口管理信号台	T 21-23
Ports	港口	F
Position	位置	
accurate	位置精确	B 2, E 2
approximate	概位	B 7, E 2
of buoy or beacon	浮标或立标的位置	Q 1
doubtful	疑位	B 8
of fog signal	雾号的位置	R 1
of pilot cruising vessel	引航艇位置	T 1.1-1.3
tidal levels	列有潮流资料的海上地点	H 47
tidal stream data	列有潮流资料的地点(附有编号)	H 46
Positions	位置	B
symbolized	符号的位置	B 30-33
Post	柱	F 22, K 43.1
covers and uncovers	干出柱	Kr
office	邮局	F 63
submerged	水下柱	K 43.1
Power	电力	
overhead cable	架空电缆	D 26, H 20
submarine cable	海底电力线	L 31.1-31.2
transmission line	电力线	D h

英文	中文	编号
Practice area (military)	(军事)训练区	N 30-34
Precautionary area	警戒区	M 16, M 24
Preferred channel buoy	推荐航道的浮标	Q 130.1
Private	私有的、私设的	
buoy	私有浮标	Q 70
light	私设灯	P 50, 65
Production	生产	
platform	生产平台	L 10
well	生产井	L 20
Prohibited	禁止	
anchoring	禁止抛锚	N 20
area	禁止进入	N 2.2, 31
diving	禁止潜水	N 21.2
fishing	禁止捕捞	N 21.1
Promenade pier	栈桥式码头	F 15
Protective structures	防护设施	F 1-6.3
Pteropods	翼足类	J ac
Public Buildings	管理与服务机构	F 60-63
Publication note	出版注记	A 4
Pumice	浮石	J m
Pump-out facilities	排放设施	F d
Pylon	电线杆(架)	D 26, E 29
Q		
QTG service	应船舶申请发送测向信号	S 15
Qualifying Terms	形容词	J 30-39
Quarantine	检疫	
anchorage area	检疫锚地	N 12.8
building, health office	卫生局、检疫局	F 62.1
office	检疫局	F e
Quarry	采掘场、露天矿	E 35.1-35.2
Quartz	石英岩	J g
Quay	横码头	F 13
Quick light	快闪光	P 10.6
R		
Races	急流	H 44

英文	中文	编号
Racon	雷康	S 3. 1-3. 6
Radar	雷达	
beacon	雷达信标	S 2-3. 6
conspicuous feature	雷达显著物标	S 5
dome (radome)	雷达天线罩(天线屏蔽器)	E 30. 4
mast	雷达天线杆	E 30. 1
range	雷达范围	M 31
reference line	雷达参照线	M 32. 1-32. 2
reflector	雷达反射器	Q 10-11, S 4
scanner	雷达扫描	E 30. 3
station	雷达站	S 1
surveillance system	雷达监视系统	M 30-32. 2
tower	雷达塔	E 30. 2
transponder beacon, racon	雷达应答器	S 3. 1-3. 6
transponder beacons on boating marks	浮动标志上的雷达应答器	S 3. 6
tower	无线电塔	E 29
Radio	无线电	S 10-18. 7
finding station	无线电测向台	S 14
direction-mast	无线电测向天线杆	E 28
repoting line	无线电报告线	M 40. 2
reporting point, calling-in or way point	无线电呼叫点	M 40. 1
station, QTG service	海岸无线电答询指向台	S 15
Radiobeacon	无线电指向标	S10-16
Radiolaria	放射虫	J ab
Radome	天线屏蔽器	E 30. 4
Railway	铁路	D 13, b
station	车站	D 13
Ramark	雷达指向标	S 2
Ramp	滑道	F 23
Range	射程	P 14
Rapids	激流	C 22
Rate	流速	H n
Rear light	后灯	P 22
Reclamation area	填筑区	F 31

英文	中文	编号
Recommended	推荐的	
deep water track	推荐深水航道	M 27. 3, a-b
direction of traffic flow	推荐的航向	M 11, 26. 1-26. 2, 28. 1
route	推荐航道	M 28. 1
track	推荐航道线	M 3-4, 6
Red	红色	J ay, P 11. 2, Q 3
Reed beds	芦苇滩	C 33
Reef	滩、礁	J 22, K 16, g-h, m
Reference to	参阅	
adjoining chart	参阅邻接海图	A 19
charted units	参阅图示单位	A b
larger-scale chart	参阅大比例尺海图	A 18
Reflector, radar	雷达反射器	Q 10-11, S 4
Refuge	避难	
beacon	避难地立标	Q 124
for shipwrecked mariners	海难船员的避难所	T 14
Regions, IALA	IALA 区域	Q 130. 1
Relief	地貌	C 10-14
Reported	据报	
anchorage	据报锚地	N 10
danger	危险物(据报)	I 4
depth	深度(据报)	I 3. 1-4
Reporting, radio	无线电报告	M 40. 1-40. 2
Rescue station	救助站	T 11-12
Reservation line	备用界线	N f
Reserve fog signal	备用雾号	R 22
Reserved anchorage area	备用锚地	N 12. 9
Resilient beacon	活节式灯桩	P 5
Restricted	限制的	
area	限制区界线	M 14, N 2. 1,20-27
light sector	限制的扇形光灯	P 44. 1-44. 2
Retroreflecting material	反光材料	Q 6
Rice paddy	稻田	C n
Riprap	抛石碓	P a
River	河	C 20

英文	中文	编号
intermittent	时令河	C 21
Road	公路	D10-11
Rock	岩	J 9.1，K 10-15，a-b
Rocket station	火箭发射台	T 12
Rocky	岩	J 9.1
area which covers and uncovers	干出岩石滩	J 21
Roll-on，Roll-off ferry terminal (RoRo)	滚装轮渡	F 50
Rotating-pattern radiobeacon	旋转幅射图形的无线电指向标	S 12
Rotten	腐烂的	J aj
Roundabout	环形道	M 21
Route	航道	M 27.1-28.2
Routing Measures	定线制	M 18-29.2
Rubble	碎石	C e
Ruin	破坏	D 8，F 33.1
Ruined	破坏的	
landmark	破坏方位物	D 8
pier	破坏码头	F 33.2
S		
Safe	安全	
clearance depth	安全富余水深	K 3，30，f
vertical clearance	安全净空高度	D 26，i
water mark	安全水域标志	Q 130.5
Safety	安全	
fairway	安全航道	M 18
zone	安全区域	L 3
Sailing club	帆船俱乐部	F 11.3
Salt pans	盐田	C 24
Sand	沙	C c，J 1
Sandhills	沙丘	C 8
Sandwaves	沙波	J 14
Sandy shore	沙质岸	C 6
Satellite Navigation System	卫星导航系统	S 50-51
Scale	比例尺	A 13-15
Scanner，radar	雷达扫描	E 30.3
Schist	片岩	J h
School	学校	E f
Scoriae	火山渣	J o
Scrubbing grid	船架	F 24
Sea mile (nautical mile)	海里	A 15，B 45
Seabed，types of	底质分类	J 1-15，a-bf
Seagrass	海草	J 13.3
Seal	标志、海豹	
chart producer	图徽	A 12
Sanctuary	海豹保护区	N 22
Seaplane	水上飞机	
anchorage	水上飞机锚地	N 14
landing area，operating area	水上飞机作业区	N 13
Seasonal	季节的	
buoy	季节浮标	Q 71
sea ice limit	季节性浮冰界线	N 60.2
Sea-tangle	海带	J w
Seawall	海堤	F 2.1-2.2
Seaward limit of	向海界线	
contiguous zone	毗连区界线	N 44
territorial sea	领海线	N 43
Second	秒(时间、角度)	
of arc	弧秒	B 6
of time	秒(时间)	B 51
Sector lights	扇形光灯	P 40.1-46.2
See adjoining chart	参阅邻接海图	A 19
Semaphore	信号标	T f
Semi-diurnal tide	半日潮	H 30
Separation	分离	
line	分隔线	M 12
scheme	分道制	M 10-13，20.1-29.2
zone	分隔带	M 13
Services	服务设施	T
Settlements	居民地	D 1-8
Sewer	污水	L 41.1-41.2
Shading	晕渲地貌	C g

英文	中文	编号
Shapes of buoys	浮标的形状	Q 20-26
Shark nets	鲨鱼网	F 29.1
Shed, transit	转运棚	F 51
Shellfish bed	贝类养殖区	K 47
Shells	贝壳	J 11
Shingle	粗砾	C c, J d
Shingly shore	粗砾岸	C 7
Shoal sounding on rock	孤立礁石的浅水深度	K b
Shore, shoreline	前滨	C 1-8
Short-long flashing	短长闪光	P b
Shrine	神社	E 13
Signal	信号	
fog	雾号	R
stations	信号站、台	T 20-36
Silo	筒仓	E 33
Silt	淤泥	J 4
Single	单个的	
Anchor Leg Mooring(SALM)	单柱式单点系泊	L 12
Buoy Mooring (SBM)	单浮筒系泊	L 16
Point Mooring (SPM)	单点系泊	L 12
Sinker	沉锤	K n
Siren	雾笛	R 12
Sketches	草图	E 3.1-3.2
Slack water	憩流	H 31
Slipway	滑道	F 23
Small	小的	J ah
Small craft	小型船舶	
leisure facilities	小型船舶(休闲)设施	U
mooring	小型船系船区	Q 44
Snag	隐树	K 43.2
Soft	软的	J 35
Sounding	水深	I 10-16
datum	深度基准线	C a, b, K h
doubtful depth	疑深	I 2
out of position	移位的水深	I 11
unreliable	不精确水深	I 14

英文	中文	编号
Source diagram	资料采用略图	A 17
South	南	B 11
cardinal mark	南方位浮标	Q 130.3
Southeast	东南	B 14
Southwest	西南	B 16
Spar buoy	杆形浮标	Q 24
Special	专用的	
lights	专用灯	P 60-66
marks	专用标志	Q 130.6
purpose beacon	专用立标	Q 120-126
purpose buoy	专用浮标	Q 50-71
Speckled	有斑点的	J al
Speed limit	最大航速	N 27
Spherical buoy	球形浮标	Q 22
Spicules	针状体	J x
Spindle buoy	梭形浮标	Q 24
Spire	尖塔形	E 10.3
Spoil ground	垃圾倾倒区	N 62.1-62.2
Sponge	海绵	J t
Spot height	高程点	C 10-11, 13, H 20
Spring	大潮、泉	
tide	大潮	H 16, 30-31
seabed	海底淡水泉	J 15
Square	平方、正方形	
meter	平方米	B a
shaped beacon	正方形立标	Q I
Stake	桩	K 43.2, Q 90
Station	站	
Coast Guard	海岸警备站	T 10-11
coast radar	海岸雷达站	M 30, S 1
DGPS, providing corrections	提供差分全球定位改正数的台站	S 51
QTG, providing radio service	海岸无线电答询指向台	S 15
radar surveillance	雷达监视站	M 30
radio direction Ending	无线电测向台	S 14
railway	车站	D 13

英文	中文	编号
rescue	救助站	T 11-12
signal	信号站、台	T 20-36
tide	潮汐站	H 30
Statute	雕像碑	E 24
Statute mile	法定英里	B e
Steep coast	陡岸	C 3
Steps	道头	F 18
Sticky	黏的	J 34
Stiff	硬的	J 36
Stock number	库存编号	A d
Stones	石	C 7，J 5
area with	沙石区域	J 20
Stony shore	磊石岸	C 7
Storage tanker	储油轮	L 17
Storm signal station	暴雨信号塔	T 28
Straight territorial sea baseline	领海基线	N 42
Strand	岸	C c
Streaky	有条纹的	J ak
Stream	河流、潮流	C 20，H I，I c
Gulf	墨西哥湾流	Hu
tidal signal station	潮流信号台	T 34
tidal table	潮流表	H 31,46
tide	潮流	H 40-41
Street	街道	D 7
Strip light	条形灯	P 64
Stumps of piles/posts	水下柱、桩	K 43. 1-43. 2
Submarine	海底、潜艇	
cable	海底电缆	L 30. 1-32
cable area	海底电缆区	L 30. 2
exercise area	潜艇训练区	N 33
pipeline	海底管道	L 40-44
power cable	海底电力线	L 31. 1
power cable area	海底电力线区	L 31. 2
transit lane	潜艇专用通道	N 33
volcano	海底火山	K d
Submerged	水下的	

英文	中文	编号
crib	水下木笼	K i
duck blind	水下捕鸭器	K k
jetty	水下栈桥式码头	F b
platform	水下平台	K l
production well	水下生产井	L 20
rock，beacon on	暗礁上的立标	Q 83
well（buoyed）	水下井(浮标标示)	L a
wreck	水下沉船	K 22-23，26-30
Subsidiary light	辅助灯	P 42. 1-42. 2
Subsurface Ocean Data Acquisition System（ODAS）	次表层海洋数据采集系统（ODAS）	L 25
Sunken	沉没的	
danger（swept）	水下危险物(扫海)	K f
wreck	沉船	K c
Superbuoy		Q 26
Supply pipeline	供应管道	L 40. 1-40. 2
Surveyed	精测的	
coastline	精测岸线	C 1
inadequately	未精测	I 25
Suspended well	停产井	L 21. 1-21. 2
Swamp	沼泽	C 33
Swept	扫海	
area	扫海测量区	I 24，b
channel	经扫海测量的航道	I a
wire drag，by	经扫海	K 2，27，42，f
Swing bridge	平旋桥	D 23. 2
Swinging circle	旋转区	N 11. 2
Symbolized positions	符号的位置	B 30-33
Synchronized light	同步灯	P 66
T		
Tanker	油轮	
anchorage area	油轮锚地	N 12. 5
CALM	悬链锚腿系泊	L 16
storage，moored	系泊的储油轮	L 17
Tank	油罐	E 32
Telegraphic mooring buoy	设电话的系船浮筒	Q 43

英文	中文	编号
Telephone	电话	E q
line	通信线	D 27
Telephonic mooring buoy	设电话的系船浮筒	Q 43
Television	电视	
mast	电视天线	E 28
station	电视台	E 27
tower	电视塔	E 29
Temple	庙宇	E 13
Temporary	临时的	
buoy (*seasonal*)	季节浮标	Q 71
light	临时灯	P 54
Tenacious	黏着力强的	J aq
Terms relating to tidal levels	与潮面有关的术语	H 1-17，a-k
Territorial Sea	领海	N 42-43
Tidal	潮的	
basin	潮汐型港池	F 28
harbor	潮汐型港口	F 28
levels	潮面	H 1-17，20
stream	潮汐	H 1
signal station	潮流信号台	T 34
station	验潮站	H 46
table	潮流表	A g，H 31
streams and currents	潮汐和海流	H 40-47
table	潮信表	H 30
Tide	潮流	
gauge	验潮站	T 32. 1-32. 2
level terms	与潮面有关的术语	H 1-17，a-k
rips	急流	H 44
scale	验潮站	T 32. 1
signal station	潮汐信号台	T 33
table	潮信表、潮流表	A g，H 30-31
Timber yard	贮木场	F 52
Time	报时	
signal station	报时信号台	T 31
units of	时间单位	B 49-51
Tomb	墓	E b

英文	中文	编号
Ton，tonnage，tonne (weight)	吨、吨位(重量)	B 53，m
Topmark	顶标	Q 9-11,82，102. 1
Tower	塔	E 20
beacon	塔形立标	P 3，Q 110-111
church	塔形教堂	E 10. 2
radar	雷达塔	E 30. 2
radio	无线电塔	E 29
television	电视塔	E 29
water	水塔	E 21
Track	小路	D 12，M 1-6，27. 3
Traffic	交通	
separation scheme (*TSS*)	分道通航制(TSS)	M 10-15，20-26. 2
basic symbols	通航基本符号	M10-15
signal station	通航信号站	M 18-29. 2
example	交通示例	T 21-22，25. 1
surveillance station	通航监视站	M 30
Training wall	导流堤	F 5
Transhipment	转运	
area	转运区	N 64
facilities	运输设施	F 50-53. 2
Transit	运输	
lane (*submarine*)	(潜艇)专用通道	N 33
line	叠标线	M 2
shed	转运棚	F 51
Transmission line	电力线	D 26-27，h
Transmitter，AIS	船舶自动识别系统发射器	S 17. 1-17. 2
Transponder beacon	应答器	S 3. 1-3. 6
Transporter	运输	
bridge	运输桥	D 24
overhead (*aerial cableway*)	架空索道	D 25
Trap，fish	渔网	K 44. 2-45，Qi
Traveling crane	移动式起重机	F 53. 1
Trees	树	
height of top	树梢高程	C 14
types of	树种	C 31-32，i-k
Triangular shaped beacon	三角形立标	Q 1

英文	中文	编号
Triangulation point	三角点	B 20
Trot，mooring	串联式系船设施	Q 42
True (compass)	真北(方位圈)	B s
Tufa	凝灰岩	J n
Tun buoy	大桶形浮标	Q 25
Tunnel	隧道	D 16
pipeline	铺管隧道	L 42. 2
Tunney nets	金枪鱼渔网	K 44. 2-45
area	金枪鱼渔网区	K 45
Turbine	涡轮机	
wind	风力涡轮机	E 26. 1，L 5. 1
underwater	水下涡轮机	L 24
Two-way	双向	
route	双向航道	M 27. 2，28. 1-28. 2
track	双向航道线	M 4，5. 2
Tyfon	气角	R 13
Types of	种类	
fog signals	雾号的种类	R 10-16
seabed，intertidal areas	干出滩的底质分类	J 20-22
U		
Ultra quick light	超快闪光	P 10. 8
Uncovers	干出、露出	K 11，21，h
Under construction	在建	D d，F 30-32
Underwater	水下的	
installations	水下装置	L 20-25
rock	暗礁	K 13-15
turbine	水下涡轮机	L 24
Uneven	不均匀的	J bf
Unexploded ordinance	未爆炸弹药	K p
Units	单位	A b，B 40-54
University	大学	E h
Unsurveyed	未测的	
coastline	草绘岸线	C 2
depths	未测量深度	I 25
Unwatched，unmanned light	无人看守的灯	P 53，e
Update	更新	A 7

英文	中文	编号
Upper light	后灯	P 22
Urban area	街区	D 1
V		
Variation，magnetic	磁差	B 68. 1-71，p
Varied	杂色的	J be
Various limits	不同界线	N 60. 1-65
Vegetation	植被	C 30-33，i-t
Velocity	流速	H n
Vertical	垂直的	
clearance	净空高度	D 22，23. 1，23. 4，23. 6-28
color striped	竖条上的多种颜色	Q 5
lights	竖直排列灯	P 15
Vertically disposed	竖直排列	P 15
Very quick light	甚快闪光	P 10. 7
Vessel，light	灯标船舶	P e
Viaduct	高架桥	D f
Views	视界	E 3. 1-3. 2
Village	村庄	D 4
Violet	紫色	J at，P 11. 5
Virtual AIS	虚拟船舶自动识别系统	S 18. 1-18. 7
Visitor's	旅游船	
berth	旅游船泊位	F 19. 2
mooring	旅游船系船浮筒	Q 45
Volcanic	火山的	J 37
ash	火山灰	J k
Volcano	火山	K d
W		
Wall，training	导流堤	F 5
Warehouse	仓库	F 51
Water	水	
discolored	变色海水	K e
features	水系要素	C 20-25
intake	上水	L 41. 1-41. 2，b
pipeline	输水管道	L 40. 1，41. 1

英文	中文	编号
pipeline area	输水管道区	L 40. 2, L 41. 2
tank	水箱	E 21
tower	水塔	E 21
Waterfalls	瀑布	C 22
Watermill	水车	E c
Wave	波浪	
actuated fog signal	波浪触发式雾号	R 21-22
farm	波浪发电场	L 6
Way point	航程点	M 40. 1
Weather signal station	天气信号站	T 29
Weed	海草	J 13. 1-13. 2
Weir, fish	渔堰	K 44. 2
Well	井	E e
submerged	水下井	L a
suspended	停产井	L 21
production	生产井	L 20
Wellhead	井口	L 21. 1-21. 2, 23
West	西	B 12
cardinal mark	西方位浮标	Q 130. 3
Wet dock	湿码头	F 27
Wharf	顺岸码头	F 13
Whistle	雾哨	R 15
buoy	设笛浮标	Q c
White	白色	J ar, P 11. 1
Wind	风	
farm	风电场	E 26. 2, L 5. 2
signal station	风情站	T 29
turbine	风力涡轮机	E 26. 1, L 5. 1
Windmill	风车	E 25. 1-25. 2
Withy	柳条形	Q 91-92
Woodland	树林	
coniferous	针叶树林	C j
deciduous	落叶树林	C i

英文	中文	编号
Woods, wooded	树林	C 30
Works	工程	
at sea, (*reclamation area*)	海上工程(填筑区)	F 31
on land	陆上工程	F 30
under construction, *works in progress*	在建工程	F 32
World Geodetic System (WGS)	世界大地坐标系(WGS)	S 50
Wreck	沉船	K 20-30, c
buoy (*marking new danger*)	沉船浮标(新危险物标志)	Q 130. 7
mast	仅桅杆露出的沉船	K 25
Y		
Yacht	游艇	
berths without facilities	游艇泊位(无设施)	F 11. 2
club	游艇俱乐部	F 11. 3
Yard	码	B d
timber	贮木场	F 52
Yellow	黄色	J aw, P 11. 6
Z		
Zone	区域	
Exclusive Economic Zone (*EEZ*)	专属经济区	N 47
fishing	捕鱼区	N 45
inshore traffic	沿岸通航带	M 25. 1-25. 2
seaward, *contiguous*	毗连区	N 44
separation	分隔带	M 13, 20. 1-20. 3